■ 普通高等院校公共基础课程系列教材

概率论与数理统计

主 编 张 杰
副主编 徐 屹 郭丽杰 刘洪伟 宋云飞

清华大学出版社
北 京

内容简介

本书根据高等学校工科数学课程教学指导委员会拟定的《概率论与数理统计课程教学基本要求》和《全国硕士研究生入学统一考试数学考试大纲》编写而成。本书以培养学生运用概率论与数理统计的思想和方法解决随机问题的能力为出发点，科学系统地介绍了概率论与数理统计的基本概念、原理和方法。本书内容分为10章：第1章至第5章为概率论，包括随机事件及其概率、随机变量及其分布、二维随机变量及其分布、随机变量的数字特征、大数定律和中心极限定理；第6章至第9章为数理统计，包括数理统计的基本概念、参数估计、假设检验、方差分析及回归分析；第10章为Excel在数理统计中的应用。

本书理论叙述严谨、语言精练、概念明确、应用性强，书中适当增加了概率论与数理统计的应用实例，同时配备了综合训练题，作为学生复习提高之用。

本书可以作为工科大学本科各专业的教材，可以供财经类、理工类专业选用，也可以作为报考硕士研究生人员及工程技术人员的学习参考用书。

本书封面贴有清华大学出版社防伪标签，无标签者不得销售。
版权所有，侵权必究。举报: 010-62782989, beiqinquan@tup.tsinghua.edu.cn。

图书在版编目(CIP)数据

概率论与数理统计/张杰主编. —北京：清华大学出版社，2021.1(2025.1重印)
普通高等院校公共基础课程系列教材
ISBN 978-7-302-57136-0

Ⅰ. ①概… Ⅱ. ①张… Ⅲ. ①概率论－高等学校－教材 ②数理统计－高等学校－教材 Ⅳ. ①O21

中国版本图书馆 CIP 数据核字(2020)第 260232 号

责任编辑：吴梦佳
封面设计：傅瑞学
责任校对：刘　静
责任印制：丛怀宇

出版发行：清华大学出版社
　　　网　　址：https://www.tup.com.cn, https://www.wqxuetang.com
　　　地　　址：北京清华大学学研大厦 A 座　　　邮　编：100084
　　　社 总 机：010-83470000　　　　　　　　　　邮　购：010-62786544
　　　投稿与读者服务：010-62776969, c-service@tup.tsinghua.edu.cn
　　　质量反馈：010-62772015, zhiliang@tup.tsinghua.edu.cn
　　　课件下载：https://www.tup.com.cn, 010-83470410
印 装 者：三河市君旺印务有限公司
经　　销：全国新华书店
开　　本：185mm×260mm　　　印　张：15.25　　　字　数：350 千字
版　　次：2021 年 1 月第 1 版　　　　　　　　　　印　次：2025 年 1 月第 6 次印刷
定　　价：45.00 元

产品编号：090436-01

前　言

概率论与数理统计是现代数学的一个重要分支,其应用几乎遍及自然科学、社会科学、工程技术、军事科学及生活实际等各个领域。在计算机科学、人工智能、数据科学已经成为技术发展的主要推动力的今天,概率论与数理统计显得尤为重要,许多重要学科(如信息论、控制论、可靠性理论和人工智能)都以它为基础,概率统计方法与其他学科相结合已经发展出许多边缘学科(如生物统计、统计物理、数学地质、数理经济等)。认识现实世界广泛存在的随机性,形成随机观念并解释随机现象,从统计的角度思考与处理数据信息并做出合理的决策,越来越被大众广泛地认可和接受。

随着云时代的来临,大数据吸引了大众广泛的关注,分析随机现象的能力显得尤为重要,作为大数据的数学基础之一的概率论与数理统计正面临着新的需求——从大量的数据中寻找模式、相关性和其他有用的信息。因此,围绕概率论与数理统计课程的教学改革一直备受大家的关注。

与此同时,我国的高等教育正在由"外延式"发展向"内涵式"发展转变。《国家中长期教育改革与发展规划纲要(2010—2020年)》特别提出,针对我国大学生发展的状况,要以学生为主体,以教师为主导,充分调动学生学习的积极性、主动性,把促进学生成长成才作为学校一切工作的出发点和落脚点。在这样的背景下,凝练多年来本科生数学教学改革的经验和成果,针对高等学校工科学生的特点,我们编写了本书。

在本书的编写过程中,我们从源于社会生活提炼数据凝练问题出发,引出探求解决问题方法后面的数学理论基础的必要性,明确课程的应用定位,形成"问题引领、需求导向"的编写思路,改变普遍存在的"重概率,轻统计"倾向,实现概率与统计并重。在具体内容的处理上,我们注重中学和大学的概率知识衔接,以理论基础的培养为主,强调概率论证方法,淡化计算技巧的训练;我们精心选择例题、习题和综合训练题,满足不同读者的学习需求;此外,我们介绍了具有很强应用价值的 p-值检验、非参数检验等知识,并给出了 Excel 在数理统计中的应用,真正为培养学生利用概率统计方法解决和分析工程实际问题服务。

本书具有如下特色。

(1) 三个重视——重视基础、重视应用、重视能力。通过本书,学生接受基础的概率论与数理统计训练,掌握基本的概念、理论和方法,了解应用方向,形成应用意识,培养用概率论与数理统计知识解决问题的能力。

(2) 三个提升——通过由易到难、由理论到应用的问题设定形式,提升学生学习的自主性;通过将统计软件有机地融入教学内容,提升学生学习成果的创新性;通过加入研究性、创新性、综合性内容,加大学生学习投入,科学"增负",提升学生学习的难度。

(3) 一个中心——学生中心。"以学生发展为中心,以学生学习为中心,以学习效果为中心",进行教材内容的组织与设计。

本书共分 10 章,第 1 章由郭丽杰编写,第 2 章由刘洪伟编写,第 4、5 章由徐屹编写,第 10 章由宋云飞编写,其余章节由张杰编写。由于编者水平有限,书中缺点和不足在所难免,恳请各位专家、同行以及广大读者批评、指正。

本书的配套资源——所有章末习题的答案、综合训练题及其参考答案,读者可以通过扫描相应的二维码获取。

编 者
2020 年 8 月

综合训练题及参考答案

目 录

第1章 随机事件及其概率 ·· 1
  1.1 随机事件及其运算 ·· 1
    1.1.1 随机试验 ·· 1
    1.1.2 随机事件 ·· 2
    1.1.3 样本空间 ·· 2
    1.1.4 事件的关系与运算 ·· 3
    1.1.5 事件的运算规律 ·· 4
  1.2 频率与概率 ·· 5
    1.2.1 事件的频率 ·· 5
    1.2.2 概率的统计定义 ·· 6
    1.2.3 概率的公理化定义 ·· 6
  1.3 古典概率 ·· 9
    1.3.1 古典概率的定义 ·· 9
    1.3.2 古典概率的计算 ·· 9
  1.4 几何概率 ·· 12
    1.4.1 几何概率的定义 ·· 12
    1.4.2 几何概率的计算 ·· 13
  1.5 条件概率 ·· 13
    1.5.1 条件概率的定义 ·· 14
    1.5.2 乘法公式 ·· 15
    1.5.3 全概率公式 ·· 16
    1.5.4 贝叶斯公式 ·· 17
  1.6 事件的独立性 ·· 18
    1.6.1 两个事件的独立性 ·· 18
    1.6.2 多个事件的独立性 ·· 19
    1.6.3 试验的独立性 ·· 21
  习题1 ·· 22

第2章 随机变量及其分布 ·· 26
  2.1 随机变量及其分布函数 ·· 26

  2.1.1 随机变量的定义 ……………………………………………………… 26
  2.1.2 随机变量的分布函数 …………………………………………………… 27
 2.2 离散型随机变量 ……………………………………………………………… 28
  2.2.1 离散型随机变量及其分布律 …………………………………………… 28
  2.2.2 常见的离散型随机变量 ………………………………………………… 30
 2.3 连续型随机变量 ……………………………………………………………… 32
  2.3.1 连续型随机变量及其概率密度 ………………………………………… 32
  2.3.2 常见的连续型随机变量 ………………………………………………… 34
 2.4 随机变量函数的分布 ………………………………………………………… 38
  2.4.1 离散型随机变量函数的分布 …………………………………………… 39
  2.4.2 连续型随机变量函数的分布 …………………………………………… 40
 习题 2 ……………………………………………………………………………… 43

第 3 章 二维随机变量及其分布 …………………………………………………… 46
 3.1 二维随机变量及其分布函数 ………………………………………………… 46
  3.1.1 二维随机变量的定义 …………………………………………………… 46
  3.1.2 二维随机变量的分布函数 ……………………………………………… 46
 3.2 二维离散型随机变量 ………………………………………………………… 48
  3.2.1 二维离散型随机变量的定义 …………………………………………… 48
  3.2.2 边缘分布律 ……………………………………………………………… 50
 3.3 二维连续型随机变量 ………………………………………………………… 53
  3.3.1 二维连续型随机变量及其概率密度 …………………………………… 53
  3.3.2 边缘概率密度 …………………………………………………………… 56
  3.3.3 常见的二维连续型随机变量 …………………………………………… 57
 3.4 条件分布 ……………………………………………………………………… 59
  3.4.1 离散型随机变量的条件分布 …………………………………………… 59
  3.4.2 连续型随机变量的条件分布 …………………………………………… 62
 3.5 随机变量的独立性 …………………………………………………………… 64
  3.5.1 二维随机变量的独立性 ………………………………………………… 64
  3.5.2 多维随机变量的独立性 ………………………………………………… 67
 3.6 二维随机变量函数的分布 …………………………………………………… 68
  3.6.1 二维离散型随机变量函数的分布 ……………………………………… 68
  3.6.2 二维连续型随机变量函数的分布 ……………………………………… 69
 习题 3 ……………………………………………………………………………… 78

第 4 章 随机变量的数字特征 ………………………………………………………… 83
 4.1 数学期望 ……………………………………………………………………… 83
  4.1.1 数学期望的定义 ………………………………………………………… 83
  4.1.2 随机变量函数的数学期望 ……………………………………………… 85
  4.1.3 几个重要分布的数学期望 ……………………………………………… 88

		4.1.4 数学期望的性质 ·· 89
4.2	方差	··· 91
		4.2.1 方差的定义 ·· 91
		4.2.2 几个重要分布的方差 ································ 92
		4.2.3 方差的性质 ·· 93
4.3	协方差和相关系数	··· 94
		4.3.1 协方差 ··· 94
		4.3.2 相关系数 ·· 95
4.4	矩、协方差矩阵	·· 97
		4.4.1 矩 ·· 97
		4.4.2 协方差矩阵 ·· 97
习题 4		··· 99

第 5 章 大数定律和中心极限定理 ······································· 103
- 5.1 大数定律 ··· 103
  - 5.1.1 切比雪夫不等式 ······································ 103
  - 5.1.2 几种基本的大数定律 ································ 104
- 5.2 中心极限定理 ··· 105
- 习题 5 ··· 108

第 6 章 数理统计的基本概念 ··· 109
- 6.1 总体与样本 ·· 109
  - 6.1.1 数理统计的基本问题 ································ 109
  - 6.1.2 总体与个体 ··· 110
  - 6.1.3 简单随机样本 ·· 110
  - 6.1.4 直方图和经验分布函数 ····························· 112
  - 6.1.5 统计量 ··· 114
- 6.2 三种常用分布 ··· 117
  - 6.2.1 χ^2 分布 ·· 117
  - 6.2.2 t 分布 ·· 119
  - 6.2.3 F 分布 ··· 120
- 6.3 抽样分布 ··· 122
  - 6.3.1 单正态总体的抽样分布 ····························· 122
  - 6.3.2 双正态总体的抽样分布 ····························· 124
- 习题 6 ··· 126

第 7 章 参数估计 ·· 129
- 7.1 点估计 ··· 129
  - 7.1.1 点估计的概念 ·· 129
  - 7.1.2 矩估计法 ·· 129
  - 7.1.3 极大似然估计法 ······································· 131

  7.1.4 估计量的评选标准 ………………………………………………… 136
7.2 区间估计 …………………………………………………………………… 139
  7.2.1 置信区间的概念 …………………………………………………… 139
  7.2.2 单正态总体参数的区间估计 ……………………………………… 140
  7.2.3 双正态总体参数的区间估计 ……………………………………… 144
  7.2.4 大样本总体均值的区间估计 ……………………………………… 146
  7.2.5 单侧置信区间 ……………………………………………………… 147
  7.2.6 置信区间的概念 …………………………………………………… 147
习题 7 …………………………………………………………………………… 148

第 8 章 假设检验 ……………………………………………………………… 152
8.1 假设检验的基本思想与概念 ……………………………………………… 152
  8.1.1 问题的提出 ………………………………………………………… 152
  8.1.2 假设检验的基本思想 ……………………………………………… 153
  8.1.3 两类错误 …………………………………………………………… 154
  8.1.4 假设检验的基本步骤 ……………………………………………… 155
8.2 正态总体参数的假设检验 ………………………………………………… 156
  8.2.1 单正态总体参数的假设检验 ……………………………………… 156
  8.2.2 双正态总体参数的假设检验 ……………………………………… 159
  8.2.3 置信区间与假设检验的关系 ……………………………………… 165
8.3 0-1 分布参数的假设检验 ………………………………………………… 165
8.4 非参数假设检验 …………………………………………………………… 167
8.5 假设检验问题的 p 值法 …………………………………………………… 170
习题 8 …………………………………………………………………………… 173

第 9 章 方差分析及回归分析 ………………………………………………… 178
9.1 单因素试验的方差分析 …………………………………………………… 178
  9.1.1 单因素试验 ………………………………………………………… 178
  9.1.2 平方和的分解 ……………………………………………………… 180
  9.1.3 S_A、S_E 的统计特征 ……………………………………………… 181
  9.1.4 假设检验问题的拒绝域 …………………………………………… 182
  9.1.5 未知参数的估计 …………………………………………………… 185
9.2 双因素试验的方差分析 …………………………………………………… 186
  9.2.1 双因素等重复试验的方差分析 …………………………………… 186
  9.2.2 双因素无重复试验的方差分析 …………………………………… 192
9.3 一元线性回归 ……………………………………………………………… 194
  9.3.1 一元线性回归模型 ………………………………………………… 194
  9.3.2 可化为一元线性回归的情况 ……………………………………… 202
9.4 多元线性回归 ……………………………………………………………… 203
习题 9 …………………………………………………………………………… 205

第10章 Excel 在数理统计中的应用 ············ 208
10.1 应用 Excel 处理数理统计问题概述 ············ 208
10.1.1 在数理统计研究中应用 Excel ············ 208
10.1.2 Excel 的概率计算功能 ············ 208
10.1.3 Excel 的分析工具库 ············ 212
10.2 箱线图 ············ 212
10.3 数理统计问题的 Excel 求解 ············ 213
10.3.1 假设检验 ············ 213
10.3.2 方差分析 ············ 215
10.3.3 一元线性回归 ············ 218
附表1 泊松分布累计概率值表 ············ 221
附表2 标准正态分布函数值表 ············ 223
附表3 χ^2 分布临界值表 ············ 224
附表4 t 分布临界值表 ············ 226
附表5 F 分布临界值表 ············ 228
参考文献 ············ 234

第1章 随机事件及其概率

概率论与数理统计是从数量化的角度研究随机现象及其统计规律性的一门应用数学学科,在自然科学和社会科学中都有着广泛的应用。

本章主要介绍概率论中的基本概念,即随机事件与随机事件的概率,并进一步讨论随机事件的关系与运算以及概率的性质与计算方法。

1.1 随机事件及其运算

1.1.1 随机试验

自然界与人类的社会活动中的现象一般来说可分为两类:一类是**必然现象**,或称**确定性现象**;另一类是**随机现象**,或称**不确定性现象**。

必然现象是指在相同条件下重复试验,所得结果总是确定的现象。只要试验条件不变,试验结果在试验之前是可以预知的。例如,在标准大气压下,将水加热到100℃,水必然沸腾;一枚硬币向上抛起后必然会落地;直角三角形的斜边边长的平方是两个直角边边长的平方和;等等,这些现象都是必然现象。

随机现象是指在相同条件下重复试验,所得结果不一定相同的现象,即试验结果是不确定的现象。对这种现象来说,每次试验之前发生哪一种结果是无法预知的。例如,将一枚硬币向上抛起,着地时可能正面向上,也可能反面向上;向一目标进行射击,可能命中目标,也可能未命中目标;从一批次品率为10%的产品中随机抽检一件产品,可能是合格品,也可能是次品;等等,这些现象都是随机现象。

人们经过长期的反复实践,发现随机现象虽然就每次试验来说其结果具有不确定性,但大量重复试验,所得结果却呈现出某种规律性。例如,掷一枚质量均匀的硬币,当投掷次数很大时,正面和反面出现的次数几乎各占一半;对一目标进行射击,当射击次数非常多时,就会发现弹孔的分布呈现一定的规律性,即弹孔关于目标的分布略呈对称性,且越靠近目标的弹孔越密集,越远离目标的弹孔越稀疏。

从上述各例可以看到,随机现象也有规律性,其规律性可以在相同条件下的大量重复试验或观察中呈现出来,这种规律性称为随机现象的统计规律性。

为了研究随机现象的统计规律性,要对随机现象进行试验和观察。

例 1.1.1 一袋中装有编号为 1、2、3、4、5、6 的六个球,从袋中任取一个球,观察其编号。

例 1.1.2 记录一段时间内某城市 110 接到的报警次数。

例 1.1.3 从一批灯泡中抽取一个灯泡,测试它的寿命。

上面三个试验有着共同的特点：
（1）试验可以在相同的条件下重复进行；
（2）试验的所有可能出现的结果不止一个，而且试验前是已知的；
（3）每次试验前不能确定哪一个结果会出现。

在概率论中，称具有上述三个特点的试验为**随机试验**，简称**试验**，用字母 E 表示。

要研究一个随机试验，首先要弄清楚这个试验所有可能的结果，每一个不能再分解的可能出现的结果称为随机试验的**基本事件**（或称为**样本点**），用字母 e 表示。

1.1.2 随机事件

在例 1.1.1 中，所有可能出现的结果为取出编号分别为 1,2,3,4,5,6 的球，设 $e_i=\{$取出 i 号球$\}(i=1,2,3,4,5,6)$，则基本事件为 e_1,e_2,e_3,e_4,e_5,e_6。

在随机试验中，可能出现也可能不出现的结果（事情）称为试验 E 的**随机事件**，简称**事件**，一般用字母 $A,B,C,\cdots$ 表示。

显然，基本事件是特殊的随机事件。

在例 1.1.1 中，设 $A=\{$所取球的号码大于 3$\}$，则 A 为随机事件，它包含了三个基本事件。

在随机试验中，如果出现随机事件 A 中所包含的某个基本事件，那么就称事件 A 发生；否则，称事件 A 不发生。

1.1.3 样本空间

由全体基本事件（样本点）构成的集合称为**样本空间**，用字母 S 表示。

换句话说，样本空间是试验的所有可能出现的结果所组成的集合，这个集合中的元素就是样本点。

在例 1.1.1 中，样本空间为 $S=\{e_1,e_2,e_3,e_4,e_5,e_6\}$，也可以写为 $S=\{1,2,3,4,5,6\}$。

在例 1.1.2 中，样本空间为 $S=\{0,1,2,3,\cdots\}$。

在例 1.1.3 中，样本空间为 $S=\{t|t\geq 0\}$。

从以上例子中可以看到，样本空间可以是数集，也可以不是数集；样本空间可以是有限集，也可以是无限集。

样本空间 S 是其自身的一个子集，因而也是一个事件。由于样本空间 S 包含所有的样本点，因此每次试验必定有 S 中的一个样本点出现，即 S 必然发生，称 S 为**必然事件**。空集 $\varnothing$ 永远是样本空间的一个子集，因而也是一个事件。由于空集 $\varnothing$ 不包含任意一个样本点，因此每次试验后 $\varnothing$ 必定不发生，称 $\varnothing$ 为**不可能事件**。必然事件 S 和不可能事件 $\varnothing$ 是两个特殊的随机事件。

为了更好地解决问题，往往需要在同一个试验中同时研究几个事件以及它们之间的联系。通过对简单事件的研究来把握复杂事件的规律性，能够更深入地认识事件的本质。下面介绍事件的关系与运算。

在以后的叙述中，为直观起见，用平面的一个矩形域表示样本空间 S，矩形内的每一点表示样本点（基本事件），并用矩形内的两个圆分别表示事件 A 和事件 B。

1.1.4 事件的关系与运算

1. 事件的包含与相等

定义 1.1.1 如果事件 A 发生必然导致事件 B 发生,则称事件 B 包含事件 A,或称事件 A 包含于事件 B,记作 $B \supset A$ 或 $A \subset B$。

这种关系如图 1.1 所示。

在例 1.1.1 中,设 $A=\{$所取球的号码大于 $3\}$,$B=\{$所取球的号码大于等于 $3\}$,故 $A \subset B$。

对任一事件 A,有 $\varnothing \subset A \subset S$。

若 $A \subset B$ 且 $B \subset A$,则称 A 与 B **相等**,记作 $A=B$。

2. 事件的积(或交)

定义 1.1.2 "事件 A 与事件 B 同时发生"的事件,称为事件 A 与事件 B 的积(或积事件),记作 AB 或 $A \cap B$。

A 与 B 的积如图 1.2 中的阴影部分所示。

在例 1.1.1 中,设 $A=\{$所取球的号码大于 $3\}$,$B=\{$所取球的号码大于等于 $3\}$,$C=\{$所取球的号码小于 $5\}$,有 $AB=A, AC=\{4\}$。

一般地,称"事件 $A_1,A_2,\cdots,A_n$ 同时发生"的事件为 $A_1,A_2,\cdots,A_n$ 的积,记作 $A_1 A_2 \cdots A_n$ 或 $\bigcap_{i=1}^{n} A_i$。

3. 事件的和(或并)

定义 1.1.3 "事件 A 与事件 B 中至少有一个发生"的事件,称为事件 A 与事件 B 的和(或和事件),记作 $A \cup B$。

A 与 B 的和如图 1.3 中的阴影部分所示。

在例 1.1.1 中,设 $A=\{$所取球的号码大于 $3\}$,$B=\{$所取球的号码大于等于 $3\}$,$C=\{$所取球的号码小于 $5\}$,有 $A \cup B, A \cup C=S$。

一般地,称"事件 $A_1,A_2,\cdots,A_n$ 中至少有一个发生"的事件为 $A_1,A_2,\cdots,A_n$ 的和,记作 $A_1 \cup A_2 \cup \cdots \cup A_n$ 或 $\bigcup_{i=1}^{n} A_i$。

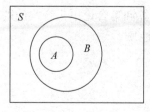
图 1.1　$A \subset B$

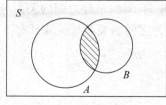
图 1.2　$A \cap B$

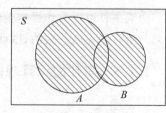
图 1.3　$A \cup B$

4. 事件的差

定义 1.1.4 "事件 A 发生而事件 B 不发生"的事件,称为事件 A 与事件 B 的差,记作

$A-B$。

A 与 B 的差如图 1.4 中的阴影部分所示。

在例 1.1.1 中,设 $A=\{$所取球的号码大于 $3\}$,$B=\{$所取球的号码大于等于 $3\}$,$A-B=\varnothing$,$B-A=\{3\}$。

对任意事件 A,$A-A=\varnothing$,$A-\varnothing=A$,$A-S=\varnothing$。

5. 互不相容事件

定义 1.1.5 如果事件 A 与事件 B 不能同时发生,即 $AB=\varnothing$,则称事件 A 与事件 B 为互不相容事件(或互斥事件)。

A 与 B 互不相容,如图 1.5 所示。

在例 1.1.1 中,设 $A=\{$所取球的号码大于 $3\}$,$D=\{$所取球的号码小于 $2\}$,则 A 与 D 为互不相容事件。

如果 $A_1,A_2,\cdots,A_n$ 中的任意两个事件是互不相容的,则称 $A_1,A_2,\cdots,A_n$ 是两两互不相容(两两互斥)的。

6. 对立事件

定义 1.1.6 如果事件 A 与事件 B 必有一个发生且仅有一个发生,即 $A\bigcup B=S$,$AB=\varnothing$,则称事件 A 与事件 B 互为对立事件(或称 A 与 B 互逆),记作 $A=\overline{B}$ 或 $B=\overline{A}$。

A 的对立事件 $\overline{A}$ 如图 1.6 中的阴影部分所示。

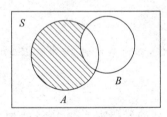 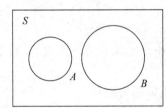 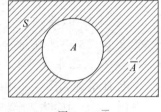

图 1.4　$A-B$　　　　图 1.5　$AB=\varnothing$　　　　图 1.6　$\overline{A}$

在例 1.1.1 中,设 $A=\{$所取球的号码大于 $3\}$,则 $\overline{A}=\{$所取球的号码小于等于 $3\}$。

此外,显然有

$$\overline{\overline{A}}=A,\quad A-B=A\overline{B}。$$

随机事件可以看作样本空间 S 的子集,事件之间的关系与运算和集合论中集合之间的关系与运算是完全一致的,因此事件之间的关系与运算具有下列性质。

1.1.5　事件的运算规律

1. 交换律

$$A\bigcup B=B\bigcup A;\quad AB=BA。$$

2. 结合律

$$A\bigcup(B\bigcup C)=(A\bigcup B)\bigcup C;\quad A(BC)=(AB)C。$$

3. 分配律

$$A(B \cup C) = AB \cup AC; \quad A \cup (BC) = (A \cup B)(A \cup C)。$$

4. 对偶律

$$\overline{A \cup B} = \overline{A}\,\overline{B}; \quad \overline{AB} = \overline{A} \cup \overline{B}。$$

对偶律(又称德摩根法则)在事件的运算中经常用到,可以推广到多个事件的情况,即对于 n 个事件 $A_i (i=1,2,\cdots,n)$ 有

$$\overline{A_1 \cup A_2 \cup \cdots \cup A_n} = \overline{A}_1 \overline{A}_2 \cdots \overline{A}_n;$$

$$\overline{A_1 A_2 \cdots A_n} = \overline{A}_1 \cup \overline{A}_2 \cup \cdots \cup \overline{A}_n。$$

例 1.1.4 从一批产品中每次取出一件产品进行检验(每次取出的产品不放回),事件 A_i 表示第 i 次取到合格品($i=1,2,3$)。试用事件的运算表示下列事件:

(1) 三次都取到合格品;
(2) 三次中至少有一次取到合格品;
(3) 三次中恰有两次取到合格品;
(4) 三次中最多有一次取到合格品;
(5) 三次取到的都是不合格品;
(6) 三次取到的不都是合格品。

解 (1) {三次都取到合格品} $= A_1 A_2 A_3$;

(2) {三次中至少有一次取到合格品} $= A_1 \cup A_2 \cup A_3$;

(3) {三次中恰有两次取到合格品} $= \overline{A}_1 A_2 A_3 \cup A_1 \overline{A}_2 A_3 \cup A_1 A_2 \overline{A}_3$;

(4) {三次中最多有一次取到合格品} $= A_1 \overline{A}_2 \overline{A}_3 \cup \overline{A}_1 A_2 \overline{A}_3 \cup \overline{A}_1 \overline{A}_2 A_3$;

(5) {三次取到的都是不合格品} $= \overline{A}_1 \overline{A}_2 \overline{A}_3$;

(6) {三次取到的不都是合格品} $= \overline{A_1 A_2 A_3}$。

1.2 频率与概率

研究随机试验,不仅要知道它在一定条件下可能出现的结果,更重要的是要知道各种结果发生的可能性大小。表示随机事件发生可能性大小的度量,是下面要研究的事件的频率与概率,它反映了随机现象的统计规律性。

1.2.1 事件的频率

定义 1.2.1 设随机事件 A 在相同条件下的 n 次试验中发生了 m 次,则称比值 $\dfrac{m}{n}$ 为这 n 次试验中事件 A 发生的**频率**,记作 $f_n(A) = \dfrac{m}{n}$。

由定义易见频率具有以下性质:

(1) $0 \leqslant f_n(A) \leqslant 1$;

(2) $f_n(S)=1$;

(3) 若 n 个事件 $A_1, A_2, \cdots, A_n$ 两两互不相容,则
$$f_n(A_1 \cup A_2 \cup \cdots \cup A_n) = f_n(A_1) + f_n(A_2) + \cdots + f_n(A_n).$$

人们经过长期的实践发现,虽然一个随机事件在一次试验中可能发生也可能不发生,但是在大量重复试验中这个事件发生的频率却具有稳定性。例如,历史上有很多人做"上抛一枚均匀硬币"的随机试验,并得到了许多数据,表 1.1 列出了其中四组。

表 1.1

试 验 者	试验次数 n	出现正面的次数 m	出现正面的频率 $f_n(A)$
蒲丰	4040	2048	0.5069
K.皮尔逊	12000	6019	0.5016
K.皮尔逊	24000	12012	0.5005
维尼	30000	14994	0.4998

从这四组数据可以看出,当试验次数 n 较大时,频率 $f_n(A)$ 的值在 0.5 附近,并且随着 n 的增大它逐渐稳定到 0.5 这个数值上。因而,数值 0.5 的确表示了抛起一枚均匀硬币时出现正面这一事件发生的可能性的大小。

频率的这种稳定性就是对随机事件统计规律性的反映。

1.2.2 概率的统计定义

定义 1.2.2 在一个随机试验中,如果随着随机试验次数 n 的增大,事件 A 出现的频率 $f_n(A)$ 在某个常数 p 附近摆动并逐渐稳定于 p,则称 p 为事件 A 的**概率**,记为 $P(A)=p$。这个定义称为概率的统计定义。

由概率的统计定义和频率的性质,可得到概率的性质:

(1) 对于任意一个事件 A,$0 \leqslant P(A) \leqslant 1$;

(2) $P(S)=1$;

(3) 若 n 个事件 $A_1, A_2, \cdots, A_n$ 两两互不相容,则
$$P(A_1 \cup A_2 \cup \cdots \cup A_n) = P(A_1) + P(A_2) + \cdots + P(A_n).$$

1.2.3 概率的公理化定义

概率的统计定义显然更适合一般情况,但是在进行理论研究时,不可能对每一个事件都通过做大量的试验来找出频率的稳定性。因此,为了理论分析和实际计算的需要,采用抽象化的方法给出概率的公理化定义。

定义 1.2.3 设 E 是一项随机试验,S 是它的样本空间,对于 E 的任意一个事件 A,有一个实数 $P(A)$ 与之对应,如果 $P(A)$ 满足以下三个条件:

(1) 非负性,对于任意一个事件 A,$0 \leqslant P(A) \leqslant 1$;

(2) 规范性,$P(S)=1$;

(3) 可列可加性,当可列无限个事件 $A_1, A_2, \cdots$ 两两互不相容时,

$$P(A_1 \cup A_2 \cup \cdots) = P(A_1) + P(A_2) + \cdots,$$

则称 $P(A)$ 为事件 A 的**概率**。

下面从定义 1.2.3 出发,推导概率的一些重要性质。

性质 1 $P(\varnothing) = 0$。

证 令 $A_i = \varnothing (i=1,2,\cdots)$,则 $\bigcup_{i=1}^{\infty} A_i = \varnothing$,且 $A_i A_j = \varnothing (i \neq j, i,j=1,2,\cdots)$。由可列可加性得

$$P(\varnothing) = P\left(\bigcup_{i=1}^{\infty} A_i\right) = \sum_{i=1}^{\infty} P(A_i) = \sum_{i=1}^{\infty} P(\varnothing)。$$

由非负性知,$P(\varnothing) \geq 0$,因此,要使上式成立,必有 $P(\varnothing) = 0$。

性质 2(有限可加性) 设 n 个事件 $A_1, A_2, \cdots, A_n$ 两两互不相容,则

$$P(A_1 \cup A_2 \cup \cdots \cup A_n) = P(A_1) + P(A_2) + \cdots + P(A_n)。$$

证 令 $A_i = \varnothing (i=n+1, n+2, \cdots)$,由可列可加性及性质 1 可得:

$$P(A_1 \cup A_2 \cup \cdots \cup A_n) = P(A_1 \cup A_2 \cup \cdots \cup A_n \cup \varnothing \cup \cdots)$$
$$= P(A_1) + P(A_2) + \cdots + P(A_n) + P(\varnothing) + \cdots$$
$$= P(A_1) + P(A_2) + \cdots + P(A_n)。$$

性质 3(逆事件的概率) 对于任意一个事件 A,有

$$P(\overline{A}) = 1 - P(A)。$$

证 因 $A, \overline{A}$ 互不相容,由性质 2 得

$$P(A \cup \overline{A}) = P(A) + P(\overline{A})。$$

又因 $A \cup \overline{A} = S$,故 $P(A \cup \overline{A}) = 1$,于是可得

$$P(\overline{A}) = 1 - P(A)。$$

性质 4 若 $A \subset B$,则 $P(A) \leq P(B)$,且有

$$P(B-A) = P(B) - P(A)。$$

证 因 $A \subset B$,故

$$B = A \cup (B-A),$$

其中,A 与 $B-A$ 互不相容(见图 1.7),由性质 2 得

$$P(B) = P(A) + P(B-A)。$$

故得

$$P(B-A) = P(B) - P(A)。$$

因为 $P(B-A) \geq 0$,所以由上式可得

$$P(A) \leq P(B)。$$

推论 设 A, B 为任意两个事件,则

$$P(A-B) = P(A) - P(AB)。$$

性质 5(加法公式) 对于任意两个事件 A, B 有

$$P(A \cup B) = P(A) + P(B) - P(AB)。$$

证 因 $A \cup B = A \cup (B-AB)$,A 与 $(B-AB)$ 互不相容(见图 1.8),由性质 2 得

$$P(A \cup B) = P(A) + P(B-AB)。$$

又因 $AB \subset B$,故由性质 4 得
$$P(B-AB) = P(B) - P(AB),$$
从而得到
$$P(A \cup B) = P(A) + P(B) - P(AB)。$$

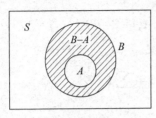

图 1.7

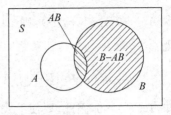

图 1.8

性质 5 可以推广到任意 n 个事件上。

当 $n=3$ 时,有
$$P(A_1 \cup A_2 \cup A_3) = P(A_1) + P(A_2) + P(A_3) - P(A_1A_2) - P(A_1A_3)$$
$$- P(A_2A_3) + P(A_1A_2A_3)。$$

一般地,设 $A_1, A_2, \cdots, A_n$ 为 n 个事件,则
$$P(A_1 \cup A_2 \cup \cdots \cup A_n) = \sum_{i=1}^{n} P(A_i) - \sum_{1 \leqslant i < j \leqslant n} P(A_iA_j)$$
$$+ \sum_{1 \leqslant i < j < k \leqslant n} P(A_iA_jA_k) + \cdots + (-1)^{n-1} P(A_1A_2\cdots A_n)。$$

例 1.2.1 设 A, B 互不相容,$P(A) = 0.6, P(A \cup B) = 0.8$,求 $P(\bar{B})$。

解 因 A, B 互不相容,所以
$$P(A \cup B) = P(A) + P(B)。$$
得
$$P(B) = P(A \cup B) - P(A) = 0.8 - 0.6 = 0.2。$$
故
$$P(\bar{B}) = 1 - P(B) = 1 - 0.2 = 0.8。$$

例 1.2.2 设 A, B 为两个随机事件,A, B 至少有一个发生的概率为 $\dfrac{1}{4}$,A 发生且 B 不发生的概率为 $\dfrac{1}{12}$,求 $P(B)$。

解 由题意知 $P(A \cup B) = \dfrac{1}{4}, P(A\bar{B}) = \dfrac{1}{12}$,由于 $B \cap A\bar{B} = \varnothing$,可得
$$P(A \cup B) = P(B \cup A\bar{B}) = P(B) + P(A\bar{B})。$$
从而
$$P(B) = P(A \cup B) - P(A\bar{B}) = \dfrac{1}{4} - \dfrac{1}{12} = \dfrac{1}{6}。$$

例 1.2.3 设 A, B 为两个随机事件,$P(A) = 0.5, P(B) = 0.4, P(AB) = 0.1$,求:
(1) A 发生而 B 不发生的概率;

(2) A 不发生但 B 发生的概率；
(3) A,B 至少有一个发生的概率；
(4) A,B 都不发生的概率；
(5) A,B 至少有一个不发生的概率。

解 (1) $P(A\bar{B})=P(A-B)=P(A-AB)=P(A)-P(AB)=0.4$；
(2) $P(\bar{A}B)=P(B-A)=P(B-AB)=P(B)-P(AB)=0.3$；
(3) $P(A\cup B)=P(A)+P(B)-P(AB)=0.8$；
(4) $P(\bar{A}\bar{B})=P(\overline{A\cup B})=1-P(A\cup B)=1-0.8=0.2$；
(5) $P(\bar{A}\cup\bar{B})=P(\overline{AB})=1-P(AB)=1-0.1=0.9$。

1.3 古典概率

对于一个给定的事件 A，其概率 $P(A)$ 如何求？本节先对一种最简单的情况加以讨论。

1.3.1 古典概率的定义

例 1.1.1 中的试验具有两个特点：
(1) 样本空间包含的基本事件的个数是有限的；
(2) 每个基本事件发生的可能性是相等的。
具有上述两个特点的试验称为**古典概型**的试验，它是概率论初期研究的主要对象。
在古典概型的情况下，事件 A 的概率定义为

$$P(A)=\frac{A \text{ 所包含的基本事件的个数}}{\text{基本事件的总数}}。$$

1.3.2 古典概率的计算

例 1.3.1 袋中有 4 个白球、5 个红球，现从中任取两个球，求：
(1) 两个球均为白球的概率；
(2) 两个球中一个是白球、一个是红球的概率；
(3) 至少有一个是红球的概率。

解 (1) 设 $A=\{$两个球均为白球$\}$。

解法 1 从 9 个球中任取两个球，假设与先后顺序有关，则基本事件总数为 A_9^2，事件 A 所含基本事件的个数为 A_4^2，故

$$P(A)=\frac{A_4^2}{A_9^2}=\frac{1}{6}。$$

解法 2 从 9 个球中任取两个球，假设与先后顺序无关，则基本事件总数为 C_9^2，事件 A 所含基本事件的个数为 C_4^2，故

$$P(A)=\frac{C_4^2}{C_9^2}=\frac{1}{6}。$$

(2) 设 $B=\{$取得的两个球中一个是白球、一个是红球$\}$。

解法 1 从 9 个球中任取两个,假设与先后顺序有关,则基本事件总数为 A_9^2,事件 B 所含基本事件的个数为 $C_4^1 C_5^1 A_2^2$,故

$$P(B) = \frac{C_4^1 C_5^1 A_2^2}{A_9^2} = \frac{5}{9}.$$

解法 2 从 9 个球中任取两个,假设与先后顺序无关,则基本事件总数为 C_9^2,事件 B 所含基本事件的个数为 $C_4^1 C_5^1$,故

$$P(B) = \frac{C_4^1 C_5^1}{C_9^2} = \frac{5}{9}.$$

(3) 设 $C=\{$至少有一个是红球$\}$,则 C 的对立事件为所取的两个球均是白球,即事件 A,故

$$P(C) = 1 - P(\bar{C}) = 1 - P(A) = \frac{5}{6}.$$

例 1.3.2 袋中有 a 个黑球、b 个白球,若随机地把球一个接一个地摸出来,求 $A=\{$第 k 次摸出的球是黑球$\}$ 的概率 $(k \leqslant a+b)$。

解 把 a 个黑球和 b 个白球都看作是不同的(比如设想它们都编了号),且把 $a+b$ 个球的每一种排列看作基本事件。于是,基本事件的总数为 $(a+b)!$。

由于第 k 次摸出黑球有 a 种可能,而另外 $a+b-1$ 次摸球的排列有 $(a+b-1)!$ 种可能,所以 A 中包含的基本事件个数为 $a \times (a+b-1)!$,因此

$$P(A) = \frac{a(a+b-1)!}{(a+b)!} = \frac{a}{a+b}.$$

值得注意的是,这个结果与 k 值无关。这表明无论哪一次摸出黑球的概率都是一样的,或者说摸出黑球的概率与先后次序无关。这从理论上说明了平时人们采用的"抓阄儿"的办法是公平合理的。

例 1.3.3 从电话号码簿中任取一个电话号码,设 $A_1=\{$后面 5 个数全相同$\}$,$A_2=\{$后面 5 个数全不相同$\}$,$A_3=\{$后面 5 个数中有两个 3$\}$,求这些事件的概率(设后面 5 个数中的每个数都可以是 $0,1,2,\cdots,9$ 中的任意一个)。

解 本题与电话号码的位数无关,由于电话号码的数字是可重复的,故基本事件的总数为 10^5。

显然,A_1 中包含的基本事件的个数是 10,故

$$P(A_1) = \frac{10}{10^5} = 0.0001.$$

A_2 中包含的基本事件的个数是 A_{10}^5,故

$$P(A_2) = \frac{A_{10}^5}{10^5} = 0.3024.$$

A_3 中包含的基本事件的个数是 $C_5^2 \cdot 9^3$,这是因为数字 3 在电话号码中占两个位置的方法有 C_5^2 种,而其余 3 个数字中的每一个都可以从剩下的 9 个数字 $0,1,2,4,\cdots,9$ 中重复选取,有 9 种方法。故

$$P(A_3) = \frac{C_5^2 \cdot 9^3}{10^5} = 0.0729.$$

例 1.3.4 将三个球随机地投入四个盒子中,求下列事件的概率:

(1) $A = \{$指定的三个盒子中恰各有一个球$\}$;
(2) $B = \{$恰好三个盒子中各有一个球$\}$;
(3) $C = \{$恰好一个盒子中有三个球$\}$;
(4) $D = \{$恰好一个盒子中有两个球,另一个盒子中有一个球$\}$。

解 不妨把球看作是有区别的,则基本事件的总数为 4^3。由于考虑了顺序,问题就变成了排列问题,故计算所求事件的基本事件数时也要用排列方法。

(1) 指定盒子,盒子是固定的,无须考虑选取问题,三个盒子中恰各有一个球,即将三个球有序地放在三个盒子中,故基本事件个数为 $3!$,故

$$P(A) = \frac{3!}{4^3} = \frac{3}{32}。$$

(2) 需先选择盒子,有 C_4^3 种选法,再将三个球有序地放入已经选定的盒子中,故

$$P(B) = \frac{C_4^3 \cdot 3!}{4^3} = \frac{3}{8}。$$

(3) 任意选一个盒子,有 C_4^1 种选法,再将三个球放在已经选定的盒子中,故

$$P(C) = \frac{C_4^1}{4^3} = \frac{1}{16}。$$

(4) 先从三个球中选两个,共有 C_3^2 种选法,再从四个盒子中选一个,共有 C_4^1 种选法,将已经选中的两个球放入该盒子中;再从剩下的三个盒子中选一个,共有 C_3^1 种选法,将剩下的一个球放入该盒子中,故

$$P(D) = \frac{C_3^2 C_4^1 C_3^1}{4^3} = \frac{9}{16}。$$

例 1.3.5 将 15 名新生随机地平均分配到三个班级中,这 15 名新生中有 3 名女生。求下列事件的概率:

(1) $A = \{$每个班级各分到 1 名女生$\}$;
(2) $B = \{3$ 名女生分配到同一个班级$\}$。

解 将 15 名新生随机地平均分配到三个班级中,基本事件的总数为 $C_{15}^5 C_{10}^5 C_5^5$。

(1) 将 3 名女生分配到三个班级,使每个班各有 1 名女生的分法有 $3!$ 种,其余 12 名新生随机地平均分配到三个班级的分法有 $C_{12}^4 C_8^4 C_4^4$ 种,所以

$$P(A) = \frac{3! \, C_{12}^4 C_8^4 C_4^4}{C_{15}^5 C_{10}^5 C_5^5} = \frac{25}{91}。$$

(2) 将 3 名女生分配到同一个班级,有 3 种分法,其余 12 名新生的分法有 $C_{12}^2 C_{10}^5 C_5^5$ 种,所以

$$P(B) = \frac{3 C_{12}^2 C_{10}^5 C_5^5}{C_{15}^5 C_{10}^5 C_5^5} = \frac{6}{91}。$$

例 1.3.6 从 $10, 11, \cdots, 99$ 中任取一个两位数,求这个数既不能被 2 又不能被 3 整除的概率。

解 设 $A = \{$被 2 整除$\}$,$B = \{$被 3 整除$\}$,则

$A \cup B = \{$被 2 或被 3 整除$\}$, $AB = \{$同时被 2 和 3 整除$\}$。

由于 10 到 99 中的两位数有 90 个,其中能被 2 整除的有 45 个,能被 3 整除的有 30 个,而能被 6 整除的有 15 个。故

$$P(A) = \frac{45}{90}, \quad P(B) = \frac{30}{90}, \quad P(AB) = \frac{15}{90}.$$

根据题意,所求为

$$P(\overline{A}\overline{B}) = 1 - P(A \cup B) = 1 - P(A) - P(B) + P(AB) = \frac{1}{3}.$$

1.4 几何概率

古典概率只适用于在样本空间的基本事件只有有限个且等可能的情形,对于基本事件为无穷多个且等可能的情形,仿照古典概率,给出几何概率的定义及计算。

1.4.1 几何概率的定义

先看下面的例子。

例 1.4.1 在一个均匀的陀螺的圆周上均匀地刻上区间$[0,3)$上的诸数。旋转陀螺,记事件 $A = \left\{\text{陀螺停下时其圆周上与桌面接触的刻度位于区间} \left[\frac{1}{2}, 2\right] \text{上}\right\}$,求 $P(A)$。

解 由于陀螺及刻度的均匀性,它停下来时其圆周各点与桌面接触的可能性是相等的,即接触点的刻度位于$[0,3)$内一个区间上的可能性与这个区间的长度成比例。于是所求的概率为

$$P(A) = \frac{\text{区间}\left[\frac{1}{2}, 2\right]\text{的长度}}{\text{区间}[0,3)\text{的长度}} = \frac{2 - \frac{1}{2}}{3 - 0} = \frac{1}{2}.$$

例 1.4.2 一片面积为 S 的树林中有一块面积为 S_0 的空地,一架飞机随机地向这片树林空投一个包裹,假定包裹不会投到这片树林之外。记事件 $B = \{$包裹落在空地上$\}$,求 $P(B)$。

解 由于包裹落在地面上各点是随机的,因此,用空地面积与树林面积之比作为所求的概率是合理的,即

$$P(B) = \frac{S_0}{S}.$$

例 1.4.3 设 400mL 自来水中有一个大肠杆菌,现从中随机地抽取 2mL 自来水,放到显微镜下观察,记事件 $C = \{$发现大肠杆菌$\}$,求 $P(C)$。

解 由于取水样的随机性,可以认为 400mL 水中各点被取是等可能的。因此,用水样的体积与水的总体积之比作为所求的概率是合理的,即

$$P(C) = \frac{2}{400} = \frac{1}{200}.$$

以上三例以等可能性为基础,借助于几何的度量(长度、面积和体积)来规定事件的概率,下面给出几何概率的定义。

定义1.4.1 向一区域 S 中掷一质点 M,如果 M 必落在 S 内,且落在 S 内任何子区域 A 上的可能性只与 A 的度量(如长度、面积、体积等)成正比,而与 A 的位置及形状无关,则这个试验称为几何概型的试验,并定义 M 落在 A 中的概率为

$$P(A) = \frac{L(A)}{L(S)},$$

其中,$L(S)$ 是样本空间 S 的度量,$L(A)$ 是子区域 A 的度量。

1.4.2 几何概率的计算

例1.4.4(约会问题) 甲、乙二人约定于 0 到 T 时间内在某地见面,先到者等候 $t(t \leqslant T)$ 时后离去,假设二人在 0 到 T 内的任意时刻到达该地是等可能的,求 $A = \{$二人能会面$\}$ 的概率。

解 以 x,y 分别表示甲、乙二人到达的时刻,则 $0 \leqslant x \leqslant T, 0 \leqslant y \leqslant T$。满足该条件的点 (x,y) 构成边长为 T 的正方形 S,如图 1.9 所示,

$$S = \{(x,y) \mid 0 \leqslant x \leqslant T, 0 \leqslant y \leqslant T\}.$$

二人能会面的充分必要条件是

$$|x - y| \leqslant t$$

即 $A = \{(x,y) \mid |x-y| \leqslant t\}$。

故二人能会面的概率为

$$P(A) = \frac{T^2 - (T-t)^2}{T^2} = 1 - \left(1 - \frac{t}{T}\right)^2.$$

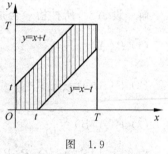

图 1.9

例1.4.5 设 a 在区间 $[0,5]$ 上随机地取值,求关于 x 的方程 $x^2 + ax + \frac{a}{4} + \frac{1}{2} = 0$ 有实根的概率。

解 设 $A = \left\{\text{方程 } x^2 + ax + \frac{a}{4} + \frac{1}{2} = 0 \text{ 有实根}\right\}$,方程 $x^2 + ax + \frac{a}{4} + \frac{1}{2} = 0$ 有实根的充分必要条件是 $\Delta \geqslant 0$,即

$$a^2 - 4\left(\frac{a}{4} + \frac{1}{2}\right) = (a+1)(a-2) \geqslant 0$$

解得 $a \leqslant -1$ 或 $a \geqslant 2$。

从而事件 A 发生等价于 $\{a$ 在区间 $[2,5]$ 上随机地取值$\}$,故

$$P(A) = \frac{L(A)}{L(S)} = \frac{\text{区间}[2,5]\text{的长度}}{\text{区间}[0,5]\text{的长度}} = \frac{3}{5}.$$

1.5 条 件 概 率

在计算概率时,除了要考虑事件 A 的概率 $P(A)$ 外,往往还要考虑事件 A 在"某事件 B 已经发生"这一附加条件下的概率。这样的概率称为条件概率,记作 $P(A|B)$。这个附

加了条件的概率与 $P(A)$ 含义不同,并且它们的值也未必相等。

1.5.1 条件概率的定义

例 1.5.1 某家商店存有甲、乙两联营厂生产的相同牌号的冰箱 100 台,如表 1.2 所示。

表 1.2

产品	合格品	次品	总计
甲厂生产产品	35	5	40
乙厂生产产品	50	10	60
总计	85	15	100

现市场监督管理部门随机地从库存的冰箱中抽检一台,求:

(1) 抽检到的一台是次品的概率;

(2) 抽检到的一台是甲厂生产且为次品的概率;

(3) 如果市场监督管理部门从甲厂生产的冰箱中抽检一台,这台是次品的概率。

解 设 $A=\{$所抽检一台是次品$\}$,$B=\{$所抽检产品是甲厂生产的冰箱$\}$,则

(1) $P(A)=\dfrac{15}{100}$;

(2) $P(AB)=\dfrac{5}{100}$;

(3) $P(A|B)=\dfrac{5}{40}$。

由此可见,$P(A|B),P(B),P(AB)$ 有如下关系:

$$P(A\mid B)=\dfrac{\dfrac{5}{100}}{\dfrac{40}{100}}=\dfrac{P(AB)}{P(B)}。$$

由此,给出条件概率的定义。

定义 1.5.1 设 A,B 为任意两事件,且 $P(B)>0$,则称比值 $\dfrac{P(AB)}{P(B)}$ 为事件 A 在事件 B 发生的条件下的条件概率,记作:

$$P(A\mid B)=\dfrac{P(AB)}{P(B)}。$$

定理 1.5.1 条件概率 $P(A|B)=\dfrac{P(AB)}{P(B)}(P(B)>0)$,满足概率的公理化定义中的三条公理。

证 (1) 非负性:$P(A|B)=\dfrac{P(AB)}{P(B)}\geqslant 0$。

(2) 规范性:$P(S|B)=1$。

(3) 可列可加性:设 $A_1,A_2,\cdots$ 互不相容,则 $A_1B,A_2B,\cdots$ 也互不相容,因此

$$P\left(\bigcup_{i=1}^{\infty} A_i \mid B\right) = \frac{P[(A_1+A_2+\cdots)B]}{P(B)} = \frac{P(A_1B+A_2B+\cdots)}{P(B)}$$

$$= \frac{P(A_1B)+P(A_2B)+\cdots}{P(B)} = P(A_1 \mid B) + P(A_2 \mid B) + \cdots。$$

例 1.5.2 一盒中有 10 件产品,其中 7 件是正品,3 件是次品。从盒中每次取一件,不放回地取两次,已知第一次取得次品,问第二次取得次品的概率是多少?

解 设 $A = \{$第一次取得次品$\}$,$B = \{$第二次取得次品$\}$。

解法 1(利用条件概率定义) 因为 $P(A) = \frac{3}{10}$,$P(AB) = \frac{3\times 2}{10\times 9} = \frac{1}{15}$,所以

$$P(B \mid A) = \frac{P(AB)}{P(A)} = \frac{\frac{1}{15}}{\frac{3}{10}} = \frac{2}{9}。$$

解法 2(缩减样本空间) 当事件 A 发生后,盒中还有 9 件产品,其中 7 件正品,2 件次品,从中取一件次品的概率为 $\frac{2}{9}$,即 $P(B \mid A) = \frac{2}{9}$。

1.5.2 乘法公式

由条件概率的定义可得

$$P(AB) = P(B)P(A \mid B) \quad (P(B) > 0) \tag{1.1}$$

公式(1.1)称为概率的**乘法公式**。类似地,若 $P(A) > 0$,则乘法公式为

$$P(AB) = P(A)P(B \mid A)。$$

乘法公式可推广到有限多个事件的情形。

对于 n 个事件 $A_1, A_2, \cdots, A_n$,$n \geq 2$,且 $P(A_1A_2\cdots A_{n-1}) > 0$,则有

$$P(A_1A_2\cdots A_n) = P(A_1)P(A_2 \mid A_1)P(A_3 \mid A_1A_2)\cdots P(A_n \mid A_1A_2\cdots A_{n-1})。$$

特别地,对于事件 A, B, C,若 $P(AB) > 0$,有

$$P(ABC) = P(A)P(B \mid A)P(C \mid AB)。$$

例 1.5.3 一袋中有 4 个白球、5 个黑球,从袋中接连取球三次,每次取 1 个,取后不放回,求第一次和第二次均取得黑球、第三次取得白球的概率。

解 本题利用乘法公式进行计算。

设 $A = \{$第一次取得黑球$\}$,$B = \{$第二次取得黑球$\}$,$C = \{$第三次取得白球$\}$,则所求概率为

$$P(ABC) = P(A)P(B \mid A)P(C \mid AB) = \frac{5}{9} \times \frac{4}{8} \times \frac{4}{7} = \frac{10}{63}。$$

例 1.5.4 某商店出售玻璃杯,每盒装 100 只,已知每盒中混有 4 只不合格品。商店采用"缺一赔十"的销售方式(顾客买一盒,随机取 1 只,如果发现是不合格品,商店要立刻把 10 只合格品放在盒子中,不合格的那只玻璃杯不再放回),顾客在一个盒子中随机地先后取 3 只,试求发现全是不合格品的概率。

解 设 $A = \{3$ 只玻璃杯全是不合格品$\}$,$A_i = \{$第 i 只玻璃杯是不合格品$\}$,$i = 1,2,3$,则所求概率为

$$P(A) = P(A_1A_2A_3) = P(A_1)P(A_2 \mid A_1)P(A_3 \mid A_1A_2)。$$

依题意得

$$P(A_1) = \frac{4}{100}, \quad P(A_2 \mid A_1) = \frac{3}{99+10} = \frac{3}{109}, \quad P(A_3 \mid A_1 A_2) = \frac{2}{108+10} = \frac{2}{118},$$

从而

$$P(A) = \frac{4}{100} \times \frac{3}{109} \times \frac{2}{118} \approx 0.00002.$$

1.5.3 全概率公式

例 1.5.5 一个书包中装有 10 本教材,其中 7 本《高等数学》,3 本《概率论与数理统计》。甲、乙两人依次从书包中随机取出一本教材,求每个人取到《概率论与数理统计》教材的概率。

解 设 A、B 分别为甲、乙取到《概率论与数理统计》教材的事件。显然 $P(A) = \frac{3}{10}$,下面求 $P(B)$。

因为 $B = BA \cup B\bar{A}$,且 BA 与 $B\bar{A}$ 互不相容,所以

$$P(B) = P(BA) + P(B\bar{A})$$

再由乘法公式,得

$$P(B) = P(A)P(B \mid A) + P(\bar{A})P(B \mid \bar{A})$$

$$= \frac{3}{10} \times \frac{2}{9} + \frac{7}{10} \times \frac{3}{9} = \frac{3}{10}.$$

首先给出样本空间的划分的定义。

定义 1.5.2 设随机试验 E 的样本空间为 S,而 $A_1, A_2, \cdots, A_n$ 是 E 的一组事件,若

(1) $A_1, A_2, \cdots, A_n$ 两两互不相容,

(2) $A_1 \cup A_2 \cup \cdots \cup A_n = S$,

则称 $A_1, A_2, \cdots, A_n$ 为 S 的**一个划分**,或称 $A_1, A_2, \cdots, A_n$ 为完备事件组,如图 1.10 所示。

定理 1.5.2 设随机试验 E 的样本空间为 S,$A_1, A_2, \cdots, A_n$ 为 S 的一个划分,且 $P(A_i) > 0 (i = 1, 2, \cdots, n)$,则对 E 的任一事件 B 有

$$P(B) = P(A_1)P(B \mid A_1) + P(A_2)P(B \mid A_2) + \cdots + P(A_n)P(B \mid A_n) \quad (1.2)$$

证 因为 $A_1, A_2, \cdots, A_n$ 为 S 的一个划分,如图 1.11 所示,所以

$$B = BS = B(A_1 \cup A_2 \cup \cdots \cup A_n) = BA_1 \cup BA_2 \cup \cdots \cup BA_n.$$

又因为 $A_1, A_2, \cdots, A_n$ 两两互不相容,所以 $BA_1, BA_2, \cdots, BA_n$ 也两两互不相容,于是由概率的有限可加性得

$$P(B) = P(BA_1) + P(BA_2) + \cdots + P(BA_n).$$

因为 $P(A_i) > 0 (i = 1, 2, \cdots, n)$,再由乘法公式得

$$P(B) = P(A_1)P(B \mid A_1) + P(A_2)P(B \mid A_2) + \cdots$$
$$+ P(A_n)P(B \mid A_n).$$

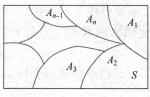

图 1.10

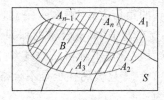

图 1.11

公式(1.2)称为**全概率公式**。

例 1.5.6 某仓库中有 10 箱同样规格的产品,已知其中有 5 箱、3 箱、2 箱依次是甲、乙、丙厂生产的,且甲、乙、丙厂生产该种产品的次品率依次是 5%、2%、4%,从这 10 箱中任取 1 箱,再从取得的这箱中任取一件产品,求取得的这件产品是次品的概率。

解 设事件 A_1,A_2,A_3 分别表示取得的产品是甲、乙、丙厂生产的产品,事件 B 表示取得的一件产品是次品,则 A_1,A_2,A_3 是完备事件组,且

$$P(A_1)=\frac{5}{10}, \quad P(A_2)=\frac{3}{10}, \quad P(A_3)=\frac{2}{10},$$

$$P(B\mid A_1)=\frac{5}{100}, \quad P(B\mid A_2)=\frac{2}{100}, \quad P(B\mid A_3)=\frac{4}{100}。$$

由全概率公式得

$$P(B)=P(A_1)P(B\mid A_1)+P(A_2)P(B\mid A_2)+P(A_3)P(B\mid A_3)$$
$$=\frac{5}{10}\times\frac{5}{100}+\frac{3}{10}\times\frac{2}{100}+\frac{2}{10}\times\frac{4}{100}=0.039。$$

1.5.4 贝叶斯公式

例 1.5.7 在例 1.5.6 中,如果取得的是次品,试问所取到的这箱是甲、乙、丙厂生产的概率各是多少?

解 设事件 A_1,A_2,A_3 及 B 所代表的意义如例 1.5.6 所述,则问题即为求 $P(A_1\mid B)$,$P(A_2\mid B)$,$P(A_3\mid B)$。由条件概率定义及乘法公式,得

$$P(A_1\mid B)=\frac{P(A_1B)}{P(B)}=\frac{P(A_1)P(B\mid A_1)}{\sum_{i=1}^{3}P(A_i)P(B\mid A_i)}=\frac{\frac{5}{10}\times\frac{5}{100}}{0.039}=\frac{25}{39}。$$

同理可得

$$P(A_2\mid B)=\frac{6}{39}, \quad P(A_3\mid B)=\frac{8}{39}。$$

定理 1.5.3 设 $A_1,A_2,\cdots,A_n$ 为样本空间 S 的一个划分,且 $P(A_i)>0(i=1,2,\cdots,n)$,则对任一事件 $B(P(B)>0)$,有

$$P(A_i\mid B)=\frac{P(A_i)P(B\mid A_i)}{\sum_{j=1}^{n}P(A_j)P(B\mid A_j)} \quad (i=1,2,\cdots,n) \tag{1.3}$$

证 已知 $P(A_i\mid B)=\frac{P(A_iB)}{P(B)}$,对分子、分母分别应用乘法公式和全概率公式即可得公式(1.3)。

公式(1.3)称为**逆概率公式**或**贝叶斯公式**。

公式(1.3)中的 $P(A_i)$ 称为**先验概率**,这种概率一般在试验前就是已知的,常常是以往经验的总结。$P(A_i\mid B)$ 称为**后验概率**,反映了试验之后对各种原因发生的可能性大小的新知识。

例 1.5.8 设甲袋中有 3 个红球、2 个白球,乙袋中有 4 个红球、3 个白球。现从甲袋中

任取两个放入乙袋中,然后再从乙袋中任取两个球,求:

(1) 最后取出的两个球都是红球的概率;

(2) 已知最后取出的两个球都是红球时,第一次取出的两个球都是红球的概率。

解 设 $A_1=\{$从甲袋中取出两个红球$\}$,$A_2=\{$从甲袋中取出一个红球、一个白球$\}$,$A_3=\{$从甲袋中取出两个白球$\}$,$B=\{$最后取出的两个球都是红球$\}$,显然 A_1,A_2,A_3 为完备事件组,且

$$P(A_1)=\frac{C_3^2}{C_5^2}=\frac{3}{10}, \quad P(A_2)=\frac{C_3^1 C_2^1}{C_5^2}=\frac{6}{10}, \quad P(A_3)=\frac{C_2^2}{C_5^2}=\frac{1}{10};$$

$$P(B\mid A_1)=\frac{C_6^2}{C_9^2}=\frac{5}{12}, \quad P(B\mid A_2)=\frac{C_5^2}{C_9^2}=\frac{5}{18}, \quad P(B\mid A_3)=\frac{C_4^2}{C_9^2}=\frac{1}{6}。$$

(1) 由全概率公式得

$$P(B)=P(A_1)P(B\mid A_1)+P(A_2)P(B\mid A_2)+P(A_3)P(B\mid A_3)$$

$$=\frac{3}{10}\times\frac{5}{12}+\frac{6}{10}\times\frac{5}{18}+\frac{1}{10}\times\frac{1}{6}=\frac{37}{120}。$$

(2) 由逆概率公式得

$$P(A_1\mid B)=\frac{P(A_1)P(B\mid A_1)}{P(B)}=\frac{\frac{3}{10}\times\frac{5}{12}}{\frac{37}{120}}=\frac{15}{37}。$$

1.6 事件的独立性

由 1.5 节可见,一般情况下,条件概率 $P(B\mid A)$ 和概率 $P(B)$ 不相等,即事件 A 发生对事件 B 发生的概率是有影响的。但在具体问题中,常常会遇到两个事件中任何一个事件发生都不会对另一个事件发生的概率产生影响的情况。

例如,将一枚均匀硬币抛掷两次,$A=\{$第一次出现正面$\}$,$B=\{$第二次出现正面$\}$,则事件 A 与事件 B 发生的概率互不影响。此时,$P(B\mid A)=P(B)$(或 $P(A\mid B)=P(A)$),相应地,乘法公式可以写成

$$P(AB)=P(A)P(B)。$$

下面介绍事件的独立性。

1.6.1 两个事件的独立性

定义 1.6.1 设 A、B 为任意两个事件,如果

$$P(AB)=P(A)P(B),$$

则称 A 与 B 是**相互独立**的。

由定义 1.6.1 知,若事件 A 的概率 $P(A)=0$,则事件 A 与任意事件 B 一定相互独立。这是由于 $0\leqslant P(AB)\leqslant P(A)=0$,故 $P(AB)=P(A)P(B)=0$。

定理 1.6.1 如果 $P(A)>0$,那么事件 A 与 B 相互独立的充要条件是 $P(B\mid A)=$

$P(B)$；如果 $P(B)>0$，那么事件 A 与 B 相互独立的充要条件是 $P(A|B)=P(A)$。

定理 1.6.2 若 A 与 B 相互独立，则 A 与 $\bar{B}$，$\bar{A}$ 与 B，$\bar{A}$ 与 $\bar{B}$ 也相互独立。

证 先证 A 与 $\bar{B}$ 相互独立。

由于
$$P(A\bar{B}) = P(A) - P(AB) = P(A) - P(A)P(B)$$
$$= P(A)[1-P(B)] = P(A)P(\bar{B}),$$

因此，A 与 $\bar{B}$ 相互独立。

再由对称性可知 $\bar{A}$ 与 B 相互独立。最后，由 $\bar{A}$ 与 B 相互独立的条件，利用上面证明的结果，可得 $\bar{A}$ 与 $\bar{B}$ 也相互独立。

例 1.6.1 设甲、乙两人独立地向同一目标射击，命中目标的概率分别为 0.8 和 0.7，现各射击一次，求目标被击中的概率。

解 用 $A=\{$甲击中目标$\}$，$B=\{$乙击中目标$\}$，$C=\{$目标被击中$\}$，则 $C=A\cup B$，且
$$P(A)=0.8,\quad P(B)=0.7,$$
$$P(C)=P(A\cup B)=P(A)+P(B)-P(AB)。$$

根据题意，A 与 B 是相互独立的，故
$$P(C)=0.8+0.7-0.8\times 0.7=0.94。$$

1.6.2 多个事件的独立性

两个事件相互独立的概念可以推广到有限多个事件的情形。

定义 1.6.2 对于事件 A,B,C，如果满足下列四个等式：
$$\begin{cases} P(AB)=P(A)P(B), \\ P(AC)=P(A)P(C), \\ P(BC)=P(B)P(C), \end{cases} \tag{1.4}$$
$$P(ABC)=P(A)P(B)P(C), \tag{1.5}$$

则称事件 A,B,C 是**相互独立**的。

若事件 A,B,C 只满足式(1.4)，则称事件 A,B,C **两两相互独立**。

由定义可知，若三个事件相互独立，则它们一定是两两独立的，但两两独立不一定是相互独立。

例 1.6.2 口袋里装有 4 个球，其中 1 个是红球，1 个是白球，1 个是黑球，另 1 个球在球面的三个不同部分分别涂上红色、白色与黑色。从口袋中随机地取 1 个球，记 $A=\{$取到的球涂有红色$\}$，$B=\{$取到的球涂有白色$\}$，$C=\{$取到的球涂有黑色$\}$，易得
$$P(A)=P(B)=P(C)=\frac{2}{4}=\frac{1}{2},$$
$$P(AB)=P(AC)=P(BC)=\frac{1}{4},$$
$$P(ABC)=\frac{1}{4}\neq P(A)P(B)P(C)。$$

这表明三个事件 A,B,C 两两独立，但是 A,B,C 不相互独立。

一般地，n 个事件相互独立可定义如下。

定义 1.6.3 设 $A_1, A_2, \cdots, A_n$ 是 n 个事件，如果对任意 $k(1<k\leqslant n)$，任意 $1\leqslant i_1 < i_2 <\cdots< i_k \leqslant n$，满足等式
$$P(A_{i_1}A_{i_2}\cdots A_{i_k}) = P(A_{i_1})P(A_{i_2})\cdots P(A_{i_k}),$$
则称 $A_1, A_2, \cdots, A_n$ 是相互独立的。

从上述定义可以看出，此 n 个相互独立的事件中的任意 $k(2\leqslant k \leqslant n)$ 个事件也是相互独立的。而将 $A_1, A_2, \cdots, A_n$ 中任意多个事件换成它们各自的对立事件，所得的 n 个事件仍相互独立。

例 1.6.3 设某仪器由 10 个部件组装而成，且第 i 个部件在时间 T 内发生故障的概率为 $p_i(i=1,2,\cdots,10)$。如果这 10 个部件的工作是相互独立的，求在时间 T 内该仪器的 10 个部件中至少有一个部件发生故障的概率。

解 令 $A_i = \{$第 i 个部件在时间 T 内发生故障$\}$，$i=1,2,\cdots,10$，$B=\{$该仪器的 10 个部件中至少有一个部件发生故障$\}$，于是
$$B = A_1 \cup A_2 \cup \cdots \cup A_{10}。$$
由于 $\overline{A_1 \cup A_2 \cup \cdots \cup A_{10}} = \overline{A_1}\,\overline{A_2}\cdots\overline{A_{10}}$，且 $\overline{A_1}, \overline{A_2}, \cdots, \overline{A_{10}}$ 相互独立，所以
$$\begin{aligned}P(B) &= 1 - P(\overline{B}) = 1 - P(\overline{A_1}\overline{A_2}\cdots\overline{A_{10}}) = 1 - P(\overline{A_1})P(\overline{A_2})\cdots P(\overline{A_{10}}) \\ &= 1 - (1-p_1)(1-p_2)\cdots(1-p_{10})。\end{aligned}$$

例 1.6.4 设有 4 个元件按照下列两种不同的连接方式构成两个系统，如图 1.12 所示，若每个元件的可靠性（正常工作的概率）均为 $r(0<r<1)$，且各元件能否正常工作是相互独立的，问哪个系统的可靠性大？

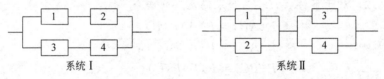

图 1.12

解 设 $A_i = \{$第 i 个元件能正常工作$\}(i=1,2,3,4)$，$B=\{$系统 Ⅰ 能正常工作$\}$，$C=\{$系统 Ⅱ 能正常工作$\}$。

对于系统 Ⅰ，要想系统能正常工作，两条通路中应该至少有一条通路能正常工作，而每条通路能正常工作，则该通路上的两个元件必须都能正常工作，于是有
$$B = A_1 A_2 \cup A_3 A_4。$$
故系统 Ⅰ 的可靠性为
$$\begin{aligned}P(B) &= 1 - P(\overline{B}) = 1 - P(\overline{A_1 A_2 \cup A_3 A_4}) = 1 - P(\overline{A_1 A_2})P(\overline{A_3 A_4}) \\ &= 1 - [1 - P(A_1 A_2)][1 - P(A_3 A_4)] \\ &= 1 - [1 - P(A_1)P(A_2)][1 - P(A_3)P(A_4)] \\ &= 1 - (1-r^2)^2 = r^2(2-r^2)。\end{aligned}$$

对于系统 Ⅱ，要想系统能正常工作，那么它的每对并联元件必须能正常工作，而每对并联元件能正常工作，则至少其中有一个元件能正常工作，于是有
$$C = (A_1 \cup A_2)(A_3 \cup A_4)。$$

故系统Ⅱ的可靠性为
$$P(C) = P\{(A_1 \cup A_2)(A_3 \cup A_4)\} = P(A_1 \cup A_2)P(A_3 \cup A_4)$$
$$= [1 - P(\overline{A}_1 \overline{A}_2)][1 - P(\overline{A}_3 \overline{A}_4)]$$
$$= [1 - (1-r)^2]^2 = r^2(2-r)^2。$$

由于 $r^2(2-r)^2 > r^2(2-r^2)$，故系统Ⅱ的可靠性比系统Ⅰ的可靠性大。

1.6.3 试验的独立性

定义 1.6.4 进行 n 次试验，如果在每次试验中，任一事件出现的概率与其他各次试验结果无关，则称这 n 次试验是独立的。将一个试验重复进行 n 次的独立试验称为 n 次**重复独立试验**。

在相同条件下，进行 n 次打靶试验、掷 n 次硬币试验以及 n 次有放回地取球试验等，都是 n 次重复独立试验的例子。

定义 1.6.5 若一个试验只有两个结果 A 和 $\overline{A}$，则称这个试验为**贝努里**（Bernoulli）**试验**。它的 n 次重复独立试验称为 n **重贝努里试验**。

为了使语言形象化，人们把贝努里试验的两个结果中的 A 叫作"成功"，其概率记为 $P(A)=p$；另一个结果 $\overline{A}$ 叫作"失败"，其概率记为 $P(\overline{A})=q$，这里 $p+q=1$。

在 n 重贝努里试验中，成功的次数可能发生 $0,1,\cdots,n$ 次，关于成功恰好发生 $k(0 \leqslant k \leqslant n)$ 次的概率 $P_n(k)$，有如下的定理。

定理 1.6.3 如果每次试验成功的概率是 $p(0<p<1)$，则在 n 重贝努里试验中，成功恰好发生 k 次的概率为
$$P_n(k) = C_n^k p^k q^{n-k} \tag{1.6}$$
其中 $p+q=1, k=0,1,\cdots,n$。

证 设 B_k 表示成功恰好发生 k 次的事件，A_i 表示第 i 次试验中成功的事件，$\overline{A}_i$ 表示第 i 次试验中失败的事件，则
$$B_k = A_1 A_2 \cdots A_k \overline{A}_{k+1} \cdots \overline{A}_n + A_1 A_2 \cdots A_{k-1} \overline{A}_k A_{k+1} \overline{A}_{k+2} \cdots \overline{A}_n + \cdots + \overline{A}_1 \overline{A}_2 \cdots \overline{A}_{n-k} A_{n-k+1} \cdots A_n。$$

上式右端的每一项表示某 k 次试验成功，而另外 $n-k$ 次试验失败。这种项共有 C_n^k 个，而且两两互不相容。由于试验的独立性，上式右端的第一项的概率为
$$P(A_1 A_2 \cdots A_k \overline{A}_{k+1} \cdots \overline{A}_n) = P(A_1)P(A_2)\cdots P(A_k)P(\overline{A}_{k+1})\cdots P(\overline{A}_n) = p^k q^{n-k}。$$
同理，可得其他项的概率也是 $p^k q^{n-k}$，利用概率的有限可加性得到
$$P_n(k) = P(B_k) = C_n^k p^k q^{n-k}。$$

推论 $\sum_{k=0}^{n} P_n(k) = 1$。

证 $\sum_{k=0}^{n} P_n(k) = \sum_{k=0}^{n} C_n^k p^k q^{n-k} = (p+q)^n = 1$。

由于 $C_n^k p^k q^{n-k}(k=0,1,\cdots,n)$ 恰好是 $(p+q)^n$ 展开式的各项，所以公式(1.6)称为**二项概率公式**。

例 1.6.5 设事件 A 在每一次试验中发生的概率为 0.3，当 A 发生不少于 3 次时，指示灯显示为绿色，进行 5 次重复独立试验，求指示灯为绿色的概率。

解 进行 5 次重复独立试验，可看作 5 重贝努里试验，所求概率为
$$P_5(3)+P_5(4)+P_5(5)=C_5^3(0.3)^3(0.7)^2+C_5^4(0.3)^4(0.7)^1+C_5^5(0.3)^5(0.7)^0\approx 0.163。$$

例 1.6.6 已知一大批产品的次品率为 10%，从中随机地抽取 5 件。求
(1) 抽取的 5 件中恰有 2 件是次品的概率；
(2) 抽取的 5 件中至少有 2 件是次品的概率。

解 题中的抽样方法是不放回抽样，但由于这批产品总数很大，而抽取数量相对于总数来说又很小，因此可以作为有放回抽样来处理。这样做虽然有误差，但影响不会太大，因此试验可看成是 $n=5, p=0.1$ 的贝努里试验。由二项概率公式得
(1) 抽取的 5 件中恰有 2 件是次品的概率为
$$P_5(2)=C_5^2(0.1)^2(0.9)^3=0.0729。$$
(2) 设 A 表示"抽取的 5 件中至少有 2 件是次品"，则
$$P(A)=1-P_5(0)-P_5(1)=1-(0.9)^5-C_5^1(0.1)(0.9)^4=0.08146。$$

习 题 1

1. 写出下列随机试验的样本空间及事件中的样本点：
(1) 掷一颗骰子，记录出现点数 $A=\{$出现奇数点$\}$；
(2) 将一颗骰子掷两次，记录出现点数 $A=\{$两次点数之和为 10$\}$，$B=\{$第一次的点数比第二次的点数大 2$\}$；
(3) 将 a,b 两个球随机地放到甲、乙、丙三个盒子中，观察放球情况，$A=\{$甲盒中至少有一球$\}$。

2. 设 A,B,C 是随机试验 E 的三个事件，试用 A,B,C 表示下列事件：
(1) 仅 A 发生；
(2) A,B,C 中至少有两个发生；
(3) A,B,C 中不多于两个发生；
(4) A,B,C 中恰有两个发生；
(5) A,B,C 中至多有一个发生；
(6) A 不发生，而 B,C 中至少有一个发生。

3. 指出下列关系中哪些成立，哪些不成立：
(1) $A\cup B=A\bar{B}\cup B$；
(2) $(AB)(A\bar{B})=\varnothing$；
(3) $\overline{(A\cup B)}C=\overline{ABC}$；
(4) $(A\cup B)-B=A$；
(5) $A(B-C)=AB-AC$。

4. 设元件甲损坏的概率为 0.1，元件乙损坏的概率为 0.2，而两者同时损坏的概率为 0.01，试求：
(1) 元件甲与乙至少有一件损坏的概率；
(2) 元件甲与乙都未损坏的概率；

(3) 元件甲与乙不都损坏的概率;
(4) 元件甲与乙恰有一个损坏的概率。

5. 将 10 个不同的球随机投入 10 个不同的盒子中,求事件"至少有一个空盒子"的概率。

6. 一个盒子中有 10 只晶体管,其中有 3 只是不合格品。现在做不放回抽样,接连取两次,每次随机地取 1 只,试求下列事件的概率:
(1) 2 只都是合格品;
(2) 1 只是合格品,1 只是不合格品;
(3) 至少有 1 只是合格品。

7. 从 0,1,2,…,9 十个数字中任选出三个不同数字,试求下列事件的概率:
(1) A_1 = "三个数字中不含 0 和 5";
(2) A_2 = "三个数字中不含 0 或 5";
(3) A_3 = "三个数字中含 0,但不含 5"。

8. 一批产品共有 10 件正品和 2 件次品,任意抽取两次,每次抽取一件,抽取后不放回,求第二次抽到次品的概率。

9. 设 $P(A) = P(B) = P(C) = \dfrac{1}{4}$,$P(AC) = P(BC) = \dfrac{1}{16}$,$P(AB) = 0$,求事件 A, B, C 全不发生的概率。

10. 在区间 $(0, 1)$ 中随机地取两个数,求事件"两数之和小于 $\dfrac{6}{5}$"的概率。

11. 随机地向半圆 $0 < y < \sqrt{2ax - x^2}$(a 为正常数)内掷一点,假设该点必落在半圆内,且点落在圆内任何区域的概率与区域的面积成正比,求原点至该点的连线与 x 轴的夹角小于 $\dfrac{\pi}{4}$ 的概率。

12. 把长度为 a 的木棒任意折成三段,求它们可以构成一个三角形的概率。

13. 设事件 A, B 满足 $P(B|A) = P(\overline{B}|\overline{A}) = \dfrac{1}{3}$,$P(A) = \dfrac{1}{3}$,求 $P(B)$。

14. 从记有 1,2,3,4,5 五个数字的卡片上,无放回地抽取两次,一次一张,试求:
(1) 第一次取到奇数卡片的概率;
(2) 已知第一次取到的是偶数卡片,求第二次取到奇数卡片的概率;
(3) 第二次才取到奇数卡片的概率;
(4) 第二次取到奇数卡片的概率。

15. 假设一批产品中一、二、三等品各占 60%、30%、10%,从中任取一件,发现它不是三等品,求它是一等品的概率。

16. 某人忘了电话号码的最后一个数字,因而他随意地拨号,求他拨号不超过三次就接通所需电话的概率。

17. 10 个人用轮流抽签的方法分配 7 张电影票,试求在第三个人抽中的情况下,第一个人抽中而第二个人没有抽中的概率。

18. 甲、乙两人进行羽毛球比赛,甲先发球,甲发球成功后,乙回球成功的概率为 0.7;

若乙回球成功,甲回球成功的概率为0.6;若甲回球成功,乙再回球成功的概率为0.5,试计算在这几个回合中乙输的概率。

19. 在空战训练中甲机先向乙机开火,击落乙机的概率为0.2,若乙机未被击落,就进行还击,击落甲机的概率是0.3,若甲机未被击落,则再进攻乙机,击落乙机的概率是0.4。求在这几个回合中:

(1) 甲机被击落的概率;

(2) 乙机被击落的概率。

20. 10个考签中有4个难签,现有3人按甲先、乙次、丙最后的次序参加抽签(不放回),试求:

(1) 甲没有抽到难签而乙抽到难签的概率;

(2) 甲、乙、丙都抽到难签的概率。

21. 在一盒子中装有15个乒乓球,其中有9个新球,在第一次比赛时任意抽取3个球,比赛后仍放回原盒中;在第二次比赛时同样地任取3个球,求第二次取出的3个球均为新球的概率。

22. 电报发射台发出"·"和"—"的比例为5∶3,由于干扰,传送"·"时失真率为$\frac{2}{5}$,传送"—"时失真率为$\frac{1}{3}$,求接收台收到"·"时发出信号恰是"·"的概率。

23. 袋内有一个白球与一个黑球,先从袋内任取一球,若取出白球,则试验终止;若取出黑球,则把黑球放回的同时,再加进一个黑球,然后再从中任取一球。如此下去,直到取出白球为止。试计算下列事件的概率:

(1) 取了n次均未取到白球;

(2) 试验在第n次取球后终止。

24. 某年级有甲、乙、丙三个班级,各班人数分别占年级总人数的$\frac{1}{4},\frac{1}{3},\frac{5}{12}$,已知甲、乙、丙三个班级中集邮人数分别占该班总人数的$\frac{1}{2},\frac{1}{4},\frac{1}{5}$,试求:

(1) 从该年级中随机地选取一个人,此人为集邮者的概率;

(2) 从该年级中随机地选取一个人,发现此人为集邮者,此人属于乙班的概率。

25. 玻璃杯成箱出售,每箱20只,假设各箱含0、1、2只残次品的概率分别为0.8、0.1和0.1。一位顾客欲购一箱玻璃杯,在购买时,售货员随意取一箱,顾客开箱随机地察看四只,若无残次品,则买下该箱玻璃杯,否则退回。试求:

(1) 顾客买下该箱的概率;

(2) 在顾客买下的一箱中,确实没有残次品的概率。

26. 设事件A与B相互独立,两个事件中只有A发生的概率与只有B发生的概率都是$\frac{1}{4}$,求$P(A)$与$P(B)$。

27. 甲、乙两人独立地向同一个目标射击一次,其命中率分别为0.6和0.5。现已知目标被击中,求甲击中的概率。

28. 设在每次试验中,事件 A 出现的概率均为 p。若已知在三次独立试验中 A 至少出现一次的概率为 $\dfrac{19}{27}$,求 p。

29. 一名实习生用同一台机器连续独立地制造 3 个同种零件,第 i 个零件是不合格品的概率 $p_i = \dfrac{1}{1+i}(i=1,2,3)$。以 X 表示 3 个零件中合格品的个数,求 $P(X=2)$。

30. 电灯泡使用寿命在 1000 小时以上的概率为 0.2,求 3 只灯泡在使用 1000 小时后,最多只有一只坏了的概率。

31. 甲、乙、丙三人独立破译一个密码,他们能译出的概率分别为 $\dfrac{1}{3}$,$\dfrac{1}{4}$,$\dfrac{1}{5}$,问能将此密码译出的概率是多少?

32. 5 名篮球运动员独立地投篮,每个运动员投篮的命中率都是 80%,他们各投一次。试求:
(1) 恰有 4 次命中的概率;
(2) 至少有 4 次命中的概率;
(3) 至多有 4 次命中的概率。

33. 有人向一个目标进行射击,直到射中目标为止,每次命中目标的概率为 0.7,且各次射击之间都是独立的。试求至少需要射击三次才能命中目标的概率。

34. 甲、乙两名乒乓球运动员进行单打比赛,如果每赛一局甲胜的概率为 0.6,乙胜的概率为 0.4,比赛既可采用三局两胜制,也可采用五局三胜制。问采用哪种赛制对甲更有利?

35. 一份试卷上有 6 道题,某位学生在解答时由于粗心随机地犯了 4 处不同的错误。试求:
(1) 这 4 处错误发生在最后一道题上的概率;
(2) 这 4 处错误发生在不同题上的概率;
(3) 至少有 3 道题全对的概率。

36. 某炮台上有三门炮,假定第一门炮的命中率为 0.4,第二门炮的命中率为 0.3,第三门炮的命中率为 0.5。现三门炮向同一目标各射一发炮弹,结果有两弹中靶,求第一门炮中靶的概率。

37. 某仪器有 3 只灯泡,在某时间 T 内每一只灯泡被烧坏的概率为 0.2,且各灯泡能否被烧坏是相互独立的。当一只灯泡也不烧坏时,仪器不发生故障;当烧坏一只灯泡时仪器发生故障的概率为 0.3;当烧坏两只灯泡时仪器发生故障的概率为 0.6;当三只灯泡全烧坏时仪器必然发生故障。求仪器在时间 T 内发生故障的概率。

习题 1 答案

第 2 章 随机变量及其分布

为了更深入地研究随机试验,需要把随机试验的结果进行数量化,即将随机试验样本空间 S 中的每个元素 e 与实数对应起来,这就引入了随机变量的概念。

本章在第 1 章的基础上,从随机变量出发,研究随机变量的分布函数、离散型和连续型随机变量、常见的随机变量以及随机变量函数的分布等问题。

2.1 随机变量及其分布函数

2.1.1 随机变量的定义

随机试验的结果往往确定一个随机取值的变量。请看下面的例子。

例 2.1.1 设有一批产品共 100 件,其中有 5 件不合格品和 95 件合格品,现从这批产品中任取 10 件,那么取得不合格品的件数是多少?

解 设 X 表示取得不合格品的件数,由条件可知取得不合格品的件数可能是 $0,1,2,3,4,5$。但是,X 究竟取哪个值?这只有在抽样之后才能确定,可见 X 是随着抽样结果的不同而取不同值的变量,即 $X=X(e)=i(i=0,1,2,3,4,5)$,X 是试验结果 e 的函数。

例 2.1.2 从一批灯泡中任取一只,测试它的使用寿命。

解 设 Y 表示取得的灯泡的使用寿命,Y 可能取的值是 $\{y|y \geqslant 0\}$。但是,Y 究竟取哪个值?这只有在抽样之后才能确定,可见 Y 是随着抽样结果的不同而取不同值的变量,即 $Y=Y(e)=y(y \geqslant 0)$,Y 是试验结果 e 的函数。

有些随机试验,虽然它的每一个可能结果初看起来与数值无关,但也可以人为地将试验结果与数值联系起来。

例 2.1.3 将一枚均匀的硬币掷一次,观察正反面出现的情况。

解 掷一枚均匀的硬币,它有两个可能的结果:出现正面或出现反面。如果用数"1"代表"出现正面",用数"0"代表"出现反面",就可以把试验结果说成是"1"或"0",进而建立数量化的关系。实际上,这相当于引入一个变量 Z,当试验结果为"出现正面"时,Z 取值为 1;当试验结果为"出现反面"时,Z 取值为 0,即

$$Z=Z(e)=\begin{cases} 1, & e="出现正面" \\ 0, & e="出现反面" \end{cases}。$$

由于试验结果 e 是随机的,因此上述三例中的变量 $X(e),Y(e),Z(e)$ 的取值也是随机的,这种变量称为随机变量,下面给出随机变量的定义。

定义 2.1.1 设 E 是随机试验,S 是 E 的样本空间,如果对 S 中的每一个基本事件 e

都有唯一的实数 $X(e)$ 与之对应,则称变量 $X(e)$ 为随机变量,简记为 X,常用大写字母 X,Y,Z 表示随机变量,随机变量的取值通常用小写字母 x,y,z 表示,如图 2.1 所示。

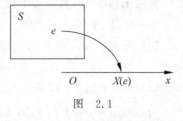

图 2.1

引入随机变量的定义之后,可以将随机试验结果(随机事件)进行数量化。例如,设 X 表示某段时间内某个路口的车流量,则 $0 \leqslant X \leqslant 4$ 表示"该路口车流量不超过 4"的事件,$X \geqslant 3$ 表示"该路口车流量不小于 3"的事件。引入随机变量后,可以用数学分析的方法来研究随机现象。

由随机变量的定义可知其具有如下特点。

(1) 随机变量具有随机性。在试验之前只知道它可能取值的范围,而预先不能确定具体取哪个值。

(2) 随机变量具有统计性规律。由于它的取值依赖于试验结果,而试验结果的出现具有一定概率,因此随机变量的取值也有一定的概率。

(3) 随机变量是定义在样本空间 S 上的实值单值函数。它与普通函数的本质区别,除了上述两点外,其定义集合 S 不一定是实数集。

根据随机变量取值的特点,可以对随机变量进行如下分类:若随机变量取值为有限个或可列无限多个,则称其为离散型随机变量;否则,称其为非离散型随机变量。在非离散型随机变量中重点研究连续型随机变量。

2.1.2 随机变量的分布函数

对于随机变量,一方面要明确其各种可能的取值及取值范围,另一方面要掌握其取值的概率分布情况。人们不仅关心随机变量取某个值的概率,而且关心它落在某个区间上的概率。例如,在使用贵重的电气设备时,人们关注的是电源电压在要求范围内的可靠性,而不是关注电源电压取某个值。这时,只有知道随机变量在任一区间上取值的概率才能掌握它取值的概率分布规律。

一般地,对于一个随机变量 X,人们关心的是概率 $P(a < X \leqslant b)$,其中 a,b 是任意实数且 $a < b$。由于 $(X \leqslant a) \subset (X \leqslant b)$,利用概率的性质,可以得到

$$P(a < X \leqslant b) = P(X \leqslant b) - P(X \leqslant a)。$$

因此,对任何一个 $x \in (-\infty, +\infty)$,若已知 $P(X \leqslant x)$ 的值,由上式便可求出 $P(a < X \leqslant b)$ 的值。研究 X 落在一个区间上的概率问题,转化为研究对任意实数 x,求概率 $P(X \leqslant x)$ 的问题,而概率 $P(X \leqslant x)$ 是关于 x 的函数,从而导出下面的定义:

定义 2.1.2 设 X 是一个随机变量,x 是任意实数,称函数

$$F(x) = P(X \leqslant x) \tag{2.1}$$

为随机变量 X 的**分布函数**。

由式(2.1)知,

$$P(a < X \leqslant b) = P(X \leqslant b) - P(X \leqslant a) = F(b) - F(a)。$$

分布函数 $F(x)$ 在 x 的函数值是用概率值 $P(X \leqslant x)$ 来定义的,如果把 X 看成数轴上的随机点的坐标,那么 $F(x)$ 在 x 的函数值就是 X 落在区间 $(-\infty, x]$ 上的概率,如图 2.2 所示。

分布函数 $F(x)$ 具有以下性质：

(1) $0 \leqslant F(x) \leqslant 1, -\infty < x < +\infty$；

(2) 若 $x_1 < x_2$，则 $F(x_1) \leqslant F(x_2)$，即 $F(x)$ 是一个不减的函数；

(3) $\lim\limits_{x \to +\infty} F(x) = 1, \lim\limits_{x \to -\infty} F(x) = 0$；

(4) $F(x+0) = F(x)$，即 $F(x)$ 是右连续的函数。

分布函数的前两个性质可由概率的性质直接推出，后两个性质的证明略。

可以证明，若某一函数 $F(x)$ 满足上面的 4 条性质，则必存在一个随机变量 X 以函数 $F(x)$ 为其分布函数。读者可以自行验证，$F(x) = \begin{cases} e^x, & x < 0 \\ 1 - e^{-x}, & x \geqslant 0 \end{cases}$ 一定不是某个随机变量的分布函数。

2.2 离散型随机变量

2.2.1 离散型随机变量及其分布律

定义 2.2.1 如果随机变量 X 的所有可能取值为有限个或可列无限多个，则称 X 为离散型随机变量。

设 X 的取值为 $x_1, x_2, \cdots$，为了掌握 X 的统计规律，只知道它的可能取值是远远不够的，更主要的是了解它取各个可能值的概率。

定义 2.2.2 设离散型随机变量 X 的所有可能取值为 $x_1, x_2, \cdots$，称

$$P(X = x_k) = p_k, \quad k = 1, 2, \cdots \tag{2.2}$$

为随机变量 X 的**概率分布律**，简称为**分布律**或**分布列**。

式(2.2)既可以让人们了解 X 的所有可能取值，还指出了 X 取各个值的概率。因此，分布律完整地描述了随机变量 X 的统计规律。随机变量 X 的分布律也可以用表格形式表示，如表 2.1 所示。

表 2.1

X	x_1	x_2	$\cdots$	x_k	$\cdots$
P	p_1	p_2	$\cdots$	p_k	$\cdots$

有时也把随机变量 X 的分布律写成如下的形式

$$X \sim \begin{pmatrix} x_1 & x_2 & \cdots & x_k & \cdots \\ p_1 & p_2 & \cdots & p_k & \cdots \end{pmatrix}$$

由概率的定义可以得到分布律的性质如下：

(1) $p_k \geqslant 0, k = 1, 2, \cdots$； $\tag{2.3}$

(2) $\sum\limits_k p_k = 1$。 $\tag{2.4}$

相应地，X 的分布函数可由下式求得

$$F(x) = P(X \leqslant x) = \sum_{x_k \leqslant x} P(X = x_k) \tag{2.5}$$

其中和式是对所有满足 $x_k \leqslant x$ 的 k 求和，分布函数在 $x = x_k (k=1,2,\cdots)$ 处有跳跃值 p_k。

例 2.2.1 一盒灯泡有 12 只，其中 10 只正品，2 只次品。从盒中每次任取 1 只灯泡，不放回地取 3 次，X 表示取到的次品数。求：(1) X 的分布律；(2) X 的分布函数。

解 (1) 由题意知，X 所有可能取值为 0,1,2，计算得

$$P(X=0) = \frac{C_{10}^3}{C_{12}^3} = \frac{6}{11}; \quad P(X=1) = \frac{C_2^1 C_{10}^2}{C_{12}^3} = \frac{9}{22}; \quad P(X=2) = \frac{C_2^2 C_{10}^1}{C_{12}^3} = \frac{1}{22}。$$

于是 X 的分布律可以用表 2.2 表示。

表 2.2

X	0	1	2
P	$\frac{6}{11}$	$\frac{9}{22}$	$\frac{1}{22}$

X 的分布律也可用公式表示为

$$P(X=k) = \frac{C_2^k C_{10}^{3-k}}{C_{12}^3} \quad (k=0,1,2)。$$

(2) 当 $x < 0$ 时，$F(x) = P(X \leqslant x) = P(\varnothing) = 0$；

当 $0 \leqslant x < 1$ 时，$F(x) = P(X \leqslant x) = P(X=0) = \frac{6}{11}$；

当 $1 \leqslant x < 2$ 时，$F(x) = P(X \leqslant x) = P(X=0) + P(X=1) = \frac{21}{22}$；

当 $x \geqslant 2$ 时，$F(x) = P(X \leqslant x) = P(X=0) + P(X=1) + P(X=2) = 1$。故 X 的分布函数为

$$F(x) = \begin{cases} 0, & x < 0 \\ \frac{6}{11}, & 0 \leqslant x < 1 \\ \frac{21}{22}, & 1 \leqslant x < 2 \\ 1, & x \geqslant 2 \end{cases}。$$

分布函数 $F(x)$ 的图形如图 2.3 所示，它是一条阶梯形曲线，在 $x = 0,1,2$ 处分别有跳跃值 $\frac{6}{11}, \frac{9}{22}, \frac{1}{22}$。

例 2.2.2 已知一批零件的合格率为 p，每次从中有放回地抽取一个检验，直至抽取到合格品为止，求抽取次数 X 的分布律。

解 由题意知，X 所有可能取值为 $1,2,\cdots$。

事件 $\{X=k\}$ 表示前 $k-1$ 次抽取的是不合格品且第 k 次抽取到合格品，令

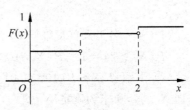

图 2.3

$A_k=$"第 k 次抽取到合格品"（$k=1,2,\cdots$）。

由于各次抽取产品是相互独立的，于是 X 的分布律为

$$P(X=k)=P(\overline{A}_1\overline{A}_2\cdots\overline{A}_{k-1}A_k)$$
$$=P(\overline{A}_1)P(\overline{A}_2)\cdots P(\overline{A}_{k-1})P(A_k)=(1-p)^{k-1}p \quad (k=1,2,\cdots)$$

2.2.2 常见的离散型随机变量

1. 0-1 分布

定义 2.2.3 若随机变量 X 的分布律如表 2.3 所示。

表 2.3

X	0	1
p	q	p

其中，$0<p<1$，$q=1-p$，则称 X 服从参数为 p 的 **0-1 分布**（**两点分布**），记为 $X\sim B(1,p)$。

0-1 分布也可以表示为

$$P(X=k)=p^kq^{1-k} \quad (k=0,1, q=1-p,\ 0<p<1)。$$

可用 0-1 分布来描述贝努里试验。

2. 二项分布

定义 2.2.4 如果随机变量 X 的分布律为

$$P(X=k)=C_n^k p^k q^{n-k} \quad (k=0,1,2,\cdots,n,\ 0<p<1, q=1-p),$$

则称 X 服从参数为 n,p 的**二项分布**，记为 $X\sim B(n,p)$。

当 $n=1$ 时，二项分布即为 0-1 分布。

二项分布是离散型随机变量的重要分布之一，它以 n 重贝努里试验为背景，具有广泛的应用，如质量管理中，不合格产品数 p_n 控制图和不合格率 p 控制图的绘制、一些抽检方案的制订等。

例 2.2.3 设有 100 台同类型设备，各台设备的工作状态相互独立。已知每台设备发生故障的概率为 0.01，一台设备发生故障需要一名工人处理。

(1) 若一名工人负责维修 20 台设备，求 20 台设备发生故障而不能及时维修的概率。

(2) 要想保证发生故障而不能及时维修的概率小于 0.01，至少需要配备多少维修工人？

解 设 X 为同一时刻发生故障的设备台数，则 X 也是同一时刻需要去维修设备的工人数。由每台设备发生故障的概率为 0.01，且各台设备工作状态相互独立知，$X\sim B(n,0.01)$。

(1) 若一名工人负责维修 20 台设备，则 $X\sim B(20,0.01)$，所求概率为 $P(X\geqslant 2)$。

$$P(X\geqslant 2)=1-P(X=0)-P(X=1)=1-0.99^{20}-20\times 0.01\times 0.99^{19}。$$

(2) 由题意，$X\sim B(100,0.01)$。假设需要配备 N 名维修工人，发生故障不能及时维修即 $X>N$，所求为确定 N，使

$$P(X>N)\leqslant 0.01。$$

而
$$P(X>N)=1-P(X\leqslant N)=1-\sum_{k=0}^{N}C_{100}^{k}0.01^{k}0.99^{100-k}。$$

显然,直接计算出(1)、(2)的结果是很困难的,下面给出二项分布的泊松逼近和泊松分布。

3. 泊松分布

定理 2.2.1(泊松定理) 设 $np=\lambda>0,0<p<1$,则对任意非负整数 k,有
$$\lim_{n\to\infty}C_n^k p^k(1-p)^{n-k}=\frac{\lambda^k}{k!}e^{-\lambda}。$$

该定理的证明留给读者。

上述定理表明,当 n 很大,p 很小时,有下面的近似公式
$$C_n^k p^k(1-p)^{n-k}\approx\frac{\lambda^k}{k!}e^{-\lambda}, \tag{2.6}$$

其中,$\lambda=np,k=0,1,\cdots,n$。

在实际计算中,当 $n\geqslant20,p\leqslant0.05$ 时,就可以应用公式(2.6)来进行近似计算。

因此,在例 2.2.3 中,通过查表求得

(1) $\lambda=np=0.2,P(X\geqslant2)\approx\sum_{k=2}^{20}\frac{0.2^k}{k!}e^{-0.2}\approx\sum_{k=2}^{\infty}\frac{0.2^k}{k!}e^{-0.2}\approx0.0175$。

(2) $\lambda=np=1,P(X>N)\approx\sum_{k=N+1}^{100}\frac{1}{k!}e^{-1}\approx\sum_{k=N+1}^{\infty}\frac{1}{k!}e^{-1}\leqslant0.01,N+1=5$,即 $N=4$。至少需要配备 4 名维修工人,才能保证发生故障而不能及时维修的概率小于 0.01。

定义 2.2.5 如果随机变量 X 的分布律为
$$P(X=k)=\frac{\lambda^k e^{-\lambda}}{k!},\quad k=0,1,2,\cdots,\lambda>0,$$

则称 X 服从参数为 λ 的**泊松分布**,记为 $X\sim P(\lambda)$。

显然,$P(X=k)\geqslant0(k=0,1,2,\cdots)$,且有
$$\sum_{k=0}^{\infty}P(X=k)=\sum_{k=0}^{\infty}\frac{e^{-\lambda}\lambda^k}{k!}=e^{-\lambda}\sum_{k=0}^{\infty}\frac{\lambda^k}{k!}=e^{-\lambda}\cdot e^{\lambda}=1。$$

故泊松分布满足分布律的两个性质。

泊松分布是 1837 年由法国数学家泊松(Poisson)引入的,它的应用很广泛,在实际中许多随机现象都服从泊松分布。例如,去商店的顾客数、经过某块天空的流星数、放射性物质放射出的质点数等都服从泊松分布。

例 2.2.4 设某电话交换台每分钟接到呼唤的次数服从参数为 3 的泊松分布,试求:(1)每分钟恰有 2 次呼唤的概率;(2)每分钟多于 2 次呼唤的概率。

解 设 X 表示电话交换台每分钟接到的呼叫次数,由泊松分布表得

(1) $P(X=2)=\dfrac{3^2 e^{-3}}{2!}\approx0.22404$;

(2) $P(X\geqslant3)=\sum_{k=3}^{\infty}\dfrac{3^k e^{-3}}{k!}\approx0.57681$。

4. 几何分布

在贝努里试验中,每次试验成功的概率均为 $p(0<p<1)$,独立重复试验直到成功为止。设 X 表示试验的次数,则 X 为离散型随机变量,其可能的取值为 $1,2,\cdots,k,\cdots$。事件 $\{X=k\}$ 相当于前 $k-1$ 次不成功,但第 k 次成功。由于是重复独立试验,故 X 的分布律为

$$P(X=k)=(1-p)^{k-1}p \quad (k=1,2,\cdots),$$

称 X 服从**几何分布**。

5. 超几何分布

设 N 件产品中有 M 件次品,随机取 n 件检查,X 为其中的次品数,则 X 为离散型随机变量,其分布律为

$$P(X=k)=\frac{C_M^k C_{N-M}^{n-k}}{C_N^n},$$

其中,$\max\{0,M-N+n\}\leqslant k\leqslant \min\{M,n\}$,称 X 服从**超几何分布**。

2.3 连续型随机变量

2.3.1 连续型随机变量及其概率密度

在实际问题中,经常遇到取值充满某个区间的随机变量。例如,产品的寿命、地区的气温、测量的误差等,这类随机变量就是本节要讨论的连续型随机变量。为了研究连续型随机变量的分布,先看下面的例题。

例 2.3.1 向区间 $[a,b]$ 内任意掷一质点,设此试验是几何概型试验,求落点坐标 X 的分布函数。

解 由题意知

当 $x<a$ 时,$F(x)=P(X\leqslant x)=P(\varnothing)=0$;

当 $a\leqslant x<b$ 时,$F(x)=P(X\leqslant x)=P(a\leqslant X\leqslant x)=\dfrac{x-a}{b-a}$;

当 $x\geqslant b$ 时,$F(x)=P(X\leqslant x)=P(a\leqslant X\leqslant b)=1$。

于是 X 的分布函数为

$$F(x)=\begin{cases}0, & x<a \\ \dfrac{x-a}{b-a}, & a\leqslant x<b \\ 1, & x\geqslant b\end{cases}$$

$F(x)$ 的图形是一条连续曲线,如图 2.4 所示。

若令 $f(x)=\begin{cases}\dfrac{1}{b-a}, & a\leqslant x<b \\ 0, & \text{其他}\end{cases}$,则 X 的分布函数可以表示成:对任意的 x,有

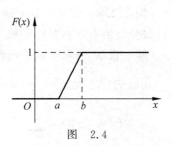

图 2.4

$$F(x) = \int_{-\infty}^{x} f(t)dt。$$

定义 2.3.1 设 $F(x)$ 是随机变量 X 的分布函数,如果存在非负函数 $f(x)$,使对任意实数 x 有

$$F(x) = \int_{-\infty}^{x} f(t)dt \tag{2.7}$$

成立,则称 X 为**连续型随机变量**,同时称 $f(x)$ 为 X 的**概率密度函数**,简称**概率密度**或**密度函数**,$y=f(x)$ 的图像叫作**概率密度曲线**。

连续型随机变量的分布函数 $F(x)$ 的几何意义是:分布函数 $F(x)$ 在 x 点处的函数值等于在区间 $(-\infty, x]$ 上方,概率密度曲线 $y=f(x)$ 下方的面积,如图 2.5 所示。

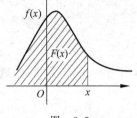

图 2.5

由定义 2.3.1 可得概率密度 $f(x)$ 具有以下性质:

(1) 非负性,$f(x) \geqslant 0$;

(2) 规范性,$\int_{-\infty}^{+\infty} f(x)dx = 1$; (2.8)

(3) 在整个实轴上,$F(x)$ 是连续函数,即连续型随机变量的分布函数一定是连续函数;

(4) 若 $f(x)$ 在点 x 处连续,则

$$F'(x) = f(x); \tag{2.9}$$

(5) $P(x_1 < X \leqslant x_2) = F(x_2) - F(x_1) = \int_{x_1}^{x_2} f(x)dx$。

式(2.7)和式(2.9)表示了分布函数和概率密度的关系,可以根据两式实现分布函数和概率密度的互求。

性质(1)、性质(2)是概率密度的基本性质,可以证明满足性质(1)、性质(2)的函数一定是某个随机变量的概率密度。

由性质(2)可知,介于曲线 $y=f(x)$ 与 x 轴之间的面积等于 1;由性质(5)可知,X 落在区间 $(x_1, x_2]$ 的概率等于位于区间 $(x_1, x_2]$ 上方,曲线 $y=f(x)$ 下方的曲边梯形的面积,如图 2.6 中的阴影部分面积所示。

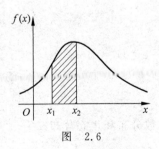

图 2.6

若 $y=f(x)$ 在 x 处连续,$\Delta x > 0$,则

$$P(x < X \leqslant x + \Delta x) = \int_{x}^{x+\Delta x} f(x)dx \approx f(x)\Delta x。$$

因此,概率密度 $f(x)$ 的数值反映了随机变量 X 取 x 的邻近值的概率的大小。

但要注意,对连续型随机变量而言,概率 $P(X=x)$ 并不能描述 X 取 x 值的规律,因为对于任何 x,总有 $P(X=x)=0$。

事实上,设 X 的分布函数为 $F(x)$,则有

$$0 \leqslant P(X=x) \leqslant P(x-\Delta x < X \leqslant x) = F(x) - F(x - \Delta x), \quad \Delta x > 0。 \tag{2.10}$$

由于连续型随机变量的分布函数是处处连续的,所以

$$\lim_{\Delta x \to 0} [F(x) - F(x - \Delta x)] = 0。$$

而式(2.10)的左端与 Δx 无关,故得 $P(X=x)=0$。

由于连续型随机变量取个别值的概率为 0,所以在计算连续型随机变量落入某一区间的概率时,不必区分该区间是开区间还是闭区间。

由于 $P(X=a)=0$,但事件$\{X=a\}$并非是不可能事件,可以进一步说明概率为 0 的事件未必是不可能事件。类似地,可以说明概率为 1 的事件也未必是必然事件。

例 2.3.2 设连续型随机变量 X 的概率密度为
$$f(x)=A\mathrm{e}^{-|x|}, \quad -\infty<x<+\infty。$$
求:(1)系数 A;(2)分布函数 $F(x)$;(3)$P\left(-\dfrac{1}{2}<X\leqslant\dfrac{1}{2}\right)$。

解 (1) 由 $\int_{-\infty}^{+\infty}f(t)\mathrm{d}t=1$,得
$$\int_{-\infty}^{0}A\mathrm{e}^{t}\mathrm{d}t+\int_{0}^{+\infty}A\mathrm{e}^{-t}\mathrm{d}t=2A=1,$$
解得 $A=\dfrac{1}{2}$,于是 X 的概率密度为
$$f(x)=\begin{cases}\dfrac{1}{2}\mathrm{e}^{x}, & x<0 \\ \dfrac{1}{2}\mathrm{e}^{-x}, & x\geqslant 0\end{cases}。$$

(2) 当 $x<0$ 时,$F(x)=\int_{-\infty}^{x}f(t)\mathrm{d}t=\int_{-\infty}^{x}\dfrac{1}{2}\mathrm{e}^{t}\mathrm{d}t=\dfrac{1}{2}\mathrm{e}^{x}$;

当 $x\geqslant 0$ 时,$F(x)=\int_{-\infty}^{x}f(t)\mathrm{d}t=\int_{-\infty}^{0}\dfrac{1}{2}\mathrm{e}^{t}\mathrm{d}x+\int_{0}^{x}\dfrac{1}{2}\mathrm{e}^{-t}\mathrm{d}t=1-\dfrac{1}{2}\mathrm{e}^{-x}$。

于是,X 的分布函数为
$$F(x)=\begin{cases}\dfrac{1}{2}\mathrm{e}^{x}, & x<0 \\ 1-\dfrac{1}{2}\mathrm{e}^{-x}, & x\geqslant 0\end{cases}。$$

(3) $P\left(-\dfrac{1}{2}<X\leqslant\dfrac{1}{2}\right)=F\left(\dfrac{1}{2}\right)-F\left(-\dfrac{1}{2}\right)=1-\mathrm{e}^{-\frac{1}{2}}$。

或者
$$P\left(-\dfrac{1}{2}<X\leqslant\dfrac{1}{2}\right)=\int_{-\frac{1}{2}}^{\frac{1}{2}}f(x)\mathrm{d}x=\int_{-\frac{1}{2}}^{0}\dfrac{1}{2}\mathrm{e}^{x}\mathrm{d}x+\int_{0}^{\frac{1}{2}}\dfrac{1}{2}\mathrm{e}^{-x}\mathrm{d}x=1-\mathrm{e}^{-\frac{1}{2}}。$$

2.3.2 常见的连续型随机变量

下面介绍 3 种常见的连续型随机变量,分别是均匀分布、指数分布和正态分布。

1. 均匀分布

定义 2.3.2 设连续型随机变量 X 的概率密度为
$$f(x)=\begin{cases}\dfrac{1}{b-a}, & a\leqslant x\leqslant b \\ 0, & 其他\end{cases}\quad (a<b), \tag{2.11}$$

则称 X 在区间 $[a,b]$ 上服从**均匀分布**，记为 $X\sim U[a,b]$，概率密度如图 2.7 所示。

显然，$f(x)$ 满足概率密度的性质（1）和性质（2）。可以求得，服从均匀分布的随机变量的分布函数为

$$F(x)=\begin{cases}0, & x<a\\ \dfrac{x-a}{b-a}, & a\leqslant x<b\\ 1, & x\geqslant b\end{cases}。$$

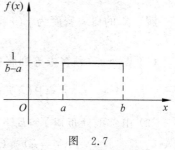

图 2.7

若 $X\sim U[a,b]$，(a_1,b_1) 为 $[a,b]$ 中的任一子区间，则由概率与概率密度的关系可得

$$P(a_1<X\leqslant b_1)=\int_{a_1}^{b_1}\dfrac{1}{b-a}\mathrm{d}x=\dfrac{b_1-a_1}{b-a}。$$

这表明 X 落在该子区间的概率与子区间的长度成正比，而与子区间的位置无关，属于几何概型。这个结果也可由图 2.7 直接看出，"均匀"即"等可能"。

例 2.3.3 设某种电阻的阻值 R（单位：Ω）是一个随机变量，均匀分布在 900Ω 到 1100Ω 之间，求 R 的概率密度 $f(r)$ 及 R 落在 950Ω 到 1050Ω 之间的概率。

解 根据题意得 R 的概率密度为

$$f(r)=\begin{cases}\dfrac{1}{1100-900}=\dfrac{1}{200}, & 900\leqslant r\leqslant 1100\\ 0, & \text{其他}\end{cases}。$$

R 落在 950Ω 到 1050Ω 之间的概率为

$$P(950\leqslant R\leqslant 1050)=\int_{950}^{1050}f(r)\mathrm{d}r=\int_{950}^{1050}\dfrac{1}{200}\mathrm{d}r=\dfrac{1}{2}。$$

2. 指数分布

定义 2.3.3 设连续型随机变量 X 的概率密度为

$$f(x)=\begin{cases}\lambda\mathrm{e}^{-\lambda x}, & x\geqslant 0\\ 0, & x<0\end{cases}\quad(\lambda>0),\tag{2.12}$$

则称 X 服从参数为 λ 的**指数分布**，记为 $X\sim E(\lambda)$，相应的分布函数为

$$F(x)=\begin{cases}1-\mathrm{e}^{-\lambda x}, & x\geqslant 0\\ 0, & x<0\end{cases}。\tag{2.13}$$

显然，$f(x)$ 满足概率密度的性质（1）和性质（2）。

指数分布有着重要的应用，常用于近似地表示各种"寿命"的分布、随机服务系统的服务时间、电话的通话时间等。

例 2.3.4 设顾客在银行窗口等待服务的时间（单位：$\min$）为 $X\sim E\left(\dfrac{1}{5}\right)$，若等待时间超过 $10\min$，则离开。

（1）求顾客未等到服务而离开窗口的概率；

（2）已知该顾客一个月要去银行 5 次，以 Y 表示他一个月内未等到服务而离开窗口的次数，写出 Y 的分布律，并求 $P(Y\geqslant 1)$。

解 X 的概率密度为 $f(x)=\begin{cases} \dfrac{1}{5}e^{-\frac{1}{5}x}, & x\geqslant 0 \\ 0, & x<0 \end{cases}$。

(1) 设 $A=\{$顾客未等到服务而离开窗口$\}$，则 $A=\{X>10\}$。

$$p=P(A)=P(X>10)=\int_{10}^{+\infty}\frac{1}{5}e^{-\frac{1}{5}x}dx=e^{-2}。$$

(2) 由二项分布知 $Y\sim B(5,p)$，即 $Y\sim B(5,e^{-2})$。所以，Y 的分布律为

$$P(Y=k)=C_5^k e^{-2k}(1-e^{-2})^{5-k} \quad (k=0,1,2,3,4,5),$$

$$P(Y\geqslant 1)=1-P(Y=0)=1-(1-e^{-2})^5。$$

3. 正态分布

在连续型随机变量中，正态分布在概率论与数理统计的理论研究与实际应用中都占据着十分重要的地位。

定义 2.3.4 设连续型随机变量 X 的概率密度为

$$f(x)=\frac{1}{\sigma\sqrt{2\pi}}e^{-\frac{(x-\mu)^2}{2\sigma^2}}, \quad x\in(-\infty,+\infty), \tag{2.14}$$

其中，μ,σ 为常数，$\sigma>0$，则称 X 服从参数为 μ,σ 的**正态分布**，也称 X 为**正态变量**，记为 $X\sim N(\mu,\sigma^2)$。

$f(x)$ 满足概率密度的性质(1)和性质(2)，下面证明 $\int_{-\infty}^{+\infty}f(x)dx=1$。

令 $t=\dfrac{x-\mu}{\sigma}$，则

$$\int_{-\infty}^{+\infty}f(x)dx=\frac{1}{\sqrt{2\pi}\sigma}\int_{-\infty}^{+\infty}e^{-\frac{(x-\mu)^2}{2\sigma^2}}dx=\frac{1}{\sqrt{2\pi}}\int_{-\infty}^{+\infty}e^{-\frac{t^2}{2}}dt。$$

而

$$\left(\int_{-\infty}^{+\infty}e^{-\frac{t^2}{2}}dt\right)^2=\int_{-\infty}^{+\infty}e^{-\frac{t^2}{2}}dt\cdot\int_{-\infty}^{+\infty}e^{-\frac{u^2}{2}}du=\int_{-\infty}^{+\infty}\int_{-\infty}^{+\infty}e^{-\frac{t^2+u^2}{2}}dtdu,$$

令 $t=\rho\cos\theta, u=\rho\sin\theta$，则上式 $=\int_0^{2\pi}\left(\int_0^{+\infty}e^{-\frac{\rho^2}{2}}\rho d\rho\right)d\theta=2\pi$。故

$$\int_{-\infty}^{+\infty}e^{-\frac{t^2}{2}}dt=\sqrt{2\pi},$$

即

$$\int_{-\infty}^{+\infty}f(x)dx=1。$$

由高等数学知识不难得到正态分布的概率密度 $f(x)$ 具有以下性质：

(1) $f(x)$ 的图形关于 $x=\mu$ 对称，这表明对任意 $h>0$，有

$$P(\mu-h<X\leqslant\mu)=P(\mu<X\leqslant\mu+h);$$

(2) $f(x)$ 在 $x=\mu$ 处有最大值 $f(\mu)=\dfrac{1}{\sqrt{2\pi}\sigma}$，在 $x=\mu\pm\sigma$ 处有拐点；

(3) 当 $x \to \pm\infty$ 时,曲线 $f(x)$ 以 x 轴为渐近线。

概率密度 $f(x)$ 的图形如图 2.8 所示。

当 μ 值增加或减少时,曲线沿 x 轴向右或向左移动,如图 2.8 所示;当 σ 较大时,曲线较平坦;当 σ 较小时,曲线较陡峭,如图 2.9 所示。

正态分布的分布函数为

$$F(x) = \frac{1}{\sqrt{2\pi}\sigma} \int_{-\infty}^{x} e^{-\frac{(t-\mu)^2}{2\sigma^2}} dt \text{。}$$

正态分布函数的图形如图 2.10 所示。

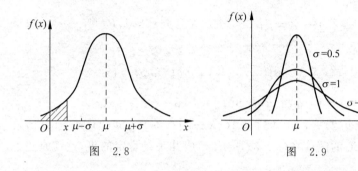
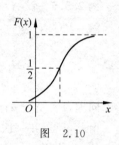

图 2.8　　　　　图 2.9　　　　　图 2.10

特别地,当 $\mu=0, \sigma=1$ 时,称随机变量 X 服从**标准正态分布**,服从标准正态分布的随机变量叫作**标准正态变量**。其概率密度和分布函数分别用 $\varphi(x)$ 和 $\Phi(x)$ 表示,即

$$\varphi(x) = \frac{1}{\sqrt{2\pi}} e^{-\frac{x^2}{2}}, \quad x \in (-\infty, +\infty), \tag{2.15}$$

$$\Phi(x) = \frac{1}{\sqrt{2\pi}} \int_{-\infty}^{x} e^{-\frac{t^2}{2}} dt \text{。} \tag{2.16}$$

由式(2.15)可知 $\varphi(x)$ 是偶函数,由此即得

$$\varphi(-x) = \varphi(x), \tag{2.17}$$

$$\Phi(-x) = 1 - \Phi(x) \text{。} \tag{2.18}$$

式(2.18)成立,是因为

$$\Phi(-x) = \int_{-\infty}^{-x} \varphi(t) dt \xrightarrow{\text{令} t = -u} \int_{x}^{+\infty} \varphi(u) du$$

$$= \int_{-\infty}^{+\infty} \varphi(u) du - \int_{-\infty}^{x} \varphi(u) du = 1 - \Phi(x) \text{。}$$

故对 $\varphi(x)$ 及 $\Phi(x)$ 来说,仅知道 x 取正值时对应的函数值便足够。

标准正态分布的分布函数 $\Phi(x)$ 的值可由附表 2 查到。

一般的正态分布 $N(\mu, \sigma^2)$ 的分布函数 $F(x)$ 与标准正态分布的分布函数 $\Phi(x)$,有如下关系:

$$F(x) = \Phi\left(\frac{x-\mu}{\sigma}\right) \text{。} \tag{2.19}$$

这是因为

$$F(x) = \frac{1}{\sqrt{2\pi}\sigma}\int_{-\infty}^{x} e^{-\frac{(t-\mu)^2}{2\sigma^2}} dt,$$

令 $u = \dfrac{t-\mu}{\sigma}$,则

$$F(x) = \frac{1}{\sqrt{2\pi}}\int_{-\infty}^{\frac{x-\mu}{\sigma}} e^{-\frac{u^2}{2}} du = \Phi\left(\frac{x-\mu}{\sigma}\right).$$

因此,若 $X \sim N(\mu, \sigma^2)$,则

$$P(a < X \leqslant b) = F(b) - F(a) = \Phi\left(\frac{b-\mu}{\sigma}\right) - \Phi\left(\frac{a-\mu}{\sigma}\right).$$

例 2.3.5 设 $X \sim N(\mu, \sigma^2)$,求 $P(|X-\mu|<\sigma)$,$P(|X-\mu|<2\sigma)$,$P(|X-\mu|<3\sigma)$。

解 $P(|X-\mu|<\sigma) = P(\mu-\sigma<X<\mu+\sigma)$
$$= \Phi\left(\frac{\mu+\sigma-\mu}{\sigma}\right) - \Phi\left(\frac{\mu-\sigma-\mu}{\sigma}\right) = \Phi(1) - \Phi(-1)$$
$$= \Phi(1) - [1-\Phi(1)] = 2\Phi(1) - 1 = 0.6826.$$

同理,$P(|X-\mu|<2\sigma) = 2\Phi(2) - 1 = 0.9544$,$P(|X-\mu|<3\sigma) = 2\Phi(3) - 1 = 0.9974$。

由此可见,在一次试验中,X 的值落在 $(\mu-3\sigma, \mu+3\sigma)$ 内几乎是肯定的事,这就是正态分布的 3σ 法则。

例 2.3.6 某人上班所需的时间(单位:min)为 $X \sim N(50, 100)$,已知上班时间为 8:00,他每天 7:00 出门。试求:

(1) 某天迟到的概率;

(2) 某周(以 5 天计)最多迟到一次的概率。

解 (1) 所求概率为

$$P(X>60) = 1 - P(X \leqslant 60) = 1 - \Phi\left(\frac{60-50}{10}\right) = 1 - \Phi(1) = 1 - 0.8413 = 0.1587.$$

(2) 设一周内迟到的次数为 Y,则 $Y \sim B(5, 0.1587)$,所求概率为

$$P(Y \leqslant 1) = P(Y=0) + P(Y=1) = P_5(0) + P_5(1)$$
$$= 0.8413^5 + 5 \times 0.1587 \times 0.8413^4 = 0.8190.$$

为了便于在数理统计中的应用,对于标准正态分布,引入上侧 α 分位数的概念。

定义 2.3.5 设随机变量 X 服从标准正态分布,对给定的实数 $\alpha(0<\alpha<1)$,如果实数 u_α 满足条件 $P(X>u_\alpha) = \alpha$,则称实数 u_α 为随机变量 X 的上侧 α 分位数,如图 2.11 所示。

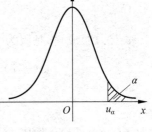

图 2.11

2.4 随机变量函数的分布

在实际应用和理论研究中,不仅要研究随机变量的概率分布,而且要研究随机变量函数的概率分布。例如,已测得分子运动的速率 X,但人们更感兴趣的是分子运动的动

能 $Y=\frac{1}{2}mX^2$ 的分布(m 为分子的质量)。

设 $g(x)$ 是定义在随机变量 X 的一切可能值 x 的集合上的函数。若随机变量 Y 随着 X 取 x 的值而取 $y=g(x)$ 的值,则称随机变量 Y 为随机变量 X 的函数,记作 $Y=g(X)$。

现在要讨论的问题是,对随机变量的函数 $Y=g(X)$,如何根据已知随机变量 X 的分布寻求随机变量 Y 的分布。

2.4.1 离散型随机变量函数的分布

当 X 为离散型随机变量时,$Y=g(X)$ 的分布可由 X 的分布直接求得。

例 2.4.1 已知 X 的分布律如表 2.4 所示。

表 2.4

X	-1	0	1	2
P	0.2	0.4	0.3	0.1

求 $Y_1=2X+1$ 及 $Y_2=X^2$ 的分布律。

解 将 X 的分布律写成如表 2.5 所示的形式。

表 2.5

P	0.2	0.4	0.3	0.1
X	-1	0	1	2
Y_1	-1	1	3	5
Y_2	1	0	1	4

故 $Y_1=2X+1$ 的分布律如表 2.6 所示。

表 2.6

Y_1	-1	1	3	5
P	0.2	0.4	0.3	0.1

$Y_2=X^2$ 的分布律如表 2.7 所示。

表 2.7

Y_2	0	1	4
P	0.4	0.5	0.1

可见,若已知 X 的分布律为 $P(X=x_k)=p_k,k=1,2,\cdots,Y=g(X)$ 是离散型随机变量,则求 $Y=g(X)$ 的分布的基本思想是:对于不同的 x_k,若 $y_k=g(x_k)$ 互异,则 $Y=g(X)$ 的分布律为

$$P(Y=y_k)=P[Y=g(x_k)]=P(X=x_k)=p_k \quad (k=1,2,\cdots)。$$

对于不同的 x_k,若 $y_k=g(x_k)$ 有相同的值,则把相同值的情形合并,其对应的概率相加。

2.4.2 连续型随机变量函数的分布

下面讨论连续型随机变量函数的分布问题。

若 X 是连续型随机变量，$y=g(x)$ 是连续函数，当 $Y=g(X)$ 是连续型随机变量时，Y 的概率密度可由 X 的概率密度求出。其基本思想是：先由 X 的概率密度 $f(x)$ 求出 Y 的分布函数 $F_Y(y)$，然后用微分法求出 Y 的概率密度 $f_Y(y)$，这种方法被称为**分布函数法**。

例 2.4.2 设随机变量 $X \sim N(0,1)$，求 $Y=X^2$ 的概率密度。

解 记 Y 的分布函数和概率密度分别为 $F_Y(y)$ 和 $f_Y(y)$。

先求 Y 的分布函数：$F_Y(y)=P(X^2 \leqslant y)$。由于 $Y=X^2 \geqslant 0$，所以，

当 $y \leqslant 0$ 时，$F_Y(y)=P(Y \leqslant y)=P(X^2 \leqslant y)=0$；

当 $y>0$ 时，$F_Y(y)=P(Y \leqslant y)=P(X^2 \leqslant y)=P(-\sqrt{y} \leqslant X \leqslant \sqrt{y})=F_X(\sqrt{y})-F_X(-\sqrt{y})$。

将 $F_Y(y)$ 对 y 求导数，得 Y 的概率密度为

$$f_Y(y)=\begin{cases} \dfrac{1}{2\sqrt{y}}[f_X(\sqrt{y})+f_X(-\sqrt{y})], & y>0 \\ 0, & y \leqslant 0 \end{cases}。$$

而

$$f_X(x)=\dfrac{1}{\sqrt{2\pi}}e^{-\frac{x^2}{2}},$$

所以 Y 的概率密度为

$$f_Y(y)=\begin{cases} \dfrac{1}{\sqrt{2\pi}}y^{-\frac{1}{2}}e^{-\frac{y}{2}}, & y>0 \\ 0, & y \leqslant 0 \end{cases}。$$

此时称 Y 服从自由度为 1 的 χ^2 分布。

例 2.4.3 设电流 X（单位：A）通过一个电阻值为 3Ω 的电阻器，且 $X \sim U(5,6)$，试求在该电阻器上消耗的功率 $Y=3X^2$ 的概率密度。

解 由题设知，X 的概率密度为 $f_X(x)=\begin{cases} 1, & 5<x<6 \\ 0, & 其他 \end{cases}。$

先求 Y 的分布函数 $F_Y(y)$。

当 $y \leqslant 0$ 时，$F_Y(y)=P(Y \leqslant y)=P(3X^2 \leqslant y)=0$。

当 $y>0$ 时，$F_Y(y)=P(Y \leqslant y)=P(3X^2 \leqslant y)=P\left(-\sqrt{\dfrac{y}{3}} \leqslant X \leqslant \sqrt{\dfrac{y}{3}}\right)=\int_{-\sqrt{\frac{y}{3}}}^{\sqrt{\frac{y}{3}}} f_X(x)\mathrm{d}x$。

(1) 若 $\sqrt{\dfrac{y}{3}} \leqslant 5$，即 $y \leqslant 75$，$F_Y(y)=P(Y \leqslant y)=\int_{-\sqrt{\frac{y}{3}}}^{\sqrt{\frac{y}{3}}} f_X(x)\mathrm{d}x=\int_{-\sqrt{\frac{y}{3}}}^{\sqrt{\frac{y}{3}}} 0\mathrm{d}x=0$；

(2) 若 $5<\sqrt{\frac{y}{3}}<6$，即 $75<y<108$，$F_Y(y)=\int_{-\sqrt{\frac{y}{3}}}^{\sqrt{\frac{y}{3}}}f_X(x)\mathrm{d}x=\int_5^{\sqrt{\frac{y}{3}}}1\mathrm{d}x=\sqrt{\frac{y}{3}}-5$；

(3) 若 $\sqrt{\frac{y}{3}}\geqslant 6$，即 $y\geqslant 108$，$F_Y(y)=P(Y\leqslant y)=\int_{-\sqrt{\frac{y}{3}}}^{\sqrt{\frac{y}{3}}}f_X(x)\mathrm{d}x=\int_5^6 1\mathrm{d}x=1$。

综上得，

$$F_Y(y)=\begin{cases}0, & y\leqslant 75\\ \sqrt{\frac{y}{3}}-5, & 75<y<108\\ 1, & y\geqslant 108\end{cases}。$$

将 $F_Y(y)$ 对 y 求导数，得 Y 的概率密度为

$$f_Y(y)=\begin{cases}\dfrac{\sqrt{3}}{6}y^{-\frac{1}{2}}, & 75<y<108\\ 0, & 其他\end{cases}。$$

例 2.4.4 设随机变量 $X\sim U\left(-\dfrac{\pi}{2},\dfrac{\pi}{2}\right)$，求 $Y=\cos X$ 的概率密度。

解 由题设知，X 的概率密度为 $f_X(x)=\begin{cases}\dfrac{1}{\pi}, & -\dfrac{\pi}{2}<x<\dfrac{\pi}{2}\\ 0, & 其他\end{cases}$。

Y 的分布函数 $F_Y(y)=P(Y\leqslant y)=P(\cos X\leqslant y)$。

由 $Y=\cos X$ 和 $f_X(x)$ 的表示式可知：

当 $y\leqslant 0$ 时，$F_Y(y)=0$；

当 $y\geqslant 1$ 时，$F_Y(y)=1$；

当 $0<y<1$ 时，

$$F_Y(y)=P(\cos X\leqslant y)=P\left(-\dfrac{\pi}{2}\leqslant X\leqslant -\arccos y\right)+P\left(\arccos y\leqslant X\leqslant \dfrac{\pi}{2}\right)$$

$$=\int_{-\frac{\pi}{2}}^{-\arccos y}\dfrac{1}{\pi}\mathrm{d}x+\int_{\arccos y}^{\frac{\pi}{2}}\dfrac{1}{\pi}\mathrm{d}x=1-\dfrac{2}{\pi}\arccos y。$$

综上得，

$$F_Y(y)=\begin{cases}0, & y\leqslant 0\\ 1-\dfrac{2}{\pi}\arccos y, & 0<y<1\\ 1, & y\geqslant 1\end{cases}。$$

将 $F_Y(y)$ 对 y 求导数，得 Y 的概率密度为

$$f_Y(y)=\begin{cases}\dfrac{2}{\pi\sqrt{1-y^2}}, & 0<y<1\\ 0, & 其他\end{cases}。$$

以上是求随机变量函数的分布的一般方法，对于函数严格单调的情形，有以下定理。

定理 2.4.1 设连续型随机变量 X 的概率密度为 $f_X(x)$，若 $y=g(x)$ 处处可导且严格单调，则 $Y=g(X)$ 是一个连续型随机变量，其概率密度为

$$f_Y(y) = \begin{cases} f_X[h(y)]\,|h'(y)|, & \alpha < y < \beta \\ 0, & \text{其他} \end{cases}. \tag{2.20}$$

其中,$x=h(y)$是$y=g(x)$的反函数,$\alpha=\min\{g(-\infty),g(+\infty)\}$,$\beta=\max\{g(-\infty),g(+\infty)\}$。

证 当$g'(x)>0$时,$g(x)$在$(-\infty,+\infty)$严格增加,其反函数$h(y)$存在,且在(α,β)严格增加、可导。分别记X,Y的分布函数为$F_X(x),F_Y(y)$,下面求$F_Y(y)$。

因为$Y=g(X)$在(α,β)取值,故当$y\leqslant\alpha$时,$F_Y(y)=0$;当$y\geqslant\beta$时,$F_Y(y)=1$。

当$\alpha<y<\beta$时,
$$F_Y(y)=P(Y\leqslant y)=P[g(X)\leqslant y]=P[X\leqslant h(y)]=F_X[h(y)]。$$

将$F_Y(y)$对y求导数,得Y的概率密度为
$$f_Y(y)=\begin{cases} f_X[h(y)]h'(y), & \alpha<y<\beta \\ 0, & \text{其他} \end{cases}。$$

当$g'(x)<0$时,用同样的方法得
$$f_Y(y)=\begin{cases} f_X[h(y)][-h'(y)], & \alpha<y<\beta \\ 0, & \text{其他} \end{cases}。$$

将两种情形合并,问题得证。

若$f_X(x)$在$[a,b]$外等于0,则$\alpha=\min\{g(a),g(b)\}$,$\beta=\max\{g(a),g(b)\}$。

例 2.4.5 设随机变量$X\sim N(\mu,\sigma^2)$,求$Y=aX+b(a\neq 0)$的概率密度。

解 X的概率密度为
$$f(x)=\frac{1}{\sqrt{2\pi}\sigma}e^{-\frac{(x-\mu)^2}{2\sigma^2}},\quad -\infty<x<+\infty。$$

由$y=g(x)=ax+b$解得
$$x=h(y)=\frac{y-b}{a},\quad \text{且 } h'(y)=\frac{1}{a}。$$

由式(2.20)得$Y=aX+b$的概率密度为
$$f_Y(y)=\frac{1}{|a|}f_X\left(\frac{y-b}{a}\right),\quad -\infty<y<+\infty,$$

即
$$f_Y(y)=\frac{1}{|a|}\frac{1}{\sqrt{2\pi}\sigma}e^{-\frac{\left(\frac{y-b}{a}-\mu\right)^2}{2\sigma^2}}=\frac{1}{\sqrt{2\pi}|a|\sigma}e^{-\frac{[y-(a\mu+b)]^2}{2a^2\sigma^2}},\quad -\infty<y<+\infty。$$

因此,$Y=aX+b\sim N(a\mu+b,a^2\sigma^2)$。

可见,服从正态分布的随机变量X的线性函数$Y=aX+b$仍服从正态分布,只是参数不同。

当$a=\dfrac{1}{\sigma},b=-\dfrac{\mu}{\sigma}$时,$Y=\dfrac{X-\mu}{\sigma}\sim N(0,1)$,通常称此变换为正态分布的**标准化**。

习 题 2

1. 一次掷 3 枚均匀的硬币,求正面出现次数 X 的分布律。

2. 掷 1 枚非均匀硬币,正面出现的概率为 $p(0<p<1)$,若以 X 表示直至正反面都出现为止所需投掷的次数,求 X 的分布律。

3. 袋中有 5 个球,编号为 $1,2,3,4,5$。从袋中一次取出 3 个球,X 表示所取 3 个球中的最大号码,求 X 的分布律。

4. 袋中有 4 个白球和 2 个红球,从中任取 3 个,用 X 表示所取 3 个球中红球的个数,求 X 的分布律。

5. 将一枚均匀的骰子抛掷两次,X 表示两次出现点数之差的绝对值,求 X 的分布律。

6. 设离散型随机变量 X 的分布律为 $P(X=k)=\dfrac{A}{2+k}, k=0,1,2,3$,求 A 及 $P(X<3)$。

7. 设离散型随机变量 X 的分布律为 $P(X=k)=\dfrac{Ak}{18}, k=1,2,\cdots,9$,求:(1)$A$;(2)概率 $P(X=1 \text{ 或 } X=4)$;(3)$P\left(-1<X\leqslant\dfrac{7}{2}\right)$。

8. 一名实习生用同一台机器接连独立地制造 3 个同种零件,第 i 个零件是不合格品的概率为 $p_i=\dfrac{1}{i+1}, i=1,2,3$。以 X 表示 3 个零件中合格品的个数,求 $P(X=2)$。

9. 设 X 服从参数为 λ 的泊松分布,且 $P(X=1)=P(X=2)$,求 $P(X\geqslant 1)$。

10. 设 $X\sim B(2,p), Y\sim B(3,p)$,若 $P(X\geqslant 1)=\dfrac{5}{9}$,求 $P(Y\geqslant 1)$。

11. 设随机变量 X 的分布函数为 $F(x)=\begin{cases}0, & x<-1 \\ 0.4, & -1\leqslant x<1 \\ 0.8, & 1\leqslant x<3 \\ 1, & x\geqslant 3\end{cases}$,且对 X 的每一个可能取值 x_i 有 $P(X=x_i)>0$,求 X 的分布律。

12. 设随机变量 X 的概率密度为

$$f(x)=\begin{cases}cx+\dfrac{1}{2}, & 0<x<1 \\ 0, & \text{其他}\end{cases},$$

求:(1)常数 c;(2)$P\left(-1<X<\dfrac{1}{2}\right)$;(3)$X$ 的分布函数。

13. 设随机变量 X 的概率密度为

$$f(x)=\begin{cases}Ax^2\mathrm{e}^{-2x}, & x>0 \\ 0, & x\leqslant 0\end{cases},$$

求常数 A 和 X 的分布函数。

14. 设随机变量 X 的分布函数为
$$F(x) = a + b\arctan x \quad (-\infty < x < +\infty),$$
求：(1) 系数 a, b；(2) $P(-1 < X < 1)$；(3) X 的概率密度 $f(x)$。

15. 设随机变量 X 的概率密度为
$$f(x) = \begin{cases} x, & 0 \leqslant x < 1 \\ 2-x, & 1 \leqslant x < 2, \\ 0, & \text{其他} \end{cases}$$
求 X 的分布函数。

16. 设随机变量 X 的概率密度为
$$f(x) = \begin{cases} \dfrac{A}{\sqrt{1-x^2}}, & |x| < 1 \\ 0, & |x| \geqslant 1 \end{cases}.$$
求：(1) A；(2) X 的分布函数；(3) $P\left(-\dfrac{1}{2} < X < \dfrac{1}{2}\right)$。

17. 设某型号电子元件的寿命（单位：h）是一个随机变量 X，其概率密度为
$$f(x) = \begin{cases} \dfrac{1}{600} e^{-\frac{x}{600}}, & x > 0 \\ 0, & x \leqslant 0 \end{cases}.$$
求：(1) 求该型号电子元件不能工作 200 小时的概率；

(2) 一台仪器中装有 6 只独立工作的该型号电子元件，求在使用最初 200 小时内至少有 1 只失效的概率。

18. 设随机变量 X 的概率密度为
$$f(x) = \begin{cases} 2x, & 0 < x < 1 \\ 0, & \text{其他} \end{cases}.$$
求：(1) 以 Y 表示对 X 的 3 次独立重复观测中事件 $\{X \leqslant 0.5\}$ 出现的次数，求 $P(Y=2)$；

(2) 对 X 进行 n 次重复独立观测，以 V_n 表示观测值不大于 0.1 的次数，求 V_n 的概率分布。

19. 设随机变量 $X \sim U[-1, 6]$，求关于 X 的方程 $x^2 + 2x + X = 0$ 有实根的概率。

20. 某地区 18 岁女性的血压（收缩压，单位：mmHg）服从正态分布 $N(110, 12^2)$，在该地区任选一名 18 岁女性，测量她的血压 X。

(1) 求 $P(X \leqslant 105)$ 和 $P(100 < X < 120)$；

(2) 确定最小的 a，使 $P(X > a) \leqslant 0.05$。

21. 设随机变量 $X \sim N(2, \sigma^2)$，且 $P(2 < X < 4) = 0.3$，求 $P(X < 0)$。

22. 在电源电压不超过 200V、在 200 至 240V 之间和超过 240V 三种情况下，某种电子元件损坏的概率分别为 0.1、0.001 和 0.2，假设电源电压 $X \sim N(220, 25^2)$，试求：(1) 该电子元件损坏的概率 α；(2) 该电子元件损坏时，电源电压在 200 至 240V 之间的概率 β。

23. 设离散型随机变量 X 的分布律如表 2.8 所示。

表 2.8

X	-1	0	1	2
P	0.2	0.3	0.4	0.1

求：(1) $Y=X^2$ 的分布律和分布函数；

(2) $Z=\cos\dfrac{\pi X}{2}$ 的分布律。

24. 设随机变量 X 的概率密度为 $f_X(x)=\begin{cases}1-|x|, & -1<x<1\\ 0, & \text{其他}\end{cases}$，求随机变量 $Y=X^2+1$ 的概率密度 $f_Y(y)$。

25. 设随机变量 X 的概率密度为

$$f_X(x)=\begin{cases}\dfrac{x}{8}, & 0<x<4\\ 0, & \text{其他}\end{cases},$$

求 $Y=2X+8$ 的概率密度 $f_Y(y)$。

26. 设随机变量 $X\sim N(0,1)$，求 $Y=|X|$ 的概率密度 $f_Y(y)$。

27. 设随机变量 $X\sim U[0,1]$，求 $Y=\mathrm{e}^x$ 的概率密度 $f_Y(y)$。

28. 设随机变量 $X\sim U\left(-\dfrac{\pi}{2},\dfrac{\pi}{2}\right)$，求 $Y=|\sin X|$ 的概率密度 $f_Y(y)$。

29. 设随机变量 X 的分布函数 $F(x)$ 连续，且严格单调增加，求 $Y=F(X)$ 的概率密度 $f_Y(y)$。

30. 设随机变量 $X\sim U(0,1)$，$Y=-\dfrac{\ln(1-X)}{2}$，证明 Y 服从参数为 2 的指数分布。

习题 2 答案

第 3 章 二维随机变量及其分布

在许多实际问题中,很多随机试验的结果常常需要用两个或两个以上的随机变量来描述。例如,为了研究某一时刻平面上质点的位置,需要考虑由两个随机变量——质点的横坐标 X 与纵坐标 Y 组成的有序随机变量组 (X,Y);进一步地,为了研究某一时刻空间中质点的位置,需要考虑由三个随机变量——质点的横坐标 X、纵坐标 Y、竖坐标 Z 组成的有序随机变量组 (X,Y,Z)。

本章主要讨论以下几个问题:二维随机变量及其分布函数,二维随机变量的边缘分布,条件分布,随机变量的独立性,随机变量函数的分布。由于对二维及二维以上的随机变量的讨论没有本质上的差异,因此本章以讨论二维随机变量为主,关于二维随机变量的一些结论可以平行地推广到 n 维随机变量的情形中。

3.1 二维随机变量及其分布函数

3.1.1 二维随机变量的定义

定义 3.1.1 若随机试验 E 的样本空间是 $S=\{e\}$,设 $X(e)$ 和 $Y(e)$ 是定义在 S 上的随机变量,由它们构成的向量 $(X(e),Y(e))$ 叫作**二维随机变量**或**二维随机向量**,$(X(e),Y(e))$ 简记为 (X,Y),如图 3.1 所示。

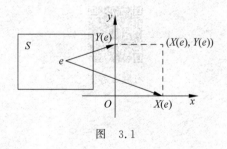

图 3.1

显然,一维随机变量就是前一章所讲的随机变量。

对于二维随机变量 (X,Y),事件 $(X \leqslant x, Y \leqslant y)$ 表示事件 $(X \leqslant x)$ 与事件 $(Y \leqslant y)$ 的交(积)事件。由此可见,二维随机变量的性质不仅与单个的随机变量 X 和 Y 有关,还依赖于 X 与 Y 之间的相互关系。因此,在研究 (X,Y) 时,仅研究 X 和 Y 的性质是不够的,还需要将 (X,Y) 作为一个整体进行研究。下面借助分布函数来研究二维随机变量。

3.1.2 二维随机变量的分布函数

定义 3.1.2 设 (X,Y) 是二维随机变量,x,y 是任意实数,称二元函数

$$F(x,y) = P(X \leqslant x, Y \leqslant y) \tag{3.1}$$

为二维随机变量(X,Y)的**分布函数**,或称为随机变量X与Y的**联合分布函数**。

若将二维随机变量(X,Y)看作是xOy平面上随机点的坐标,则$F(x,y)$是在点(x,y)处的函数值,就是随机点(X,Y)落入以(x,y)为顶点的左下方无限矩形内的概率,如图3.2所示。

利用上述思想,可以求得事件$(x_1 < X \leqslant x_2, y_1 < Y \leqslant y_2)$发生的概率如图3.3所示,为

$$\begin{aligned} P(x_1 < X \leqslant x_2, y_1 < Y \leqslant y_2) &= P(X \leqslant x_2, Y \leqslant y_2) - P(X \leqslant x_2, Y \leqslant y_1) \\ &\quad - P(X \leqslant x_1, Y \leqslant y_2) + P(X \leqslant x_1, Y \leqslant y_1) \\ &= F(x_2, y_2) - F(x_2, y_1) - F(x_1, y_2) + F(x_1, y_1). \end{aligned} \tag{3.2}$$

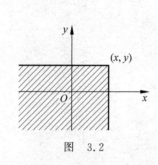

图 3.2

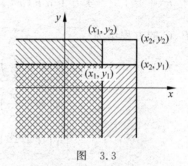

图 3.3

二维随机变量(X,Y)的分布函数$F(x,y)$具有以下性质。

(1) 对任意的x和y,$0 \leqslant F(x,y) \leqslant 1$。

(2) $F(x,y)$是变量x和y的单调不减函数。即对任意固定的y,当$x_1 > x_2$时,有$F(x_1,y) \geqslant F(x_2,y)$;对任意固定的$x$,当$y_1 > y_2$时,有$F(x,y_1) \geqslant F(x,y_2)$。

(3) 对任意固定的x,有$F(x,-\infty) = \lim\limits_{y \to -\infty} F(x,y) = 0$;

对任意固定的y,有

$$F(-\infty, y) = \lim_{x \to -\infty} F(x,y) = 0,$$

$$F(-\infty, -\infty) = \lim_{\substack{x \to -\infty \\ y \to -\infty}} F(x,y) = 0,$$

$$F(+\infty, +\infty) = \lim_{\substack{x \to +\infty \\ y \to +\infty}} F(x,y) = 1.$$

上面四个式子可以从几何上加以说明。例如,在图3.2中将无穷矩形的平行于x轴的边界向下无限平移(即$y \to -\infty$),则事件"随机点(X,Y)落在这个矩形内"趋于不可能事件,其概率趋于零,即$F(x,-\infty) = 0$。其他式子请读者自行说明。

(4) $F(x,y)$关于x和y都是右连续,即

$$F(x,y) = F(x+0, y), \quad F(x,y) = F(x, y+0).$$

(5) 对任意的$x_1 \leqslant x_2, y_1 \leqslant y_2$,有

$$F(x_2, y_2) - F(x_2, y_1) - F(x_1, y_2) + F(x_1, y_1) \geqslant 0.$$

前四个性质的证明可仿照一维随机变量的分布函数的性质证明,性质(5)可由式(3.2)直接得到。

例 3.1.1 设随机变量 (X,Y) 的分布函数为

$$F(x,y) = A\left(B + \arctan\frac{x}{2}\right)\left(C + \arctan\frac{y}{3}\right) \quad (x,y \in \mathbf{R}),$$

求：(1)常数 $A、B、C$；(2)概率 $P(-2<X\leqslant 2, 0<Y\leqslant 3)$。

解 (1)由分布函数的性质知

$$F(x,-\infty) = \lim_{y\to-\infty}F(x,y) = A\left(B+\arctan\frac{x}{2}\right)\left(C-\frac{\pi}{2}\right) = 0;$$

$$F(-\infty,y) = \lim_{x\to-\infty}F(x,y) = A\left(B-\frac{\pi}{2}\right)\left(C+\arctan\frac{y}{3}\right) = 0;$$

$$F(+\infty,+\infty) = \lim_{\substack{x\to+\infty\\y\to+\infty}}F(x,y) = A\left(B+\frac{\pi}{2}\right)\left(C+\frac{\pi}{2}\right) = 1。$$

得关于 $A、B、C$ 的方程组为

$$\begin{cases} A\left(C-\dfrac{\pi}{2}\right) = 0 \\ A\left(B-\dfrac{\pi}{2}\right) = 0 \\ A\left(B+\dfrac{\pi}{2}\right)\left(C+\dfrac{\pi}{2}\right) = 1 \end{cases}。$$

解得，$A = \dfrac{1}{\pi^2}, B = \dfrac{\pi}{2}, C = \dfrac{\pi}{2}$。此时，

$$F(x,y) = \frac{1}{\pi^2}\left(\frac{\pi}{2} + \arctan\frac{x}{2}\right)\left(\frac{\pi}{2} + \arctan\frac{y}{3}\right), \quad x,y \in \mathbf{R}。$$

(2) $P(-2<X\leqslant 2, 0<Y\leqslant 3) = F(2,3) - F(-2,3) - F(2,0) + F(-2,0) = \dfrac{1}{8}$。

3.2 二维离散型随机变量

3.2.1 二维离散型随机变量的定义

定义 3.2.1 若随机变量 (X,Y) 的所有可能取值为有限对或可列无限对，则称 (X,Y) 为**二维离散型随机变量**。

设二维离散型随机变量 (X,Y) 的所有可能取值为 $(x_i,y_j), i,j=1,2,\cdots$，则

$$P(X=x_i, Y=y_j) = p_{ij} \quad (i,j=1,2,\cdots)$$

称为 (X,Y) 的**分布律**，或称为随机变量 X 和 Y 的**联合分布律**。由概率的定义，(X,Y) 的分布律满足如下基本性质：

(1) $p_{ij} \geqslant 0, i,j=1,2,\cdots$；

(2) $\sum\limits_{i=1}^{\infty}\sum\limits_{j=1}^{\infty} p_{ij} = 1$。

(X,Y) 的分布律一般如表 3.1 所示。

表 3.1

X \ Y	y_1	y_2	...	y_j	...
x_1	p_{11}	p_{12}	...	p_{1j}	...
x_2	p_{21}	p_{22}	...	p_{2j}	...
⋮	⋮	⋮		⋮	
x_i	p_{i1}	p_{i2}	...	p_{ij}	...
⋮	⋮	⋮		⋮	

一般以如下方式计算 p_{ij}：

$$p_{ij}=P(X=x_i,Y=y_j)=P(X=x_i\mid Y=y_j)P(Y=y_j)$$
$$=P(Y=y_j\mid X=x_i)P(X=x_i)。$$

注意：此时要求 $P(X=x_i)\neq 0, P(Y=y_j)\neq 0$。

将 (X,Y) 看作是一个随机点的坐标，则 X 和 Y 的联合分布函数为

$$F(x,y)=P(X\leqslant x,Y\leqslant y)=\sum_{x_i\leqslant x}\sum_{y_j\leqslant y}P(X=x_i,Y=y_j)=\sum_{x_i\leqslant x}\sum_{y_j\leqslant y}p_{ij},$$

其中，和式是对一切满足 $x_i\leqslant x,y_j\leqslant y$ 的 i,j 求和。

例 3.2.1 一袋中有 3 个白球、5 个黑球、2 个红球，从中无放回地取出两个球，以 X、Y 分别表示取得的白球、黑球的个数。求：

(1) (X,Y) 的分布律；

(2) $P(X+Y<2)$ 及 $P(X=1)$。

解 (1) X 的所有可能取值为 $0,1,2$，Y 的所有可能取值为 $0,1,2$，则

$$p_{ij}=P(X=i,Y=j)=\frac{C_3^i C_5^j C_2^{2-i-j}}{C_{10}^2},$$

其中，$i=0,1,2,j=0,1,2$，且 $i+j\leqslant 2$。

当 $i+j>2$ 时，"$X=i,Y=j$"为不可能事件，故 $p_{ij}=0$。

由以上计算得 (X,Y) 的分布律如表 3.2 所示。

表 3.2

X \ Y	0	1	2
0	$\frac{1}{45}$	$\frac{2}{9}$	$\frac{2}{9}$
1	$\frac{2}{15}$	$\frac{1}{3}$	0
2	$\frac{1}{15}$	0	0

(2) $P(X+Y<2)=P(X=0,Y=0)+P(X=0,Y=1)+P(X=1,Y=0)=\dfrac{17}{45}$；

$P(X=1)=P(X=1,Y=0)+P(X=1,Y=1)+P(X=1,Y=2)=\dfrac{7}{15}$。

例 3.2.2 设随机变量 X 等可能地在 $1,2,3,4$ 四个整数中取值,另一个随机变量 Y 等可能地在 $1\sim X$ 整数中取值,求 (X,Y) 的分布律。

解 X,Y 的取值范围均为 $1,2,3,4$。由于

$$p_{ij} = P(X=i, Y=j) = P(X \text{ 从 } 1\sim 4 \text{ 中任取 } i, Y \text{ 从 } 1\sim i \text{ 中任取 } j)。$$

故当 $j > i$ 时,

$$p_{ij} = P(X=i, Y=j) = 0 \quad (i,j=1,2,3,4);$$

当 $j \leqslant i$ 时,

$$p_{ij} = P(X=i, Y=j) = P(X=i)P(Y=j \mid X=i) = \frac{1}{4} \cdot \frac{1}{i} \quad (i,j=1,2,3,4)。$$

于是 (X,Y) 的分布律如表 3.3 所示。

表 3.3

X \ Y	1	2	3	4
1	$\frac{1}{4}$	0	0	0
2	$\frac{1}{8}$	$\frac{1}{8}$	0	0
3	$\frac{1}{12}$	$\frac{1}{12}$	$\frac{1}{12}$	0
4	$\frac{1}{16}$	$\frac{1}{16}$	$\frac{1}{16}$	$\frac{1}{16}$

3.2.2 边缘分布律

二维随机变量 (X,Y) 的两个分量 X,Y 都是随机变量,都有各自的分布。X 和 Y 的概率分布分别称为二维随机变量 (X,Y) 关于 X 和关于 Y 的边缘概率分布,简称边缘分布。

下面研究二维离散型随机变量的边缘分布。

定义 3.2.2 设二维离散型随机变量 (X,Y) 的分布律为

$$P(X=x_i, Y=y_j) = p_{ij}, \quad i,j=1,2,\cdots,$$

由 X 的分布律的定义知

$$P(X=x_i) = P\{(X=x_i) \cap S\} = P\left\{(X=x_i) \cap \left(\bigcup_{j=1}^{+\infty}(Y=y_j)\right)\right\}$$

$$= P\left\{\bigcup_{j=1}^{+\infty}(X=x_i) \cap (Y=y_j)\right\} = \sum_{j=1}^{+\infty} P(X=x_i, Y=y_j) = \sum_{j=1}^{+\infty} p_{ij}。$$

同理,Y 的分布律为 $P(Y=y_j) = \sum_{i=1}^{+\infty} p_{ij}$。

记 $p_{i\cdot} = \sum_{j=1}^{+\infty} p_{ij}, p_{\cdot j} = \sum_{i=1}^{+\infty} p_{ij}$。分别称 $p_{i\cdot}$ 和 $p_{\cdot j}$ 为二维离散型随机变量 (X,Y) 关于 X 和 Y 的**边缘分布律**。这表明,当 x_i 遍及 X 的一切可能值 $x_1, x_2, \cdots$ 时,就得到一个边缘分布 $p_{1\cdot}, p_{2\cdot}, \cdots$,这个边缘分布就是 (X,Y) 关于 X 的边缘分布。

二维离散型随机变量 (X,Y) 的分布律如表 3.4 所示。

表 3.4

X \ Y	y_1	y_2	$\cdots$	y_j	$\cdots$	$p_{i\cdot}$
x_1	p_{11}	p_{12}	$\cdots$	p_{1j}	$\cdots$	$p_{1\cdot}$
x_2	p_{21}	p_{22}	$\cdots$	p_{2j}	$\cdots$	$p_{2\cdot}$
$\vdots$	$\vdots$	$\vdots$		$\vdots$		$\vdots$
x_i	p_{i1}	p_{i2}	$\cdots$	p_{ij}	$\cdots$	$p_{i\cdot}$
$\vdots$	$\vdots$	$\vdots$		$\vdots$		$\vdots$
$p_{\cdot j}$	$p_{\cdot 1}$	$p_{\cdot 2}$	$\cdots$	$p_{\cdot j}$	$\cdots$	1

表 3.4 中右侧最后一列为 (X,Y) 关于 X 的边缘分布律，$p_{i\cdot}$ 为表中第 i 行的概率之和 $(i=1,2,\cdots)$；表中下方最后一行为 (X,Y) 关于 Y 的边缘分布律，$p_{\cdot j}$ 为表中第 j 列的概率之和 $(j=1,2,\cdots)$；右下角的 1 表示

$$\sum_i p_{i\cdot} = \sum_j p_{\cdot j} = \sum_i \sum_j p_{ij} = 1。$$

关于 X 和 Y 的边缘分布律如表 3.5 和表 3.6 所示。

表 3.5

X	x_1	x_2	$\cdots$	x_i	$\cdots$
$p_{i\cdot}$	$p_{1\cdot}$	$p_{2\cdot}$	$\cdots$	$p_{i\cdot}$	$\cdots$

表 3.6

Y	y_1	y_2	$\cdots$	y_j	$\cdots$
$p_{\cdot j}$	$p_{\cdot 1}$	$p_{\cdot 2}$	$\cdots$	$p_{\cdot j}$	$\cdots$

例 3.2.3 一袋中有 2 个白球和 3 个黑球，现从中依次取出两个球，定义

$$X = \begin{cases} 1, & \text{第一次取出白球} \\ 0, & \text{第一次取出黑球} \end{cases}, \quad Y = \begin{cases} 1, & \text{第二次取出白球} \\ 0, & \text{第二次取出黑球} \end{cases}$$

试采用无放回取球和有放回取球两种方式，求 (X,Y) 的分布律和 X,Y 的边缘分布律。

解 (1) 无放回取球。利用古典概型的概率计算公式可得

$$P(X=0,Y=0) = \frac{A_3^2}{A_5^2} = \frac{3}{10}, \quad P(X=0,Y=1) = \frac{3 \times 2}{A_5^2} = \frac{3}{10},$$

$$P(X=1,Y=0) = \frac{2 \times 3}{A_5^2} = \frac{3}{10}, \quad P(X=1,Y=1) = \frac{A_2^2}{A_5^2} = \frac{1}{10}。$$

由以上计算得 (X,Y) 的分布律以及 X,Y 的边缘分布律如表 3.7 所示。

表 3.7

X \ Y	0	1	$p_{i\cdot}$
0	$\frac{3}{10}$	$\frac{3}{10}$	$\frac{3}{5}$
1	$\frac{3}{10}$	$\frac{1}{10}$	$\frac{2}{5}$
$p_{\cdot j}$	$\frac{3}{5}$	$\frac{2}{5}$	1

(2) 有放回取球。

$$P(X=0,Y=0)=\frac{3\times 3}{5\times 5}=\frac{9}{25}, \quad P(X=0,Y=1)=\frac{3\times 2}{5\times 5}=\frac{6}{25},$$

$$P(X=1,Y=0)=\frac{2\times 3}{5\times 5}=\frac{6}{25}, \quad P(X=1,Y=1)=\frac{2\times 2}{5\times 5}=\frac{4}{25}。$$

由以上计算得 (X,Y) 的分布律以及 X,Y 的边缘分布律如表 3.8 所示。

表 3.8

X \ Y	0	1	$p_{i\cdot}$
0	$\frac{9}{25}$	$\frac{6}{25}$	$\frac{3}{5}$
1	$\frac{6}{25}$	$\frac{4}{25}$	$\frac{2}{5}$
$p_{\cdot j}$	$\frac{3}{5}$	$\frac{2}{5}$	1

可见，无论是有放回取球还是无放回取球，X 和 Y 的边缘分布律都是一样的，但联合分布律却不相同。因此，一般情况下，边缘分布律不能决定联合分布律，必须把多维随机变量作为一个整体进行研究。

例 3.2.4 设随机变量 X 和 Y 的分布律如表 3.9 和表 3.10 所示，且 $P(XY=0)=1$，求 (X,Y) 的分布律。

表 3.9

X	0	1
$p_{i\cdot}$	$\frac{1}{2}$	$\frac{1}{2}$

表 3.10

Y	-1	0	1
$p_{\cdot j}$	$\frac{1}{4}$	$\frac{1}{2}$	$\frac{1}{4}$

解 (X,Y) 的分布律如表 3.11 所示。

表 3.11

X \ Y	−1	0	1	$p_i.$
0	$\frac{1}{4}$	0	$\frac{1}{4}$	$\frac{1}{2}$
1	0	$\frac{1}{2}$	0	$\frac{1}{2}$
$p._j$	$\frac{1}{4}$	$\frac{1}{2}$	$\frac{1}{4}$	1

3.3 二维连续型随机变量

3.3.1 二维连续型随机变量及其概率密度

与一维连续型随机变量类似,对于二维连续型随机变量定义如下。

定义 3.3.1 对于二维随机变量 (X,Y) 的分布函数 $F(x,y)$,如果存在非负函数 $f(x,y)$,使对任意实数 x,y 有

$$F(x,y) = \int_{-\infty}^{y} \int_{-\infty}^{x} f(u,v) \mathrm{d}u \mathrm{d}v,$$

则称 (X,Y) 为**二维连续型随机变量**,非负二元函数 $f(x,y)$ 称为 (X,Y) 的**概率密度**,或称为随机变量 X 和 Y 的**联合概率密度**。

二维连续型随机变量的概率密度具有以下性质:

(1) $f(x,y) \geqslant 0$;

(2) $\int_{-\infty}^{+\infty} \int_{-\infty}^{+\infty} f(x,y) \mathrm{d}x \mathrm{d}y = 1$;

(3) 设 G 是 xOy 平面上一区域,则点 (X,Y) 落在 G 内的概率为

$$P\{(X,Y) \in G\} = \iint_{G} f(x,y) \mathrm{d}x \mathrm{d}y;$$

(4) 若 $f(x,y)$ 在点 (x,y) 连续,则

$$\frac{\partial^2 F(x,y)}{\partial x \partial y} = f(x,y)。$$

性质(1)~性质(3)的几何意义为:令 $z = f(x,y)$,则由性质(1)知,$z = f(x,y)$ 表示三维空间中 xOy 平面上方的一张曲面;由性质(2)知,曲面 $z = f(x,y)$ 与 xOy 平面的空间区域的体积为1;由性质(3)知,概率 $P\{(X,Y) \in G\}$ 在数值上等于以 G 为底、以曲面 $z = f(x,y)$ 为顶的曲顶柱体的体积。

由性质(4)知,在 $f(x,y)$ 的连续点处,有

$$\lim_{\substack{\Delta x \to 0^+ \\ \Delta y \to 0^+}} \frac{P(x < X \leqslant x + \Delta x, y < Y \leqslant y + \Delta y)}{\Delta x \Delta y}$$

$$= \lim_{\substack{\Delta x \to 0^+ \\ \Delta y \to 0^+}} \frac{1}{\Delta x \Delta y} [F(x+\Delta x, y+\Delta y) - F(x, y+\Delta y) - F(x+\Delta x, y) + F(x,y)]$$

$$= \frac{\partial^2 F(x,y)}{\partial x \partial y} = f(x,y)。$$

这表示若 $f(x,y)$ 在点 (x,y) 连续,则当 $\Delta x, \Delta y$ 很小时,

$$P(x < X \leqslant x+\Delta x, y < Y \leqslant y+\Delta y) \approx f(x,y) \Delta x \Delta y,$$

也就是点 (X,Y) 落在小矩形 $(x, x+\Delta x] \times (y, y+\Delta y]$ 内的概率近似地等于 $f(x,y)\Delta x \Delta y$。

例 3.3.1 设二维随机变量 (X,Y) 的概率密度为

$$f(x,y) = \begin{cases} x^2 + \dfrac{1}{3}xy, & 0 \leqslant x \leqslant 1, 0 \leqslant y \leqslant 2, \\ 0, & \text{其他} \end{cases},$$

求:(1) (X,Y) 的分布函数 $F(x,y)$;(2) $P(X+Y>1), P(Y>X)$。

解 (1) 当 $x<0$ 或 $y<0$ 时,

$$F(x,y) = \int_{-\infty}^{y} \int_{-\infty}^{x} 0 \mathrm{d}u \mathrm{d}v = 0。$$

当 $0 \leqslant x \leqslant 1, 0 \leqslant y \leqslant 2$ 时,

$$f(x,y) = x^2 + \frac{1}{3}xy,$$

$$F(x,y) = \int_{-\infty}^{y} \int_{-\infty}^{x} f(u,v) \mathrm{d}u \mathrm{d}v = \int_{0}^{y} \int_{0}^{x} \left(u^2 + \frac{1}{3}uv\right) \mathrm{d}u \mathrm{d}v = \frac{1}{3}x^3 y + \frac{1}{12}x^2 y^2。$$

当 $0 \leqslant x \leqslant 1, y>2$ 时,

$$F(x,y) = \int_{-\infty}^{y} \int_{-\infty}^{x} f(u,v) \mathrm{d}u \mathrm{d}v = \int_{0}^{y} \int_{0}^{x} f(u,v) \mathrm{d}u \mathrm{d}v$$

$$= \int_{0}^{x} \int_{0}^{2} f(u,v) \mathrm{d}v \mathrm{d}u + \int_{0}^{x} \int_{2}^{y} f(u,v) \mathrm{d}v \mathrm{d}u$$

$$= \int_{0}^{x} \int_{0}^{2} \left(u^2 + \frac{1}{3}uv\right) \mathrm{d}v \mathrm{d}u + \int_{0}^{x} \int_{2}^{y} 0 \mathrm{d}v \mathrm{d}u = \frac{2}{3}x^3 + \frac{x^2}{3}。$$

当 $x>1, 0 \leqslant y \leqslant 2$ 时,

$$F(x,y) = \int_{-\infty}^{y} \int_{-\infty}^{x} f(u,v) \mathrm{d}u \mathrm{d}v = \int_{0}^{y} \int_{0}^{x} f(u,v) \mathrm{d}u \mathrm{d}v$$

$$= \int_{0}^{1} \int_{0}^{y} f(u,v) \mathrm{d}v \mathrm{d}u + \int_{1}^{x} \int_{0}^{y} f(u,v) \mathrm{d}v \mathrm{d}u$$

$$= \int_{0}^{1} \int_{0}^{y} \left(u^2 + \frac{1}{3}uv\right) \mathrm{d}v \mathrm{d}u + \int_{1}^{x} \int_{0}^{y} 0 \mathrm{d}v \mathrm{d}u = \frac{y}{3} + \frac{y^2}{12}。$$

当 $x>1, y>2$ 时,

$$F(x,y) = \int_{0}^{1} \int_{0}^{2} \left(u^2 + \frac{1}{3}uv\right) \mathrm{d}v \mathrm{d}u = 1。$$

综上可知,(X,Y) 的分布函数为

$$F(x,y) = \begin{cases} 0, & x<0 \text{ 或 } y<0 \\ \dfrac{1}{3}x^3 y + \dfrac{1}{12}x^2 y^2, & 0 \leqslant x \leqslant 1, 0 \leqslant y \leqslant 2 \\ \dfrac{2}{3}x^3 + \dfrac{x^2}{3}, & 0 \leqslant x \leqslant 1, y > 2 \\ \dfrac{y}{3} + \dfrac{y^2}{12}, & x>1, 0 \leqslant y \leqslant 2 \\ 1, & x>1, y>2 \end{cases}。$$

(2) $P(X+Y>1), P(Y>X)$ 如图 3.4 和图 3.5 所示。

$$P(X+Y>1) = \iint\limits_{x+y>1} f(x,y)\mathrm{d}x\,\mathrm{d}y = \int_0^1 \mathrm{d}x \int_{1-x}^2 \left(x^2 + \dfrac{1}{3}xy\right)\mathrm{d}y = \dfrac{65}{72};$$

$$P(Y>X) = \iint\limits_{y>x} f(x,y)\mathrm{d}x\,\mathrm{d}y = \int_0^1 \mathrm{d}x \int_x^2 \left(x^2 + \dfrac{1}{3}xy\right)\mathrm{d}y = \dfrac{17}{24}。$$

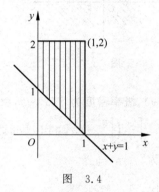

图 3.4

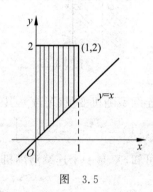

图 3.5

例 3.3.2 设二维随机变量 (X,Y) 的概率密度为

$$f(x,y) = \begin{cases} A\mathrm{e}^{-(x+2y)}, & x>0, y>0 \\ 0, & \text{其他} \end{cases};$$

求:(1) 常数 A;(2) 分布函数 $F(x,y)$。

解 (1) 由概率密度的性质知,$\int_{-\infty}^{+\infty}\int_{-\infty}^{+\infty} f(x,y)\mathrm{d}x\,\mathrm{d}y = 1$,即

$$\int_0^{+\infty}\int_0^{+\infty} A\mathrm{e}^{-(x+2y)}\mathrm{d}x\,\mathrm{d}y = \dfrac{A}{2} = 1,$$

因此,$A=2$。

(2) $F(x,y) = \int_{-\infty}^{y}\int_{-\infty}^{x} f(u,v)\mathrm{d}u\,\mathrm{d}v$

$$= \begin{cases} \int_0^y \int_0^x 2\mathrm{e}^{-(u+2v)}\mathrm{d}u\,\mathrm{d}v, & x>0, y>0 \\ 0, & \text{其他} \end{cases}$$

$$= \begin{cases} (1-\mathrm{e}^{-x})(1-\mathrm{e}^{-2y}), & x>0, y>0 \\ 0, & \text{其他} \end{cases}。$$

3.3.2 边缘概率密度

定义 3.3.2 设 $F(x,y)$ 是二维随机变量的分布函数,则称
$$F_X(x) = F(x, +\infty) = \lim_{y \to +\infty} F(x,y),$$
$$F_Y(y) = F(+\infty, y) = \lim_{x \to +\infty} F(x,y),$$
分别为二维随机变量 (X,Y) 关于 X 和 Y 的**边缘分布函数**。

从几何上看,$F_X(x)$ 与 $F_Y(y)$ 分别表示随机点 (X,Y) 落在区域 G_1 和 G_2 中的概率,如图 3.6 和图 3.7 所示。

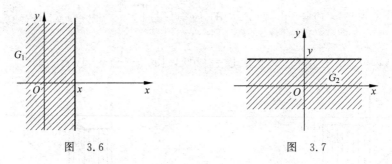

图 3.6　　　　　　图 3.7

对于连续型随机变量 (X,Y),其分布函数为 $F(x,y)$,概率密度为 $f(x,y)$,由于
$$F_X(x) = F(x, +\infty) = \int_{-\infty}^{x} \int_{-\infty}^{+\infty} f(u,v) \mathrm{d}v \mathrm{d}u = \int_{-\infty}^{x} \left(\int_{-\infty}^{+\infty} f(u,y) \mathrm{d}y \right) \mathrm{d}u,$$
由第 2 章可知,X 是一个连续型随机变量,其概率密度为
$$f_X(x) = \int_{-\infty}^{+\infty} f(x,y) \mathrm{d}y \text{。} \tag{3.3}$$
同理,Y 是一个连续型随机变量,其概率密度为
$$f_Y(y) = \int_{-\infty}^{+\infty} f(x,y) \mathrm{d}x \text{。} \tag{3.4}$$
分别称 $f_X(x), f_Y(y)$ 为 (X,Y) 关于 X 和关于 Y 的**边缘概率密度**。

例 3.3.3 (续例 3.3.2) 求边缘分布函数 $F_X(x), F_Y(y)$。

解 关于 X 的边缘分布函数为
$$F_X(x) = F(x, +\infty) = \lim_{y \to +\infty} F(x,y)$$
$$= \begin{cases} \lim_{y \to +\infty}(1-\mathrm{e}^{-x})(1-\mathrm{e}^{-2y}) = 1-\mathrm{e}^{-x}, & x > 0 \\ 0, & x \leqslant 0 \end{cases}\text{。}$$
同理,关于 Y 的边缘分布函数为
$$F_Y(y) = F(+\infty, y) = \lim_{x \to +\infty} F(x,y)$$
$$= \begin{cases} \lim_{x \to +\infty}(1-\mathrm{e}^{-x})(1-\mathrm{e}^{-2y}) = 1-\mathrm{e}^{-2y}, & y > 0 \\ 0, & y \leqslant 0 \end{cases}\text{。}$$

例 3.3.4 设二维随机变量 (X,Y) 的概率密度为

$$f(x,y) = \begin{cases} 6x, & 0 < x < y < 1 \\ 0, & \text{其他} \end{cases},$$

求边缘概率密度 $f_X(x), f_Y(y)$。

解 如图 3.8 所示，由式(3.3)，关于 X 的边缘概率密度为

$$f_X(x) = \int_{-\infty}^{+\infty} f(x,y) \mathrm{d}y$$

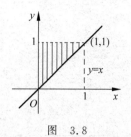

$$= \begin{cases} \int_x^1 6x \mathrm{d}y = 6x - 6x^2, & 0 < x < 1 \\ 0, & \text{其他} \end{cases}。$$

由式(3.4)，关于 Y 的边缘概率密度为

$$f_Y(y) = \int_{-\infty}^{+\infty} f(x,y) \mathrm{d}x$$

$$= \begin{cases} \int_0^y 6x \mathrm{d}x = 3y^2, & 0 < y < 1 \\ 0, & \text{其他} \end{cases}。$$

图 3.8

3.3.3 常见的二维连续型随机变量

1. 二维均匀分布

定义 3.3.3 设 G 是平面上的有界区域，其面积为 $S(G)$，若二维随机变量 (X,Y) 的概率密度为

$$f(x,y) = \begin{cases} \dfrac{1}{S(G)}, & (x,y) \in G \\ 0, & \text{其他} \end{cases},$$

则称 (X,Y) 在 G 上服从**均匀分布**。

易验证 $f(x,y)$ 满足概率密度的基本性质。

设 (X,Y) 在 G 上服从均匀分布，D 为 G 的任意子区域，其面积为 $S(D)$，则

$$P\{(X,Y) \in D\} = \iint_D f(x,y) \mathrm{d}x \mathrm{d}y = \frac{S(D)}{S(G)}。$$

可见 (X,Y) 落到子区域 D 中的概率与 D 的面积成正比，而与 D 在 G 中的位置及形状无关，故 (X,Y) 落到面积相等的各子区域中的可能性是相等的。

2. 二维正态分布

定义 3.3.4 设二维随机变量 (X,Y) 的概率密度为

$$f(x,y) = \frac{1}{2\pi\sigma_1\sigma_2\sqrt{1-\rho^2}} \exp\left\{-\frac{1}{2(1-\rho^2)} \cdot \left[\frac{(x-\mu_1)^2}{\sigma_1^2}\right.\right.$$

$$\left.\left. - \frac{2\rho(x-\mu_1)(y-\mu_2)}{\sigma_1\sigma_2} + \frac{(y-\mu_2)^2}{\sigma_2^2}\right]\right\}, \quad x \in \mathbf{R}, y \in \mathbf{R},$$

其中，$\mu_1, \mu_2, \sigma_1, \sigma_2, \rho$ 均为常数，且 $\sigma_1 > 0, \sigma_2 > 0, |\rho| < 1$，称 (X,Y) 服从参数为 $\mu_1, \mu_2, \sigma_1, \sigma_2, \rho$ 的**二维正态分布**(这五个参数的意义将在下一章说明)，记为 $(X,Y) \sim N(\mu_1, \mu_2, \sigma_1^2, \sigma_2^2; \rho)$。

服从二维正态分布的随机变量(X,Y)概率密度如图3.9所示。

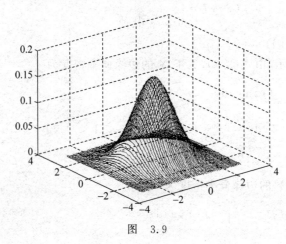

图 3.9

例3.3.5 设(X,Y)在区域G上服从均匀分布,G为$|y|<x,0<x<1$所围成的闭区域,求(X,Y)的边缘概率密度$f_X(x),f_Y(y)$及$P\left(Y<\dfrac{1}{4}\middle|X<\dfrac{1}{2}\right)$。

解 如图3.10所示,区域G的面积为$S(G)=1$,故(X,Y)的概率密度为

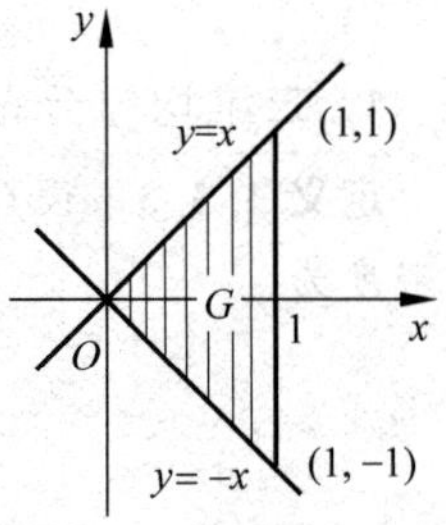

$$f(x,y)=\begin{cases}1, & |y|<x,0<x<1 \\ 0, & \text{其他}\end{cases}。$$

关于X的边缘概率密度为

$$f_X(x)=\int_{-\infty}^{+\infty}f(x,y)\mathrm{d}y=\begin{cases}\int_{-x}^{x}1\mathrm{d}y=2x, & 0<x<1 \\ 0, & \text{其他}\end{cases}。$$

图 3.10

关于Y的边缘概率密度为

$$f_Y(y)=\int_{-\infty}^{+\infty}f(x,y)\mathrm{d}x=\begin{cases}\int_{|y|}^{1}1\mathrm{d}y=1-|y|, & |y|<1 \\ 0, & \text{其他}\end{cases},$$

$$P\left(Y<\dfrac{1}{4}\middle|X<\dfrac{1}{2}\right)=\dfrac{P\left(X<\dfrac{1}{2},Y<\dfrac{1}{4}\right)}{P\left(X<\dfrac{1}{2}\right)}=\dfrac{7}{8}。$$

例3.3.6 设随机变量$(X,Y)\sim N(\mu_1,\mu_2,\sigma_1^2,\sigma_2^2;\rho)$,求边缘概率密度$f_X(x),f_Y(y)$。

解 关于X的边缘概率密度为

$$f_X(x)=\int_{-\infty}^{+\infty}f(x,y)\mathrm{d}y。$$

由于

$$\dfrac{(y-\mu_2)^2}{\sigma_2^2}-\dfrac{2\rho(x-\mu_1)(y-\mu_2)}{\sigma_1\sigma_2}=\left(\dfrac{y-\mu_2}{\sigma_2}-\rho\dfrac{x-\mu_1}{\sigma_1}\right)^2-\rho^2\left(\dfrac{x-\mu_1}{\sigma_1}\right)^2,$$

于是

$$f_X(x) = \frac{1}{2\pi\sigma_1\sigma_2\sqrt{1-\rho^2}} e^{-\frac{(x-\mu_1)^2}{2\sigma_1^2}} \int_{-\infty}^{+\infty} e^{-\frac{1}{2(1-\rho^2)}\left(\frac{y-\mu_2}{\sigma_2}-\rho\frac{x-\mu_1}{\sigma_1}\right)^2} \mathrm{d}y。$$

令 $t = \dfrac{1}{\sqrt{1-\rho^2}}\left(\dfrac{y-\mu_2}{\sigma_2}-\rho\dfrac{x-\mu_1}{\sigma_1}\right)$，则有

$$f_X(x) = \frac{1}{2\pi\sigma_1} e^{-\frac{(x-\mu_1)^2}{2\sigma_1^2}} \int_{-\infty}^{+\infty} e^{-\frac{t^2}{2}} \mathrm{d}t,$$

即

$$f_X(x) = \frac{1}{\sqrt{2\pi}\sigma_1} e^{-\frac{(x-\mu_1)^2}{2\sigma_1^2}}, \quad x \in \mathbf{R}。$$

同理，关于 Y 的边缘概率密度为

$$f_Y(y) = \frac{1}{\sqrt{2\pi}\sigma_2} e^{-\frac{(y-\mu_2)^2}{2\sigma_2^2}}, \quad y \in \mathbf{R}。$$

可见，二维正态分布的边缘分布都是不依赖于参数 ρ 的一维正态分布，即不同二维正态分布的边缘分布可以相同。这进一步说明仅由 X 和 Y 的边缘分布，一般不能确定 X 和 Y 的联合分布。对于给定的参数 $\mu_1,\mu_2,\sigma_1^2,\sigma_2^2$，不同的 ρ 对应不同的二维正态分布。

3.4 条件分布

对于两个随机事件，可以定义条件概率；对于两个随机变量，则可以定义随机变量的条件分布。

3.4.1 离散型随机变量的条件分布

设二维离散型随机变量 (X,Y) 的分布律为

$$P(X=x_i, Y=y_j) = p_{ij} \quad (i,j=1,2,\cdots),$$

Y 的边缘分布律为 $P(Y=y_j) = \sum_{i=1}^{+\infty} p_{ij} = p_{\cdot j}, j=1,2,\cdots$。若对固定的 j，有 $p_{\cdot j} > 0$，考虑在事件 $\{Y=y_j\}$ 发生的条件下事件 $\{X=x_i\}$ 发生的概率，即计算

$$P\{X=x_i \mid Y=y_j\} \quad (i=1,2,\cdots)。$$

由条件概率公式可得

$$P(X=x_i \mid Y=y_j) = \frac{P(X=x_i, Y=y_j)}{P(Y=y_j)} = \frac{p_{ij}}{p_{\cdot j}} \quad (i=1,2,\cdots)。$$

可以证明，上述条件概率满足分布律的性质：

(1) $P(X=x_i \mid Y=y_j) \geqslant 0, i=1,2,\cdots$；

(2) $\sum_{i=1}^{+\infty} P(X=x_i \mid Y=y_j) = \sum_{i=1}^{+\infty} \frac{P(X=x_i, Y=y_j)}{P(Y=y_j)} = \frac{\sum_{i=1}^{+\infty} P(X=x_i, Y=y_j)}{P(Y=y_j)} = 1。$

为此，给出如下定义。

定义 3.4.1 设离散型随机变量 (X,Y) 的分布律为
$$P(X=x_i, Y=y_j) = p_{ij} \quad (i,j=1,2,\cdots),$$
Y 的边缘分布律为
$$P(Y=y_j) = \sum_{i=1}^{+\infty} p_{ij} = p_{\cdot j} \quad (j=1,2,\cdots)。$$
若对固定的 j，有 $p_{\cdot j} > 0$，则称
$$P(X=x_i \mid Y=y_j) = \frac{P(X=x_i, Y=y_j)}{P(Y=y_j)} = \frac{p_{ij}}{p_{\cdot j}} \quad (i=1,2,\cdots) \tag{3.5}$$
为在 $Y=y_j$ 条件下随机变量 X 的**条件分布律**。

同样，若对固定的 i，有 $p_{i\cdot} > 0$，则称
$$P(Y=y_j \mid X=x_i) = \frac{P(X=x_i, Y=y_j)}{P(X=x_i)} = \frac{p_{ij}}{p_{i\cdot}} \quad (j=1,2,\cdots) \tag{3.6}$$
为在 $X=x_i$ 条件下随机变量 Y 的**条件分布律**。

例 3.4.1 将两封信投入编号为 1、2、3 的三个邮筒，以 X,Y 分别表示投入第 1 号和第 2 号邮筒的信的数目。

求：(1) (X,Y) 的分布律；(2) $Y=0$ 时 X 的条件分布律。

解 (1) X 的所有可能取值为 $0,1,2$，Y 的所有可能取值为 $0,1,2$，则
$$p_{ij} = P(X=i, Y=j) \quad (i=0,1,2, \quad j=0,1,2)。$$
当 $i+j>2$ 时，"$X=i, Y=j$" 为不可能事件，故 $p_{ij}=0$，同时有 $p_{ij}=p_{ji}$。
$$P(X=0, Y=0) = P(两封信均投入第 3 号邮筒) = \frac{1}{3^2} = \frac{1}{9},$$
$$P(X=0, Y=1) = P(两封信中一封投入第 3 号邮筒，一封投入第 2 号邮筒) = \frac{A_2^2}{3^2} = \frac{2}{9}。$$
同理可得，
$$P(X=0, Y=2) = \frac{1}{9}, \quad P(X=1, Y=1) = \frac{2}{9}, \quad P(X=1, Y=2) = 0。$$
由以上计算得 (X,Y) 的分布律如表 3.12 所示。

表 3.12

X \ Y	0	1	2
0	$\frac{1}{9}$	$\frac{2}{9}$	$\frac{1}{9}$
1	$\frac{2}{9}$	$\frac{2}{9}$	0
2	$\frac{1}{9}$	0	0

(2) 在 $Y=0$ 的条件下，X 的可能取值为 $0,1,2$，相应的条件概率为

$$P(X=0 \mid Y=0) = \frac{P(X=0,Y=0)}{P(Y=0)} = \frac{\frac{1}{9}}{\frac{4}{9}} = \frac{1}{4},$$

$$P(X=1 \mid Y=0) = \frac{P(X=1,Y=0)}{P(Y=0)} = \frac{\frac{2}{9}}{\frac{4}{9}} = \frac{1}{2},$$

$$P(X=2 \mid Y=0) = \frac{P(X=2,Y=0)}{P(Y=0)} = \frac{\frac{1}{9}}{\frac{4}{9}} = \frac{1}{4}.$$

从而得 $Y=0$ 时 X 的条件分布律如表 3.13 所示。

表 3.13

$X\mid Y=0$	0	1	2
P	$\frac{1}{4}$	$\frac{1}{2}$	$\frac{1}{4}$

例 3.4.2 一射手进行射击，每次击中目标的概率为 $p(0<p<1)$，直至击中目标两次为止。X 表示首次击中目标时的射击次数，Y 表示击中目标两次时总共进行的射击次数。试求 (X,Y) 的分布律与条件分布律。

解 $P(X=m,Y=n)=P($第 m 次射击首次击中目标，第 n 次射击时恰好击中目标两次$)$，$m=1,2,\cdots,n=2,3,\cdots$ 显然，当 $m+1>n$ 时，"$X=m,Y=n$" 为不可能事件，$P(X=m,Y=n)=0$。

当 $m+1\leqslant n$ 时，

$$P(X=m,Y=n) = \underbrace{(1-p)\cdots(1-p)}_{(m-1)\text{次}} p \underbrace{(1-p)\cdots(1-p)}_{(n-m-1)\text{次}} p = p^2(1-p)^{n-2}.$$

综上，(X,Y) 的分布律为

$$P(X=m,Y=n) = p^2(1-p)^{n-2} \quad (n=2,3,\cdots,\ m=1,2,\cdots,n-1).$$

X 的边缘分布律为

$$P(X=m) = \sum_{n=m+1}^{\infty} P(X=m,Y=n) = \sum_{n=m+1}^{\infty} p^2(1-p)^{n-2} = p(1-p)^{m-1} \quad (m=1,2,\cdots).$$

Y 的边缘分布律为

$$P(Y=n) = \sum_{m=1}^{n-1} P(X=m,Y=n) = \sum_{m=1}^{n-1} p^2(1-p)^{n-2}$$

$$= (n-1)p^2(1-p)^{n-2} \quad (n=2,3,\cdots).$$

由式(3.5)和式(3.6)得所求的条件分布律如下。

当 $n=2,3,\cdots$ 时，

$$P(X=m \mid Y=n) = \frac{p^2(1-p)^{n-2}}{(n-1)p^2(1-p)^{n-2}} = \frac{1}{n-1} \quad (m=1,2,\cdots,n-1).$$

当 $m=1,2,\cdots$ 时,
$$P(Y=n \mid X=m) = \frac{p^2(1-p)^{n-2}}{p(1-p)^{m-1}} = p(1-p)^{n-m-1}, \quad n=m+1, m+2, \cdots。$$

例 3.4.3 设在一段时间内进入某商店的顾客人数 X 服从泊松分布 $P(\lambda)$,每位顾客购买某种物品的概率为 $p(0<p<1)$,并且各位顾客购买该物品相互独立,求进入商店的顾客购买这种物品的人数 Y 的分布律。

解 因为 $X \sim P(\lambda)$,所以 $P(X=m) = \frac{\lambda^m}{m!}e^{-\lambda}, m=0,1,2,\cdots$。

在进入商店的人数 $X=m$ 的条件下,购买某种商品的人数 Y 的条件分布为二项分布 $B(m,p)$,即
$$P(Y=k \mid X=m) = C_m^k p^k (1-p)^{m-k}, \quad k=0,1,2,\cdots,m,$$

则
$$\begin{aligned}
P(Y=k) &= \sum_{m=k}^{+\infty} P(X=m) P(Y=k \mid X=m) \\
&= \sum_{m=k}^{+\infty} \frac{\lambda^m}{m!} e^{-\lambda} \frac{m!}{k!(m-k)!} p^k (1-p)^{m-k} \\
&= e^{-\lambda} \frac{(\lambda p)^k}{k!} \sum_{m=k}^{+\infty} \frac{[\lambda(1-p)]^{m-k}}{(m-k)!} \\
&= \frac{(\lambda p)^k}{k!} e^{-\lambda} e^{\lambda(1-p)} = \frac{(\lambda p)^k}{k!} e^{-\lambda p} \quad (k=0,1,2,\cdots)。
\end{aligned}$$

从本题可以看到,在直接求 Y 的分布律有困难时,可以借助条件分布解决问题。

3.4.2 连续型随机变量的条件分布

当 (X,Y) 为连续型随机变量时,由于对任意实数 x 和 y,$P(X=x)=P(Y=y)=0$,因此不能直接应用条件概率公式引出条件分布。

这里不妨用分布函数 $F_X(x)=P(X\leqslant x)$ 代替离散型时的分布律 $P(X=x_i)$,同样以 $P(X\leqslant x|Y=y)$ 代替离散型时的 $P(X=x_i|Y=y_j)$,并且称 $P(X\leqslant x|Y=y)$ 为在 $Y=y$ 的条件下 X 的分布函数,记作 $F_{X|Y}(x|y)$。

如果已知 (X,Y) 的分布函数 $F(x,y)$ 或概率密度函数 $f(x,y)$,如何求条件分布函数 $F_{X|Y}(x|y)$?

由条件概率的定义知
$$F_{X|Y}(x \mid y) = P(X\leqslant x \mid Y=y) = \frac{P(X\leqslant x, Y=y)}{P(Y=y)}。$$

但是由于 (X,Y) 为连续型随机变量,上式的右端是 $\frac{0}{0}$,也就是数学分析中的不定式,若对于固定的 y 和任意 $\varepsilon>0$,有 $P(y-\varepsilon<Y\leqslant y+\varepsilon)>0$,定义

$$F_{X|Y}(x \mid y) = P(X\leqslant x \mid Y=y) = \lim_{\varepsilon\to 0} \frac{P(X\leqslant x, y-\varepsilon<Y\leqslant y+\varepsilon)}{P(y-\varepsilon<Y\leqslant y+\varepsilon)}$$

$$= \lim_{\varepsilon \to 0} \frac{F(x,y+\varepsilon)-F(x,y-\varepsilon)}{F_Y(y+\varepsilon)-F_Y(y-\varepsilon)}$$

$$= \frac{\dfrac{\partial F(x,y)}{\partial y}}{\dfrac{\mathrm{d}F_Y(y)}{\mathrm{d}y}} = \frac{\int_{-\infty}^{x} f(u,y)\mathrm{d}u}{f_Y(y)} = \int_{-\infty}^{x} \frac{f(u,y)}{f_Y(y)} \mathrm{d}u.$$

与一维连续型随机变量概率密度的定义相比,可以得到如下定义。

定义 3.4.2 设二维连续型随机变量(X,Y)的概率密度为$f(x,y)$,关于Y的边缘概率密度为$f_Y(y)$,若对于固定的y,$f_Y(y)>0$,则称$\dfrac{f(x,y)}{f_Y(y)}$为在$Y=y$的条件下X的**条件概率密度**,记为

$$f_{X|Y}(x\mid y)=\frac{f(x,y)}{f_Y(y)}, \tag{3.7}$$

称$\int_{-\infty}^{x} f_{X|Y}(x\mid y)\mathrm{d}x = \int_{-\infty}^{x} \dfrac{f(x,y)}{f_Y(y)}\mathrm{d}x$为在$Y=y$的条件下$X$的**条件分布函数**,即

$$F_{X|Y}(x\mid y)=P(X\leqslant x\mid Y=y)=\int_{-\infty}^{x}\frac{f(x,y)}{f_Y(y)}\mathrm{d}x.$$

类似可定义

$$f_{Y|X}(y\mid x)=\frac{f(x,y)}{f_X(x)} \tag{3.8}$$

和

$$F_{X|Y}(x\mid y)=P(X\leqslant x\mid Y=y)=\int_{-\infty}^{x}\frac{f(x,y)}{f_Y(y)}\mathrm{d}x.$$

例 3.4.4 (续例 3.3.5)求$f_{X|Y}(x|y)$及$f_{Y|X}(y|x)$。

解 当$|y|<1$时,

$$f_{X|Y}(x\mid y)=\frac{f(x,y)}{f_Y(y)}=\begin{cases}\dfrac{1}{1-|y|}, & |y|<x<1 \\ 0, & \text{其他}\end{cases}.$$

当$0<x<1$时,

$$f_{Y|X}(y\mid x)=\frac{f(x,y)}{f_X(x)}=\begin{cases}\dfrac{1}{2x}, & |y|<x \\ 0, & \text{其他}\end{cases}.$$

例 3.4.5 设随机变量X的概率密度为

$$f_X(x)=\begin{cases}4x\mathrm{e}^{-2x}, & x>0 \\ 0, & x\leqslant 0\end{cases},$$

而随机变量Y在区间$(0,X)$上服从均匀分布,求:(1)(X,Y)的概率密度$f(x,y)$;(2)随机变量Y的概率密度$f_Y(y)$。

解 因为随机变量Y在区间$(0,X)$上服从均匀分布,所以在$X=x(x>0)$的条件下,有条件概率

$$f_{Y|X}(y \mid x) = \begin{cases} \dfrac{1}{x}, & 0 < y < x \\ 0, & \text{其他} \end{cases}。$$

(1) (X,Y)的概率密度为

$$f(x,y) = f_X(x) f_{Y|X}(y \mid x) = \begin{cases} 4\mathrm{e}^{-2x}, & 0 < y < x \\ 0, & \text{其他} \end{cases}。$$

(2) 随机变量 Y 的概率密度为

$$f_Y(y) = \int_{-\infty}^{+\infty} f(x,y) \mathrm{d}x = \begin{cases} \displaystyle\int_y^{+\infty} 4\mathrm{e}^{-2x} \mathrm{d}x = 2\mathrm{e}^{-2y}, & y > 0 \\ 0, & y \leqslant 0 \end{cases}。$$

3.5 随机变量的独立性

随机变量的独立性是概率论中一个非常重要的概念,下面借助随机事件的独立性来定义随机变量的独立性。

3.5.1 二维随机变量的独立性

定义 3.5.1 设 $F(x,y), F_X(x), F_Y(y)$ 分别是随机变量 (X,Y) 的分布函数和边缘分布函数,若对任意实数 x,y 有

$$F(x,y) = F_X(x) F_Y(y), \tag{3.9}$$

则称随机变量 X 与 Y 是**相互独立**的。

式(3.9)的等价形式为

$$P(X \leqslant x, Y \leqslant y) = P(X \leqslant x) P(Y \leqslant y)。$$

若 (X,Y) 是离散型随机变量,其概率分布律为

$$P(X = x_i, Y = y_j) = p_{ij} \quad (i,j = 1,2,\cdots), \tag{3.10}$$

则 X 与 Y 相互独立的充要条件是 $p_{ij} = p_{i.} \cdot p_{.j}$,对一切 i,j 均成立。

若 (X,Y) 是连续型随机变量,$f(x,y), f_X(x), f_Y(y)$ 分别是随机变量 (X,Y) 的概率密度和边缘概率密度,若对任意实数 x,y 有

$$f(x,y) = f_X(x) f_Y(y),$$

则

$$\begin{aligned} F(x,y) &= \int_{-\infty}^y \int_{-\infty}^x f(u,v) \mathrm{d}u \mathrm{d}v = \int_{-\infty}^y \int_{-\infty}^x f_X(u) f_Y(v) \mathrm{d}u \mathrm{d}v \\ &= \int_{-\infty}^x f_X(u) \mathrm{d}u \int_{-\infty}^y f_Y(v) \mathrm{d}v \\ &= F_X(x) F_Y(y) \end{aligned}$$

即 X 与 Y 相互独立。

反之,若 X 与 Y 相互独立,

$$F(x,y) = F_X(x)F_Y(y) = \int_{-\infty}^{x} f_X(u)du \int_{-\infty}^{y} f_Y(v)dv$$
$$= \int_{-\infty}^{y} \int_{-\infty}^{x} f_X(u) f_Y(v) du dv。$$

因为 $f_X(x)f_Y(y) \geq 0$，所以由二维连续型随机变量的概率密度的定义可知 $f_X(x)f_Y(y)$ 为 (X,Y) 的概率密度。

可见，对于二维连续随机变量 (X,Y)，X 与 Y 相互独立的充分必要条件是
$$f(x,y) = f_X(x)f_Y(y) \tag{3.11}$$
在平面上几乎处处成立。

综上可知，判别两个随机变量 X 与 Y 是否相互独立，只需验证 X 和 Y 的联合分布（概率密度或分布律）是否等于边缘分布（概率密度或分布律）的乘积即可。

读者可以自己验证例 3.4.1～例 3.4.3 中的随机变量的独立性。

例 3.5.1 设 (X,Y) 的分布律如表 3.14 所示。

表 3.14

X \ Y	1	2	3
0	$\frac{1}{6}$	$\frac{1}{9}$	$\frac{1}{18}$
1	$\frac{1}{3}$	α	β

问：(1) α,β 各满足什么条件？

(2) 若 X 与 Y 相互独立，则 α,β 各等于多少？

解 (1) 由分布律的性质知，α,β 需满足

① $\alpha \geq 0, \beta \geq 0$；

② $\sum_{i,j} p_{ij} = 1$，即 $\frac{1}{6} + \frac{1}{9} + \frac{1}{18} + \frac{1}{3} + \alpha + \beta = 1, \alpha + \beta = \frac{1}{3}$。

(2) 对 (X,Y) 的分布律加边求和得边缘分布律，如表 3.15 所示。

表 3.15

X \ Y	1	2	3	$p_{i\cdot}$
1	$\frac{1}{6}$	$\frac{1}{9}$	$\frac{1}{18}$	$\frac{1}{3}$
2	$\frac{1}{3}$	α	β	$\frac{2}{3}$
$p_{\cdot j}$	$\frac{1}{2}$	$\frac{1}{9}+\alpha$	$\frac{1}{18}+\beta$	1

若 X 与 Y 相互独立，则对任意 i,j 有 $p_{ij} = p_{i\cdot} \cdot p_{\cdot j}$，由此得关于 α,β 的方程组。例如，由 $p_{12} = p_{1\cdot} \cdot p_{\cdot 2}$，得 $\frac{1}{3}\left(\frac{1}{9} + \alpha\right) = \frac{1}{9}$，即 $\alpha = \frac{2}{9}$。而 $\alpha + \beta = \frac{1}{3}$，故 $\beta = \frac{1}{9}$。

可见,当 X 与 Y 相互独立时,$\alpha = \frac{2}{9}$,$\beta = \frac{1}{9}$。

例 3.5.2 一个供电系统由两台发电机组组成,设两台发电机组在一年内(365 天计)任何时刻发生故障是等可能的,且两台发电机组发生故障与否相互独立。每台发电机组发生故障时,检修需要 10 天。试求该供电系统因发电机组发生故障而断电的概率。

解 设 X 和 Y 分别表示发电机组 1 和发电机组 2 在一年内发生故障的开始时间,则 X 和 Y 在区间 $[0,365]$ 上服从均匀分布,即

$$f_X(x) = \begin{cases} \frac{1}{365}, & 0 \leqslant x \leqslant 365 \\ 0, & 其他 \end{cases}, \quad f_Y(y) = \begin{cases} \frac{1}{365}, & 0 \leqslant y \leqslant 365 \\ 0, & 其他 \end{cases}。$$

由于 X 与 Y 相互独立,所以

$$f(x,y) = f_X(x) f_Y(y) = \begin{cases} \frac{1}{365^2}, & 0 \leqslant x \leqslant 365, 0 \leqslant y \leqslant 365 \\ 0, & 其他 \end{cases}。$$

当且仅当发电机组 1 和发电机组 2 发生故障开始检修时间差不超过 10 天,系统才能断电,此时,事件"$|X-Y| \leqslant 10$"发生。故所求的概率为

$$P(|X-Y| \leqslant 10) = \iint_{|x-y| \leqslant 10} \frac{1}{365^2} \mathrm{d}x \mathrm{d}y = \frac{365^2 - 355^2}{365^2} = 0.054。$$

例 3.5.3 设随机变量 $(X,Y) \sim N(\mu_1, \mu_2, \sigma_1^2, \sigma_2^2; \rho)$,证明 X 与 Y 相互独立的充分必要条件是 $\rho = 0$。

证
$$f(x,y) = \frac{1}{2\pi \sigma_1 \sigma_2 \sqrt{1-\rho^2}} \exp\left\{-\frac{1}{2(1-\rho^2)}\left[\frac{(x-\mu_1)^2}{\sigma_1^2}\right.\right.$$
$$\left.\left. - \frac{2\rho(x-\mu_1)(y-\mu_2)}{\sigma_1 \sigma_2} + \frac{(y-\mu_2)^2}{\sigma_2^2}\right]\right\}, \quad x \in \mathbf{R}, y \in \mathbf{R}。$$

由例 3.3.6 知

$$f_X(x) = \frac{1}{\sqrt{2\pi} \sigma_1} \mathrm{e}^{-\frac{(x-\mu_1)^2}{2\sigma_1^2}}, \quad x \in \mathbf{R},$$

$$f_Y(y) = \frac{1}{\sqrt{2\pi} \sigma_2} \mathrm{e}^{-\frac{(y-\mu_2)^2}{2\sigma_2^2}}, \quad y \in \mathbf{R},$$

即

$$f_X(x) f_Y(y) = \frac{1}{2\pi \sigma_1 \sigma_2} \mathrm{e}^{-\frac{1}{2}\left[\frac{(x-\mu_1)^2}{\sigma_1^2} + \frac{(y-\mu_2)^2}{\sigma_2^2}\right]}, \quad x \in \mathbf{R}, y \in \mathbf{R}。$$

因此,若 $\rho = 0$,则对任意 x 和 y,$f(x,y) = f_X(x) f_Y(y)$,即 X 与 Y 相互独立。

反之,若 X 与 Y 相互独立,则对任意 x 和 y,$f(x,y) = f_X(x) f_Y(y)$ 成立。特别地,令 $x = \mu_1, y = \mu_2$,则有 $f(\mu_1, \mu_2) = f_X(\mu_1) f_Y(\mu_2)$,得到

$$\frac{1}{2\pi\sigma_1\sigma_2\sqrt{1-\rho^2}}=\frac{1}{2\pi\sigma_1\sigma_2},$$

从而 $\rho=0$。

3.5.2 多维随机变量的独立性

将关于二维随机变量的讨论推广到 $n(n>2)$ 维随机变量。

设 $X_1,X_2,\cdots,X_n$ 是定义在同一个样本空间 S 上的 n 个随机变量,则称向量$(X_1,X_2,\cdots,X_n)$ 为 n 维随机变量,或 n 维随机向量。

设 $(X_1,X_2,\cdots,X_n)$ 为 n 维随机变量,$x_1,x_2,\cdots,x_n$ 为任意实数,则称 n 元函数
$$F(x_1,x_2,\cdots,x_n)=P(X_1\leqslant x_1,X_2\leqslant x_2,\cdots,X_n\leqslant x_n)$$
为 $(X_1,X_2,\cdots,X_n)$ 的**分布函数**。

设 $F(x_1,x_2,\cdots,x_n)$ 为 n 维随机变量 $(X_1,X_2,\cdots,X_n)$ 的分布函数,若存在非负函数 $f(x_1,x_2,\cdots,x_n)$,对任意实数 $x_1,x_2,\cdots,x_n$,有
$$F(x_1,x_2,\cdots,x_n)=\int_{-\infty}^{x_1}\int_{-\infty}^{x_2}\cdots\int_{-\infty}^{x_n}f(t_1,t_2,\cdots,t_n)\mathrm{d}t_n\mathrm{d}t_{n-1}\cdots\mathrm{d}t_1,$$
则称 $(X_1,X_2,\cdots,X_n)$ 为 **n 维连续型随机变量**,$f(x_1,x_2,\cdots,x_n)$ 为 **n 维连续型随机变量的概率密度**。

$(X_1,X_2,\cdots,X_n)$ 关于 $X_i(i=1,2,\cdots,n)$ 的边缘分布函数和边缘概率密度为
$$F_{X_i}(x_i)=P(X_i\leqslant x_i)=F(+\infty,\cdots,+\infty,x_i,+\infty,\cdots,+\infty)\quad(i=1,2,\cdots,n),$$
$$f_{X_i}(x_i)=\int_{-\infty}^{+\infty}\cdots\int_{-\infty}^{+\infty}f(x_1,x_2,\cdots,x_n)\mathrm{d}x_n\cdots\mathrm{d}x_{i-1}\mathrm{d}x_{i+1}\cdots\mathrm{d}x_1\quad(i=1,2,\cdots,n).$$

定义 3.5.2 设 $F(x_1,x_2,\cdots,x_n)$ 为 n 维随机变量 $(X_1,X_2,\cdots,X_n)$ 的分布函数,关于 $X_i(i=1,2,\cdots,n)$ 的边缘分布函数为 $F_{X_i}(x_i)$。若对任意实数 $x_1,x_2,\cdots,x_n$,有
$$F(x_1,x_2,\cdots,x_n)=F_{X_1}(x_1)F_{X_2}(x_2)\cdots F_{X_n}(x_n),$$
则称随机变量 $X_1,X_2,\cdots,X_n$ **相互独立**。

若 $(X_1,X_2,\cdots,X_n)$ 是离散型随机变量,$X_1,X_2,\cdots,X_n$ 相互独立的充要条件是对任意一组可能的数 $x_1,x_2,\cdots,x_n$,下式成立:
$$P(X_1=x_1,X_2=x_2,\cdots,X_n=x_n)=P(X_1=x_1)P(X_2=x_2)\cdots P(X_n=x_n).$$

若 $(X_1,X_2,\cdots,X_n)$ 是连续型随机变量,$X_1,X_2,\cdots,X_n$ 相互独立的充要条件是对任意一组可能的数 $x_1,x_2,\cdots,x_n$,下式成立:
$$f(x_1,x_2,\cdots,x_n)=f_{X_1}(x_1)f_{X_2}(x_2)\cdots f_{X_n}(x_n).$$

下面给出有关多维随机变量独立性的常用结论。

(1) 设随机变量 $X_1,X_2,\cdots,X_n$ 相互独立,则其中任意 $k(2\leqslant k<n)$ 个随机变量也相互独立。

(2) 设随机变量 $X_1,X_2,\cdots,X_n$ 相互独立,则它们的函数 $g_1(X_1),g_2(X_2),\cdots,g_n(X_n)$ 也相互独立。

(3) 设 $(X_1,X_2,\cdots,X_m)$ 和 $(Y_1,Y_2,\cdots,Y_n)$ 分别是 m 维和 n 维随机变量,若对任意实数 $x_1,x_2,\cdots,x_m$ 和 $y_1,y_2,\cdots,y_n$,有

$$F(x_1,x_2,\cdots,x_m;y_1,y_2,\cdots,y_n)=F_1(x_1,x_2,\cdots,x_m)F_2(y_1,y_2,\cdots,y_n),$$

则称$(X_1,X_2,\cdots,X_m)$和$(Y_1,Y_2,\cdots,Y_n)$相互独立,其中F是$(X_1,X_2,\cdots,X_m;Y_1,Y_2,\cdots,Y_n)$的分布函数,$F_1$和$F_2$是$(X_1,X_2,\cdots,X_m)$和$(Y_1,Y_2,\cdots,Y_n)$的分布函数。

若$(X_1,X_2,\cdots,X_m)$和$(Y_1,Y_2,\cdots,Y_n)$相互独立,则:①$X_i(i=1,2,\cdots,m)$与$Y_j(j=1,2,\cdots,n)$相互独立;②若g和h是连续函数,则$g(X_1,X_2,\cdots,X_m)$和$h(Y_1,Y_2,\cdots,Y_n)$相互独立。

3.6 二维随机变量函数的分布

前文已经讨论过一维随机变量函数$Y=g(X)$的分布,本节主要讨论二维随机变量函数的分布问题,即当(X,Y)的分布已知时,求$Z=g(X,Y)$的分布。这个问题无论在理论上还是在实际中都有着重要的意义。由于具体计算时往往比较复杂,本节只对几个特殊的函数进行讨论。

3.6.1 二维离散型随机变量函数的分布

在这里仅举例说明其求法。

例 3.6.1 已知(X,Y)的分布律如表3.16所示,求:(1)$Z=X+Y$的分布律;(2)$Z=XY$的分布律;(3)$Z=\min\{X,Y\}$的分布律。

表 3.16

X \ Y	−1	1	2
−1	0.1	0.2	0.3
2	0.2	0.1	0.1

解 将(X,Y)的分布律写成如表3.17所示的形式。

表 3.17

p_{ij}	0.1	0.2	0.3	0.2	0.1	0.1
(X,Y)	(−1,−1)	(−1,1)	(−1,2)	(2,−1)	(2,1)	(2,2)
$X+Y$	−2	0	1	1	3	4
XY	1	−1	−2	−2	2	4
$\min\{X,Y\}$	−1	−1	−1	−1	1	2

与一维离散型随机变量的函数求法类似,对于不同的(x_i,y_j),$g(x_i,y_j)$有相同值时,把相同值的情形合并,将对应的概率相加。

(1) $Z=X+Y$的分布律如表3.18所示。

表 3.18

Z	-2	0	1	3	4
P	0.1	0.2	0.5	0.1	0.1

（2）$Z=XY$ 的分布律如表 3.19 所示。

表 3.19

Z	-2	-1	1	2	4
P	0.5	0.2	0.1	0.1	0.1

（3）$Z=\min(X,Y)$ 的分布律如表 3.20 所示。

表 3.20

Z	-1	1	2
P	0.8	0.1	0.1

例 3.6.2 设 X,Y 是相互独立的随机变量，且分别服从参数为 λ_1 和 λ_2 的泊松分布，求 $Z=X+Y$ 的分布律。

解 由 X,Y 的可能取值为 $0,1,2,\cdots$ 知，$Z=X+Y$ 的可能取值为 $0,1,2,\cdots$，且

$$P(X=i)=\frac{\lambda_1^i}{i!}\mathrm{e}^{-\lambda_1} \quad (i=0,1,2,\cdots),$$

$$P(Y=j)=\frac{\lambda_2^j}{j!}\mathrm{e}^{-\lambda_2} \quad (j=0,1,2,\cdots)。$$

$$P(Z=k)=P(X+Y=k)=\sum_{m=0}^{k}P(X=m,Y=k-m)=\sum_{m=0}^{k}P(X=m)P(Y=k-m)$$

$$=\sum_{m=0}^{k}\frac{\lambda_1^m}{m!}\mathrm{e}^{-\lambda_1}\frac{\lambda_2^{k-m}}{(k-m)!}\mathrm{e}^{-\lambda_2}=\frac{\mathrm{e}^{-(\lambda_1+\lambda_2)}}{k!}\sum_{m=0}^{k}\frac{k!}{m!(k-m)!}\lambda_1^m\lambda_2^{k-m}$$

$$=\frac{(\lambda_1+\lambda_2)^k}{k!}\mathrm{e}^{-(\lambda_1+\lambda_2)} \quad (k=0,1,2,\cdots)。$$

可见 Z 服从参数 $\lambda_1+\lambda_2$ 的泊松分布，即**两个独立的泊松分布的随机变量之和仍服从泊松分布，其参数为相应的随机变量分布参数之和**。

3.6.2 二维连续型随机变量函数的分布

设二维连续型随机变量 (X,Y) 的概率密度为 $f(x,y)$，$g(x,y)$ 为一个二元函数，则 $g(X,Y)$ 是 (X,Y) 的函数。类似于求一维随机变量函数的分布的方法，可以求 $Z=g(X,Y)$ 的分布。

（1）求分布函数 $F_Z(z)$。

$$F_Z(z)=P(Z\leqslant z)=P\{g(X,Y)\leqslant z\}=P\{(X,Y)\in G_z\}=\iint_{G_z}f(x,y)\mathrm{d}x\mathrm{d}y,$$

其中,$G_z = \{(x,y) | g(x,y) \leqslant z\}$。

(2) 求概率密度 $f_Z(z)$,在 $f_Z(z)$ 的连续点处,有
$$F'_Z(z) = f_Z(z)。$$

在求 $Z = g(X,Y)$ 的分布时,关键是将其转化为 (X,Y) 在一定范围内取值的形式,从而利用 (X,Y) 的分布求出 $Z = g(X,Y)$ 的分布。

由于二维连续型随机变量函数的分布求法比较复杂,下面仅对简单情形给出结果。

1. $Z = X + Y$ 的分布

设二维连续型随机变量 (X,Y) 的概率密度为 $f(x,y)$,则 $Z = X + Y$ 的分布函数为
$$F_Z(z) = P(Z \leqslant z) = P(X + Y \leqslant z) = \iint_{x+y \leqslant z} f(x,y) \mathrm{d}x \mathrm{d}y,$$

积分区域 G 是直线 $x + y = z$ 及其左下方的平面,如图 3.11 所示。
$$F_Z(z) = \int_{-\infty}^{+\infty} \left(\int_{-\infty}^{z-y} f(x,y) \mathrm{d}x \right) \mathrm{d}y,$$

对积分 $\int_{-\infty}^{z-y} f(x,y) \mathrm{d}x$ 作变量代换。

令 $x = u - y$ 得
$$\int_{-\infty}^{z-y} f(x,y) \mathrm{d}x = \int_{-\infty}^{z} f(u-y, y) \mathrm{d}u,$$

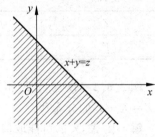

图 3.11

于是
$$F_Z(z) = \int_{-\infty}^{z} \left(\int_{-\infty}^{+\infty} f(u-y, y) \mathrm{d}u \right) \mathrm{d}y$$
$$= \int_{-\infty}^{z} \left(\int_{-\infty}^{+\infty} f(u-y, y) \mathrm{d}y \right) \mathrm{d}u。$$

Z 的概率密度为
$$f_Z(z) = \int_{-\infty}^{+\infty} f(z-y, y) \mathrm{d}y, \tag{3.12}$$

同理可得
$$f_Z(z) = \int_{-\infty}^{+\infty} f(x, z-x) \mathrm{d}x。 \tag{3.13}$$

式(3.12)和式(3.13)为随机变量和的概率密度的一般公式。

特别地,若 X 与 Y 相互独立,其概率密度分别为 $f_X(x), f_Y(y)$,则式(3.12)和式(3.13)可以分别化为
$$f_Z(z) = \int_{-\infty}^{+\infty} f_X(z-y) f_Y(y) \mathrm{d}y \tag{3.14}$$

$$f_Z(z) = \int_{-\infty}^{+\infty} f_X(x) f_Y(z-x) \mathrm{d}x \tag{3.15}$$

称式(3.14)和式(3.15)为卷积公式,记为 $f_X * f_Y$,即
$$f_X * f_Y = \int_{-\infty}^{+\infty} f_X(z-y) f_Y(y) \mathrm{d}y = \int_{-\infty}^{+\infty} f_X(x) f_Y(z-x) \mathrm{d}x。$$

例 3.6.3 已知随机变量(X,Y)在区域G上服从均匀分布，其中G为由直线$0\leqslant x\leqslant 1$和直线$0\leqslant y\leqslant 1$所围成的区域，求$Z=X+Y$的概率密度。

解 由已知可得(X,Y)的概率密度为

$$f(x,y)=\begin{cases}1, & (x,y)\in G\\ 0, & \text{其他}\end{cases}。$$

有以下两种解法。

解法 1 分布函数法。

$$F_Z(z)=P(Z\leqslant z)=P(X+Y\leqslant z)=\iint_{x+y\leqslant z} f(x,y)\mathrm{d}x\mathrm{d}y。$$

如果(X,Y)表示落在平面上的随机点，则$P(X+Y\leqslant z)$表示随机点落入$D=\{(x,y)\mid x+y\leqslant z\}$内的概率，如图 3.12 所示。

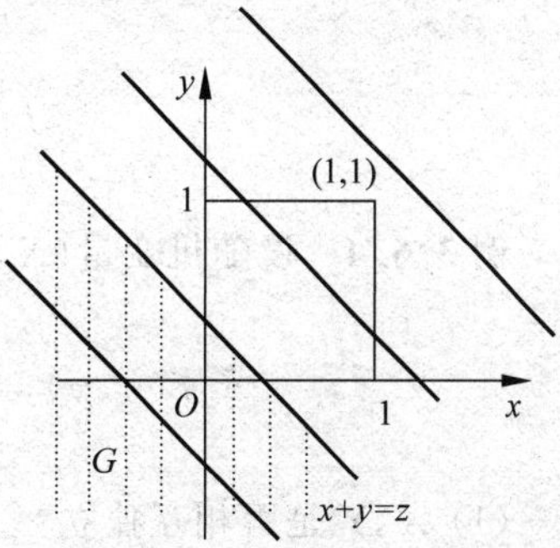

图 3.12

当$z\leqslant 0$时，

$$F_Z(z)=\iint_{x+y\leqslant z} 0\mathrm{d}x\mathrm{d}y=0。$$

当$0<z\leqslant 1$时，

$$F_Z(z)=\iint_{x+y\leqslant z} f(x,y)\mathrm{d}x\mathrm{d}y=\int_0^z\left(\int_0^{z-x}\mathrm{d}y\right)\mathrm{d}x=\frac{z^2}{2}。$$

当$1<z\leqslant 2$时，

$$\begin{aligned}F_Z(z)&=\iint_{x+y\leqslant z} f(x,y)\mathrm{d}x\mathrm{d}y\\&=\int_0^{z-1}\left(\int_0^1\mathrm{d}y\right)\mathrm{d}x+\int_{z-1}^1\left(\int_0^{z-x}\mathrm{d}y\right)\mathrm{d}x=-\frac{z^2}{2}+2z-1。\end{aligned}$$

当$z>2$时，

$$F_Z(z)=\iint_{x+y\leqslant z} f(x,y)\mathrm{d}x\mathrm{d}y=\int_0^1\int_0^1\mathrm{d}x\mathrm{d}y=1。$$

$Z=X+Y$的分布函数为

$$F_Z(z)=\begin{cases}0, & z\leqslant 0\\ \dfrac{z^2}{2}, & 0<z\leqslant 1\\ -\dfrac{z^2}{2}+2z-1, & 1<z\leqslant 2\\ 1, & z>2\end{cases}。$$

因此，$Z=X+Y$的概率密度为

$$f_Z(z)=\begin{cases}z, & 0<z\leqslant 1\\ 2-z, & 1<z\leqslant 2\\ 0, & \text{其他}\end{cases}。$$

解法 2 公式法。

直接利用公式

$$f_Z(z)=\int_{-\infty}^{+\infty} f(x,z-x)\mathrm{d}x。$$

当 $0 \leqslant x \leqslant 1, 0 \leqslant z-x \leqslant 1$ 时,上式中的被积函数取非零值,如图 3.13 所示。

当 $z \leqslant 0$ 时,$f_Z(z) = \int_{-\infty}^{+\infty} f(x, z-x) \mathrm{d}x = 0$;

当 $0 < z \leqslant 1$ 时,$f_Z(z) = \int_{-\infty}^{+\infty} f(x, z-x) \mathrm{d}x = \int_0^z \mathrm{d}x = z$;

当 $1 < z \leqslant 2$ 时,$f_Z(z) = \int_{-\infty}^{+\infty} f(x, z-x) \mathrm{d}x = \int_{z-1}^1 \mathrm{d}x = 2-z$;

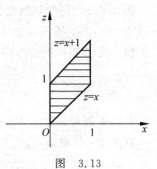

图 3.13

当 $z > 2$ 时,$f_Z(z) = \int_{-\infty}^{+\infty} f(x, z-x) \mathrm{d}x = 0$。

综上可得,$Z = X + Y$ 的概率密度为

$$f_Z(z) = \begin{cases} z, & 0 < z \leqslant 1 \\ 2-z, & 1 < z \leqslant 2 \\ 0, & \text{其他} \end{cases}。$$

例 3.6.4 设随机变量 (X, Y) 的概率密度为

$$f(x, y) = \begin{cases} \dfrac{1}{2}(x+y)\mathrm{e}^{-(x+y)}, & x > 0, y > 0 \\ 0, & \text{其他} \end{cases}。$$

(1) X, Y 是否相互独立?

(2) 求 $Z = X + Y$ 的概率密度 $f_Z(z)$。

解 (1) 关于 X 的边缘概率密度为

$$f_X(x) = \int_{-\infty}^{+\infty} f(x, y) \mathrm{d}y = \begin{cases} \int_0^{+\infty} \dfrac{1}{2}(x+y)\mathrm{e}^{-(x+y)} \mathrm{d}y = \dfrac{x+1}{2}\mathrm{e}^{-x}, & x > 0 \\ 0, & x \leqslant 0 \end{cases},$$

同理,关于 Y 的边缘概率密度为

$$f_Y(y) = \int_{-\infty}^{+\infty} f(x, y) \mathrm{d}x = \begin{cases} \dfrac{y+1}{2}\mathrm{e}^{-y}, & y > 0 \\ 0, & y \leqslant 0 \end{cases}。$$

显然 $f_X(x) f_Y(y) \neq f(x, y)$,所以 X 和 Y 不相互独立。

(2) 由公式 $f_Z(z) = \int_{-\infty}^{+\infty} f(x, z-x) \mathrm{d}x$ 得当 $x > 0, z-x > 0$ 时,上式中的被积函数取非零值,因此

当 $z \leqslant 0$ 时,$f_Z(z) = \int_{-\infty}^{+\infty} f(x, z-x) \mathrm{d}x = 0$;

当 $z > 0$ 时,$f_Z(z) = \int_{-\infty}^{+\infty} f(x, z-x) \mathrm{d}x = \int_0^z \dfrac{1}{2}(x+z-x)\mathrm{e}^{-(x+z-x)} \mathrm{d}x = \dfrac{1}{2}z^2 \mathrm{e}^{-z}$。

综上可得,$Z = X + Y$ 的概率密度为

$$f_Z(z) = \begin{cases} \dfrac{1}{2}z^2 \mathrm{e}^{-z}, & z > 0 \\ 0, & z \leqslant 0 \end{cases}。$$

例 3.6.5 设 X,Y 是相互独立的随机变量,且均服从标准正态分布,求 $Z=X+Y$ 的概率密度 $f_Z(z)$。

解 由已知可得
$$f_X(x)=\frac{1}{\sqrt{2\pi}}e^{-\frac{x^2}{2}}, \quad -\infty<x<+\infty,$$
$$f_Y(y)=\frac{1}{\sqrt{2\pi}}e^{-\frac{y^2}{2}}, \quad -\infty<y<+\infty.$$

由于 X,Y 是相互独立的随机变量,可以应用卷积公式(3.15),因此
$$f_Z(z)=\int_{-\infty}^{+\infty}f_X(x)f_Y(z-x)\mathrm{d}x=\frac{1}{2\pi}\int_{-\infty}^{+\infty}e^{-\frac{x^2}{2}}\cdot e^{-\frac{(z-x)^2}{2}}\mathrm{d}x=\frac{1}{2\pi}e^{-\frac{z^2}{4}}\int_{-\infty}^{+\infty}e^{-\left(x-\frac{z}{2}\right)^2}\mathrm{d}x.$$

令 $t=x-\frac{z}{2}$,有
$$f_Z(z)=\frac{1}{2\pi}e^{-\frac{z^2}{4}}\int_{-\infty}^{+\infty}e^{-t^2}\mathrm{d}t=\frac{1}{2\pi}e^{-\frac{z^2}{4}}\sqrt{\pi}=\frac{1}{2\sqrt{\pi}}e^{-\frac{z^2}{4}}.$$

可见,$Z=X+Y$ 服从 $N(0,2)$ 分布,即两个独立的标准正态随机变量的和仍服从正态分布。

一般来说,若 X,Y 是相互独立的随机变量,且 $X\sim N(\mu_1,\sigma_1^2)$,$Y\sim N(\mu_2,\sigma_2^2)$,类似可得 $X+Y\sim N(\mu_1+\mu_2,\sigma_1^2+\sigma_2^2)$。该结论还可以推广到 n 个独立正态随机变量之和的情况:若 $X_1,X_2,\cdots,X_n$ 相互独立,且 $X_i\sim N(\mu_i,\sigma_i^2)(i=1,2,\cdots,n)$,则
$$\sum_{i=1}^n X_i \sim N\left(\sum_{i=1}^n \mu_i, \sum_{i=1}^n \sigma_i^2\right).$$

这一性质称为**正态分布的可加性**。

更一般地,可以证明有限个相互独立的正态随机变量的线性组合仍服从正态分布。即若 $X_1,X_2,\cdots,X_n$ 相互独立,且 $X_i\sim N(\mu_i,\sigma_i^2)(i=1,2,\cdots,n)$,$a_1,a_2,\cdots,a_n$ 为任意常数,且 $a_1,a_2,\cdots,a_n$ 不全为零,则
$$\sum_{i=1}^n a_i X_i \sim N\left(\sum_{i=1}^n a_i\mu_i, \sum_{i=1}^n a_i^2\sigma_i^2\right).$$

2. $Z=\dfrac{Y}{X}$ 的分布,$Z=XY$ 的分布

设二维连续型随机变量 (X,Y) 的概率密度为 $f(x,y)$,如图 3.14 和图 3.15 所示,则 $Z=\dfrac{Y}{X}$ 的分布函数为
$$F_Z(z)=P(Z\leqslant z)=P\left(\frac{Y}{X}\leqslant z\right)=\iint_{G_1\cup G_2}f(x,y)\mathrm{d}x\mathrm{d}y$$
$$=\iint_{\frac{y}{x}\leqslant z,x<0}f(x,y)\mathrm{d}x\mathrm{d}y+\iint_{\frac{y}{x}\leqslant z,x>0}f(x,y)\mathrm{d}x\mathrm{d}y$$
$$=\int_{-\infty}^0\left(\int_{zx}^{+\infty}f(x,y)\mathrm{d}y\right)\mathrm{d}x+\int_0^{+\infty}\left(\int_{-\infty}^{zx}f(x,y)\mathrm{d}y\right)\mathrm{d}x$$

$$\xrightarrow{\text{令}\ y=xu} \int_{-\infty}^{0}\left[\int_{z}^{-\infty} xf(x,xu)\mathrm{d}u\right]\mathrm{d}x + \int_{0}^{+\infty}\left[\int_{-\infty}^{z} xf(x,xu)\mathrm{d}u\right]\mathrm{d}x$$

$$= \int_{-\infty}^{0}\left[\int_{-\infty}^{z} (-x)f(x,xu)\mathrm{d}u\right]\mathrm{d}x + \int_{0}^{+\infty}\left[\int_{-\infty}^{z} xf(x,xu)\mathrm{d}u\right]\mathrm{d}x$$

$$= \int_{-\infty}^{+\infty}\left[\int_{-\infty}^{z} |x|f(x,xu)\mathrm{d}u\right]\mathrm{d}x$$

$$= \int_{-\infty}^{z}\left[\int_{-\infty}^{+\infty} |x|f(x,xu)\mathrm{d}x\right]\mathrm{d}u 。$$

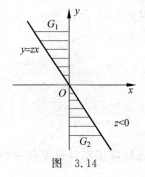
图 3.14

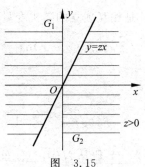
图 3.15

由概率密度的定义可得,$Z=\dfrac{Y}{X}$ 的概率密度为

$$f_Z(z) = \int_{-\infty}^{+\infty} |x|f(x,xz)\mathrm{d}x 。 \tag{3.16}$$

类似地,可以求得 $Z=XY$ 的概率密度为

$$f_Z(z) = \int_{-\infty}^{+\infty} \frac{1}{|x|} f\left(x,\frac{z}{x}\right)\mathrm{d}x 。 \tag{3.17}$$

例 3.6.6 已知随机变量 (X,Y) 在区域 G 上服从均匀分布,其中 G 为由 $0 \leqslant x \leqslant 2$ 和 $0 \leqslant y \leqslant 1$ 所围成的区域,求 $Z=XY$ 的概率密度 $f_Z(z)$。

解 由已知可得 (X,Y) 的概率密度为

$$f(x,y) = \begin{cases} \dfrac{1}{2}, & 0 \leqslant x \leqslant 2, 0 \leqslant y \leqslant 1 \\ 0, & \text{其他} \end{cases} 。$$

有以下两种解法。

解法 1 分布函数法。

$$F_Z(z) = P(Z \leqslant z) = P(XY \leqslant z) = \iint_{xy \leqslant z} f(x,y)\mathrm{d}x\mathrm{d}y,$$

积分区域 G 是曲线 $xy=z$ 及其左下方的平面,如图 3.16 所示。

当 $z \leqslant 0$ 时,$F_Z(z)=0$。

当 $0 < z \leqslant 2$ 时,

$$F_Z(z) = \frac{z}{2} + \int_z^2 \left(\int_0^{\frac{z}{x}} \frac{1}{2}\mathrm{d}y\right)\mathrm{d}x = \frac{z}{2} + \frac{z\ln 2}{2} - \frac{z\ln z}{2} 。$$

当 $z > 2$ 时,$F_Z(z)=1$。

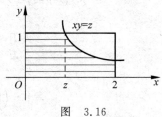
图 3.16

因此,$Z=XY$ 的分布函数为
$$F_Z(z)=\begin{cases}0, & z\leqslant 0\\ \dfrac{z}{2}+\dfrac{z\ln 2}{2}-\dfrac{z\ln z}{2}, & 0<z\leqslant 2.\\ 1, & z>2\end{cases}$$

$Z=XY$ 的概率密度为
$$f_Z(z)=\begin{cases}\dfrac{1}{2}\ln\dfrac{2}{z}, & 0<z\leqslant 2\\ 0, & 其他\end{cases}.$$

解法 2 公式法。

由式(3.17)知,当 $0\leqslant x\leqslant 2, 0\leqslant \dfrac{z}{x}\leqslant 1$ 时,式(3.17)中的被积函数取非零值。

因此

当 $z\leqslant 0$ 或者 $z>2$ 时,$f_Z(z)=0$;

当 $0<z\leqslant 2$ 时,
$$f_Z(z)=\int_{-\infty}^{+\infty}\dfrac{1}{|x|}f\left(x,\dfrac{z}{x}\right)dx=\int_z^2\dfrac{1}{2x}dx=\dfrac{1}{2}\ln\dfrac{2}{z}.$$

因此,$Z=XY$ 的概率密度为
$$f_Z(z)=\begin{cases}\dfrac{1}{2}\ln\dfrac{2}{z}, & 0<z\leqslant 2\\ 0, & 其他\end{cases}.$$

3. $Z=\sqrt{X^2+Y^2}$ 的分布

设 X 与 Y 是相互独立的随机变量,且都服从正态分布 $N(0,\sigma^2)$,求 $Z=\sqrt{X^2+Y^2}$ 的分布。

先考虑求 Z 的分布函数
$$F_Z(z)=P(Z\leqslant z)=P(\sqrt{X^2+Y^2}\leqslant z).$$

显然,当 $z\leqslant 0$ 时,$F_Z(z)=0$。

当 $z>0$ 时,
$$F_Z(z)=\iint\limits_{\sqrt{x^2+y^2}\leqslant z}f(x,y)dxdy.$$

由 X 与 Y 是相互独立的随机变量,且都服从正态分布 $N(0,\sigma^2)$ 知

$$F_Z(z)=\iint\limits_{\sqrt{x^2+y^2}\leqslant z}f(x,y)dxdy=\iint\limits_{\sqrt{x^2+y^2}\leqslant z}f_X(x)f_Y(y)dxdy=\iint\limits_{\sqrt{x^2+y^2}\leqslant z}\dfrac{1}{2\pi\sigma^2}e^{-\frac{x^2+y^2}{2\sigma^2}}dxdy,$$

令 $x=\rho\cos\theta, y=\rho\sin\theta$,得
$$F_Z(z)=\dfrac{1}{2\pi\sigma^2}\int_0^{2\pi}d\theta\int_0^z\rho e^{-\frac{\rho^2}{2\sigma^2}}d\rho=1-e^{-\frac{z^2}{2\sigma^2}}.$$

因此，$Z=\sqrt{X^2+Y^2}$ 的分布函数为

$$F_Z(z)=\begin{cases}1-\mathrm{e}^{-\frac{z^2}{2\sigma^2}}, & z>0\\ 0, & z\leqslant 0\end{cases}。$$

$Z=\sqrt{X^2+Y^2}$ 的概率密度为

$$f_Z(z)=\begin{cases}\dfrac{z}{\sigma^2}\mathrm{e}^{-\frac{z^2}{2\sigma^2}}, & z>0\\ 0, & z\leqslant 0\end{cases}。 \tag{3.18}$$

以式(3.18)为概率密度的分布称为瑞利分布。

瑞利分布在实际中有着广泛的应用。例如，加工齿轮时，要把齿轮毛坯安装到车床上，由于安装误差使被加工的齿轮中心与加工中心不吻合，产生了加工的偏心误差，这种偏心误差就服从瑞利分布。

4. $M=\max\{X_1,X_2,\cdots,X_n\}$ 的分布，$N=\min\{X_1,X_2,\cdots,X_n\}$ 的分布

设 $X_1,X_2,\cdots,X_n$ 为相互独立的随机变量，其分布函数分别为 $F_{X_1}(x_1),F_{X_2}(x_2),\cdots,F_{X_n}(x_n)$，下面求 $M=\max\{X_1,X_2,\cdots,X_n\}$ 和 $N=\min\{X_1,X_2,\cdots,X_n\}$ 的分布。

先求 $M=\max\{X_1,X_2,\cdots,X_n\}$ 的分布：

$$\begin{aligned}F_M(z)&=P(M\leqslant z)=P(X_1\leqslant z,X_2\leqslant z,\cdots,X_n\leqslant z)\\ &=P(X_1\leqslant z)P(X_2\leqslant z)\cdots P(X_n\leqslant z)\\ &=F_{X_1}(z)F_{X_2}(z)\cdots F_{X_n}(z)。\end{aligned} \tag{3.19}$$

特别地，当 $X_1,X_2,\cdots,X_n$ 相互独立且具有相同的分布函数 $F(x)$ 时，

$$F_M(z)=[F(z)]^n。$$

类似地，可以求得 $N=\min\{X_1,X_2,\cdots,X_n\}$ 的分布函数：

$$\begin{aligned}F_N(z)&=P(N\leqslant z)=1-P(N>z)=1-P(X_1>z,X_2>z,\cdots,X_n>z)\\ &=1-P(X_1>z)P(X_2>z)\cdots P(X_n>z)\\ &=1-[1-F_{X_1}(z)][1-F_{X_2}(z)]\cdots[1-F_{X_n}(z)]。\end{aligned} \tag{3.20}$$

当 $X_1,X_2,\cdots,X_n$ 相互独立且具有相同的分布函数 $F(x)$ 时，

$$F_N(z)=1-[1-F(z)]^n。$$

例 3.6.7 设系统是由两个相互独立的装置 L_1 和 L_2 连接而成的，连接的方式有三种：串联；并联；备用(当装置 L_1 损坏时，装置 L_2 开始工作)，如图 3.17 所示。已知 L_1 和 L_2 的寿命分别为 X 和 Y，它们的分布函数分别为

$$F_X(x)=\begin{cases}1-\mathrm{e}^{-ax}, & x>0\\ 0, & x\leqslant 0\end{cases},\quad F_Y(y)=\begin{cases}1-\mathrm{e}^{-\beta y}, & y>0\\ 0, & y\leqslant 0\end{cases},$$

其中，$\alpha>0,\beta>0,\alpha\neq\beta$，试求出在上述三种连接方式下系统寿命 Z 的概率密度。

解 (1) 串联的情况。

由于当 L_1 和 L_2 中有一个损坏时系统就停止工作，所以此时系统的寿命为

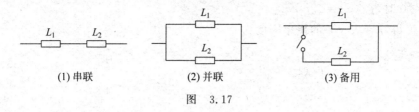

$$\text{(1) 串联} \qquad \text{(2) 并联} \qquad \text{(3) 备用}$$

图 3.17

$$Z = \min\{X, Y\}。$$

根据式(3.20)可知 Z 的分布函数为

$$F_N(z) = 1 - [1 - F_X(z)][1 - F_Y(z)] = \begin{cases} 1 - e^{-(\alpha+\beta)z}, & z > 0 \\ 0, & z \leqslant 0 \end{cases}。$$

于是 $Z = \min\{X, Y\}$ 的概率密度为

$$f_N(z) = \begin{cases} (\alpha+\beta)e^{-(\alpha+\beta)z}, & z > 0 \\ 0, & z \leqslant 0 \end{cases}。$$

(2) 并联的情况。

由于当 L_1 和 L_2 都损坏时，系统才停止工作，所以此时仪器的寿命为

$$Z = \max\{X, Y\}。$$

根据式(3.19)可知 Z 的分布函数为

$$F_M(z) = F_X(z) F_Y(z) = \begin{cases} (1 - e^{-\alpha z})(1 - e^{-\beta z}), & z > 0 \\ 0, & z \leqslant 0 \end{cases}。$$

于是 $Z = \max\{X, Y\}$ 的概率密度为

$$f_M(z) = \begin{cases} \alpha e^{-\alpha z} + \beta e^{-\beta z} - (\alpha+\beta)e^{-(\alpha+\beta)z}, & z > 0 \\ 0, & z \leqslant 0 \end{cases}。$$

(3) 备用的情况。

由已知条件可得，当装置 L_1 损坏时，装置 L_2 开始工作，所以此时仪器的寿命 Z 为 L_1 和 L_2 的寿命之和，即

$$Z = X + Y。$$

由于 X, Y 相互独立，故可以应用卷积公式

$$f_E(z) = f_X * f_Y = \int_{-\infty}^{+\infty} f_X(x) f_Y(z - x) dx。$$

X, Y 的概率密度分别为

$$f_X(x) = \begin{cases} \alpha e^{-\alpha x}, & x > 0 \\ 0, & x \leqslant 0 \end{cases}, \quad f_Y(y) = \begin{cases} \beta e^{-\beta y}, & y > 0 \\ 0, & y \leqslant 0 \end{cases}。$$

当 $z > 0$ 时，$f_Z(z) = \int_{-\infty}^{+\infty} f_X(x) f_Y(z - x) dx = \int_0^z \alpha e^{-\alpha x} \beta e^{-\beta(z-x)} dx$

$$= \alpha \beta e^{-\beta z} \int_0^z e^{-(\alpha-\beta)x} dx$$

$$= \frac{\alpha \beta}{\beta - \alpha}(e^{-\alpha z} - e^{-\beta z})。$$

当 $z \leqslant 0$ 时，$f_Z(z) = 0$。

综上可得，$Z = X + Y$ 的概率密度为

$$f_Z(z) = \begin{cases} \dfrac{\alpha\beta}{\beta - \alpha}(e^{-\alpha z} - e^{-\beta z}), & z > 0 \\ 0, & z \leqslant 0 \end{cases}。$$

习 题 3

1. 在 10 件产品中，有 2 件一级品、7 件二级品、1 件次品，从中一次抽取 3 件，用 X, Y 分别表示抽到的一级品和二级品的件数，求 (X, Y) 的分布律以及关于 X, Y 的边缘分布律。

2. 一袋中有四个球，它们上面分别标有数字 1、2、2、3，现从袋中任取一球，取后不放回，再从袋中任取一球。用 X, Y 分别表示第一次、第二次取出的球上的标号，求 (X, Y) 的分布律。

3. 将一枚均匀的硬币抛三次，用 X 表示正面出现的次数，Y 表示正面出现的次数与反面出现的次数的差的绝对值，求 (X, Y) 的分布律以及关于 X, Y 的边缘分布律。

4. 连续掷一枚均匀的骰子，直到出现小于 5 的点数为止，用 X 表示最后一次掷出的点数，Y 表示掷的次数，求 (X, Y) 的分布律。

5. 设 $X_i \sim \begin{pmatrix} -1 & 0 & 1 \\ 0.25 & 0.5 & 0.25 \end{pmatrix} (i=1,2)$，且 $P(X_1 + X_2 = 0) = 1$，求 $P(X_1 = X_2)$。

6. 设 $X_i (i=1,2,3)$ 相互独立且均服从参数为 $p(0 < p < 1)$ 的 0-1 分布，设

$$X = \begin{cases} 1, & X_1 + X_2 \text{ 为奇数} \\ 0, & X_1 + X_2 \text{ 为偶数} \end{cases}, \quad Y = \begin{cases} 1, & X_2 + X_3 \text{ 为奇数} \\ 0, & X_2 + X_3 \text{ 为偶数} \end{cases},$$

求 (X, Y) 的分布律。

7. 设随机变量 (X, Y) 的概率密度为

$$f(x, y) = \begin{cases} c(R - \sqrt{x^2 + y^2}), & x^2 + y^2 \leqslant R^2 \\ 0, & x^2 + y^2 > R^2 \end{cases},$$

求：(1) 系数 c；(2) (X, Y) 落在圆 $x^2 + y^2 \leqslant r^2 (r < R)$ 内的概率。

8. 设随机变量 (X, Y) 的概率密度为

$$f(x, y) = \begin{cases} e^{-y}, & 0 < x < y \\ 0, & \text{其他} \end{cases},$$

求：(1) 边缘概率密度 $f_X(x), f_Y(y)$；(2) 概率 $P(X + Y \leqslant 1)$。

9. 设随机变量 (X, Y) 的概率密度为

$$f(x, y) = \begin{cases} c(x + y), & 0 \leqslant y \leqslant x \leqslant 1 \\ 0, & \text{其他} \end{cases},$$

求：(1) 常数 c；(2) 判断 X 与 Y 的独立性；(3) $P(X + Y \leqslant 1)$。

10. 设 X 和 Y 是相互独立的随机变量,且均在 $(0,2)$ 上服从均匀分布,求关于 u 的一元二次方程 $u^2+Xu+Y=0$ 有实根的概率。

11. 设随机变量 (X,Y) 的概率密度为
$$f(x,y)=\begin{cases} \dfrac{1}{2}, & 0\leqslant x\leqslant 1, 0\leqslant y\leqslant 2 \\ 0, & \text{其他} \end{cases},$$
求 X,Y 中至少有一个小于 $\dfrac{1}{2}$ 的概率。

12. 设 $F_1(x), F_2(y)$ 是随机变量的分布函数,$f_1(x), f_2(y)$ 是相应的概率密度,试证对任意 $a, |a|<1,$
$$f(x,y)=f_1(x)f_2(y)\{1+a[2F_1(x)-1][2F_2(y)-1]\}$$
是联合概率密度,且以 $f_1(x), f_2(y)$ 为其边缘概率密度。

13. 设随机变量 (X,Y) 的概率密度为
$$f(x,y)=\begin{cases} cx^2 y, & x^2 < y < 1 \\ 0, & \text{其他} \end{cases},$$
求常数 c,并判断 X 与 Y 是否相互独立。

14. 设随机变量 (X,Y) 的概率密度为
$$f(x,y)=\begin{cases} k(6-x-y), & 0<x<2, 2<y<4 \\ 0, & \text{其他} \end{cases},$$
求:(1)常数 k;(2)$P(X<1.5), P(X+Y\leqslant 4)$;(3)边缘概率密度 $f_X(x), f_Y(y)$。

15. 设二维随机变量 (X,Y) 的分布函数为
$$F(x,y)=G(x)[H(y)-H(-\infty)], \quad -\infty<x<+\infty, -\infty<y<+\infty,$$
且 $G(+\infty), H(+\infty), H(-\infty)$ 都存在,试证 X 与 Y 相互独立。

16. 设随机变量 (X,Y) 的概率密度为
$$f(x,y)=\begin{cases} 8xy, & 0\leqslant x\leqslant y\leqslant 1 \\ 0, & \text{其他} \end{cases},$$
(1) 求边缘概率密度 $f_X(x), f_Y(y)$ 并判断 X 与 Y 是否相互独立;
(2) 令 $Z=X+Y$,求 $f_Z(z)$。

17. 设随机变量 (X,Y) 的概率密度为
$$f(x,y)=\begin{cases} \dfrac{1}{\pi R^2}, & x^2+y^2 \leqslant R^2 \\ 0, & \text{其他} \end{cases},$$
求边缘概率密度 $f_X(x), f_Y(y)$,并判断 X 与 Y 是否相互独立。

18. 设随机变量 (X,Y) 的概率密度为
$$f(x,y)=\begin{cases} \dfrac{1}{2x^2 y}, & x\geqslant 1, \dfrac{1}{x}\leqslant y\leqslant x \\ 0, & \text{其他} \end{cases},$$

求边缘概率密度 $f_X(x), f_Y(y)$,并判断 X 与 Y 的独立性。

19. 设 X 与 Y 是相互独立的随机变量,且 $X \sim B(n_1, p), Y \sim B(n_2, p)$,证明:
$$Z = X + Y \sim B(n_1 + n_2, p).$$

20. 设 $X \sim \begin{pmatrix} 0 & 1 & 3 \\ \frac{1}{2} & \frac{3}{8} & \frac{1}{8} \end{pmatrix}, Y \sim \begin{pmatrix} 0 & 1 \\ \frac{1}{3} & \frac{2}{3} \end{pmatrix}$,且 X 与 Y 相互独立,求 $Z = X + Y$ 的分布律。

21. 设随机变量 (X, Y) 的分布律如表 3.21 所示。

表 3.21

X \ Y	1	2	3
1	$\frac{1}{8}$	$\frac{1}{4}$	$\frac{1}{8}$
3	$\frac{1}{8}$	$\frac{1}{8}$	$\frac{1}{4}$

(1) 判断 X 与 Y 的独立性;

(2) 求 $P(X = Y), P(X = 1 | Y = 3)$;

(3) 记 $Z = X + Y, M = \max\{X, Y\}, N = \min\{X, Y\}, U = M + M$,分别求 Z, M, N, U 的分布律。

22. 设 X 与 Y 是两个独立同分布的离散型随机变量,X 的分布律为
$$P(X = k) = \frac{1}{2^k}, \quad k = 1, 2, \cdots,$$
求 $Z = X + Y$ 的分布律。

23. 设随机变量 X 与 Y 相互独立,且都服从区间 $[-a, a]$ 上的均匀分布,求 $Z = X + Y$ 的概率密度 $f_Z(z)$。

24. 设随机变量 X 与 Y 相互独立,且
$$f_X(x) = \begin{cases} 1, & 0 \leqslant x \leqslant 1 \\ 0, & \text{其他} \end{cases}, \quad f_Y(y) = \begin{cases} e^{-y}, & y > 0 \\ 0, & y \leqslant 0 \end{cases}.$$
求:(1) $Z = X + Y$ 的概率密度 $f_Z(z)$;(2) $Z = 2X + Y$ 的分布函数 $F_Z(z)$。

25. 设随机变量 (X, Y) 的概率密度为
$$f(x, y) = \begin{cases} 3x, & 0 < y < x < 1 \\ 0, & \text{其他} \end{cases},$$
求 $Z = X - Y$ 的概率密度 $f_Z(z)$。

26. 设随机变量 (X, Y) 的概率密度为
$$f(x, y) = \frac{1}{2\pi\sigma^2} e^{-\frac{x^2 + y^2}{2\sigma^2}}, \quad -\infty < x < +\infty, -\infty < y < +\infty,$$
求 $Z = X^2 + Y^2$ 的概率密度 $f_Z(z)$。

27. 设随机变量 (X,Y) 的概率密度为
$$f(x,y)=\begin{cases}\dfrac{1}{x}, & 0<y<x<1 \\ 0, & 其他\end{cases},$$
求：(1) 边缘概率密度 $f_X(x),f_Y(y)$ 并判断 X 与 Y 是否相互独立；
(2) 条件概率密度 $f_{Y|X}(y|x)$；
(3) $Z=X+Y$ 的概率密度 $f_Z(z)$。

28. 设随机变量 (X,Y) 的概率密度为
$$f(x,y)=Ae^{-2x^2+2xy-y^2}, \quad -\infty<x<+\infty, -\infty<y<+\infty,$$
求 A 和 $f_{Y|X}(y|x)$。

29. 有 4 个同型号电子元件连接构成一个系统，如图 3.18 所示。假设各元件是否正常工作相互独立，且它们正常工作的时间都服从参数 $\lambda=1$（单位：万 h）的指数分布，试求系统正常工作的时间 Z 的概率密度 $f_Z(z)$。

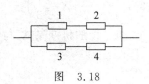

图 3.18

30. 设 X 和 Y 是两个随机变量，且
$$P(X\geqslant 0,Y\geqslant 0)=\frac{3}{7}, \quad P(X\geqslant 0)=P(Y\geqslant 0)=\frac{4}{7},$$
求 $P\{\max(X,Y)\geqslant 0\}$。

31. 设随机变量 X 与 Y 独立同分布，且 $X\sim N(2,\sigma^2)$，$P(X\leqslant -1)=\dfrac{1}{4}$，求 $P\{\min(X,Y)\leqslant -1,\max(X,Y)\leqslant 2\}$。

32. 设随机变量 $X\sim N(0,1)$，$Y\sim B\left(1,\dfrac{1}{2}\right)$，且 X 和 Y 相互独立，求 $Z=XY$ 的分布函数 $F_Z(z)$。

33. 设 ξ,η 是相互独立同分布的随机变量，已知 ξ 的分布律为
$$P(\xi=i)=\frac{1}{3} \quad (i=1,2,3),$$
又设 $X=\max\{\xi,\eta\}$，$Y=\min\{\xi,\eta\}$，求：(1) 二维随机变量 (X,Y) 的分布律以及关于 X,Y 的边缘分布律；(2) $P(X=Y)$。

34. 设随机变量 (X,Y) 的概率密度为
$$f(x,y)=\begin{cases}e^{-(x+y)}, & x>0, y>0 \\ 0, & 其他\end{cases}。$$
求 $Z=X-Y$ 的概率密度 $f_Z(z)$。

35. 设随机变量 X 与 Y 相互独立，且 $X\sim N(\mu,\sigma^2)$，$Y\sim U(-\pi,\pi)$，求 $Z=X+Y$ 的概率密度 $f_Z(z)$。

36. 设随机变量 X 与 Y 相互独立，其概率密度为
$$f_X(x)=\begin{cases}\lambda e^{-\lambda x}, & x>0 \\ 0, & x\leqslant 0\end{cases}, \quad f_Y(x)=\begin{cases}\mu e^{-\mu y}, & y>0 \\ 0, & y\leqslant 0\end{cases},$$

其中，$\lambda>0,\mu>0$ 是常数，引入随机变量
$$Z = \begin{cases} 1, & X \leqslant Y \\ 0, & X > Y \end{cases},$$
求：(1)条件概率密度 $f_{X|Y}(x|y)$；(2)Z 的分布律和分布函数。

37. 设随机变量 (X,Y) 的概率密度为
$$f(x,y) = \begin{cases} 1, & 0<x<1, 0<y<2x \\ 0, & 其他 \end{cases},$$
求：(1)(X,Y) 的边缘概率密度 $f_X(x), f_Y(y)$；(2)$Z=2X-Y$ 的概率密度 $f_Z(z)$；(3)$P\left(Y \leqslant \dfrac{1}{2} \,\middle|\, X \leqslant \dfrac{1}{2}\right)$。

38. 设随机变量 X 与 Y 相互独立，X 的分布律为
$$P(X=i) = \frac{1}{3}(i=-1,0,1),$$
Y 的概率密度为
$$f_Y(y) = \begin{cases} 1, & 0 \leqslant y < 1 \\ 0, & 其他 \end{cases},$$
记 $Z=X+Y$。求：(1)$P\left(Z \leqslant \dfrac{1}{2} \,\middle|\, X=0\right)$；(2)$Z$ 的概率密度 $f_Z(z)$。

习题 3 答案

第 4 章 随机变量的数字特征

在第 2 章和第 3 章中讨论了随机变量的概率分布(分布函数或分布律和概率密度),通过随机变量的概率分布完整地描述了随机变量的统计规律性。但在许多实际问题中,人们并不需要全面考察随机变量的变化情况,而只要知道它的某些数字特征即可。

例如,在评价某地区粮食产量的水平时,通常只要知道该地区粮食的平均产量即可;在评价一批棉花的质量时,既要关注纤维的平均长度,又要注意纤维长度与平均长度的偏离程度,平均长度较大,同时偏离程度较小,则质量较好。这种描述随机变量的平均值和偏离程度等的数字特征在理论和实际上都具有重要的意义,它们能更直接、更清晰地反映随机变量的本质。

本章要介绍的数字特征有数学期望、方差、协方差、相关系数和矩。

4.1 数学期望

4.1.1 数学期望的定义

例 4.1.1 某射手向目标靶射击 100 次,成绩如表 4.1 所示,求该射手的平均命中环数。

表 4.1

命中环数	8	9	10
次数	20	20	60

解 该射手的平均命中环数为
$$\frac{8\times 20+9\times 20+10\times 60}{100}=8\times\frac{20}{100}+9\times\frac{20}{100}+10\times\frac{60}{100}=9.4(环)。$$

由此可以看出,该射手的平均命中环数是所有命中环数与其相应频率的加权和。注意到射手的命中环数是一个随机变量 X,设 X 的分布律如表 4.2 所示。

表 4.2

X	8	9	10
P	p_1	p_2	p_3

则由频率与概率的关系及频率的稳定性,自然认为这个随机变量的平均数应为随机变量的所有可能取值与其相应概率的乘积之和,即 $8\times p_1+9\times p_2+10\times p_3$。

此数为一个确定的值,这种以概率为权的加权平均值称为数学期望。下面给出离散型随机变量的数学期望的定义。

定义 4.1.1 设离散型随机变量 X 的分布律为
$$P(X=x_k)=p_k \quad (k=1,2,\cdots),$$
若级数 $\sum_{k=1}^{\infty} x_k p_k$ 绝对收敛,即
$$\sum_{k=1}^{\infty} |x_k| p_k < +\infty,$$
则称 $\sum_{k=1}^{\infty} x_k p_k$ 为随机变量 X 的**数学期望**或**均值**,记为 EX 或 $E(X)$,即
$$EX = \sum_{k=1}^{\infty} x_k p_k. \tag{4.1}$$
当 $\sum_{k=1}^{\infty} |x_k| p_k$ 发散时,则称 X 的**数学期望不存在**。

例 4.1.2 对一批产品进行抽样检查,从中每次取一件,检查后放回,再取一件,如此继续下去。如果不超过第 5 次发现次品,则认为这批产品不合格,停止检查;如果连续抽取 5 件都是合格品,则认为这批产品合格,也停止检查。设这批产品的次品率为 0.2,问平均需要抽查多少件产品?

解 设 X 为抽查的产品件数,则 X 的分布律如表 4.3 所示。

表 4.3

X	1	2	3	4	5
P	0.2	0.8×0.2	$0.8^2 \times 0.2$	$0.8^3 \times 0.2$	0.8^4

$$EX = 1 \times 0.2 + 2 \times 0.8 \times 0.2 + 3 \times 0.8^2 \times 0.2 + 4 \times 0.8^3 \times 0.2 + 5 \times 0.8^4 = 3.3616,$$
故平均需要抽查 3.3616 件产品。

类似式(4.1),给出连续型随机变量的数学期望的定义。

设 X 是连续型随机变量,其概率密度为 $f(x)$,在数轴上取很密的分点 $\cdots < x_0 < x_1 < x_2 < \cdots$,则 X 落在小区间 (x_k, x_{k+1}) 的概率为
$$P\{X \in (x_k, x_{k+1}]\} = \int_{x_k}^{x_{k+1}} f(x) dx \approx f(x_k) \Delta x_k \quad (\Delta x_k = x_{k+1} - x_k),$$
此时,概率分布如表 4.4 所示。

表 4.4

x_k	$\cdots$	x_0	x_1	$\cdots$	x_n	$\cdots$
p_k	$\cdots$	$f(x_0)\Delta x_0$	$f(x_1)\Delta x_1$	$\cdots$	$f(x_n)\Delta x_n$	$\cdots$

可视为 X 的离散近似,服从上述分布的离散型随机变量的数学期望 $\sum_{k} x_k f(x_k) \Delta x_k$ 也可近似表示为积分 $\int_{-\infty}^{+\infty} x f(x) dx$,由此给出连续型随机变量的数学期望的定义。

定义 4.1.2 设 X 为连续型随机变量,概率密度为 $f(x)$,若积分 $\int_{-\infty}^{+\infty} xf(x)\mathrm{d}x$ 绝对收敛,即

$$\int_{-\infty}^{+\infty} |x| f(x)\mathrm{d}x < +\infty,$$

则称积分 $\int_{-\infty}^{+\infty} xf(x)\mathrm{d}x$ 为 X 的数学期望或均值,记为 EX,即

$$EX = \int_{-\infty}^{+\infty} xf(x)\mathrm{d}x. \tag{4.2}$$

数学期望 EX 的物理解释是重心。EX 是消除随机性的主要手段,具有深刻的理论意义。

例 4.1.3 已知随机变量 X 的概率密度为

$$f(x) = \begin{cases} |x|, & |x| < 1 \\ 0, & |x| \geqslant 1 \end{cases},$$

求 EX。

解 $EX = \int_{-\infty}^{+\infty} xf(x)\mathrm{d}x = \int_{-\infty}^{-1} x \cdot 0 \cdot \mathrm{d}x + \int_{-1}^{1} x|x|\mathrm{d}x + \int_{1}^{+\infty} x \cdot 0 \cdot \mathrm{d}x = 0.$

例 4.1.4(柯西分布) 设 X 的概率密度为

$$f(x) = \frac{1}{\pi} \frac{1}{1+x^2}, \quad -\infty < x < +\infty,$$

求 EX。

解 由于

$$\int_{-\infty}^{+\infty} |x| f(x)\mathrm{d}x = \int_{-\infty}^{+\infty} |x| \frac{1}{\pi(1+x^2)}\mathrm{d}x = 2\int_{0}^{+\infty} \frac{x\mathrm{d}x}{\pi(1+x^2)}$$

$$= \frac{1}{\pi} \ln(1+x^2) \Big|_{0}^{+\infty} = +\infty,$$

故 EX 不存在。

4.1.2 随机变量函数的数学期望

设 X 是随机变量,$g(x)$ 是实值连续函数,则 $Y = g(X)$ 也是随机变量。理论上,可以通过 X 的分布求出 $g(X)$ 的分布,再按定义求出 $g(X)$ 的数学期望 $E[g(X)]$,但这种求法一般比较麻烦。下面将不加证明地引入有关计算随机变量函数的数学期望的定理。

首先,关于一维随机变量函数的数学期望,有如下定理。

定理 4.1.1 设 Y 是随机变量 X 的函数 $Y = g(X)$,$g(x)$ 为实值连续函数。

(1) 若 X 为离散型随机变量,其分布律为

$$P(X = x_k) = p_k \quad (k = 1, 2, \cdots),$$

且 $\sum_{k=1}^{\infty} g(x_k) p_k$ 绝对收敛,则

$$EY = E[g(X)] = \sum_{k=1}^{\infty} g(x_k) p_k. \tag{4.3}$$

(2) 若 X 为连续型随机变量,其概率密度为 $f(x)$,且 $\int_{-\infty}^{+\infty} g(x)f(x)\mathrm{d}x$ 绝对收敛,则

$$EY = E[g(X)] = \int_{-\infty}^{+\infty} g(x)f(x)\mathrm{d}x 。 \tag{4.4}$$

例 4.1.5 设随机变量 X 的分布律如表 4.5 所示。

表 4.5

X	-1	0	1	2
P	0.1	0.2	0.3	0.4

求 $EX, E(X^2), E(3X-1)$。

解 $EX = (-1) \times 0.1 + 0 \times 0.2 + 1 \times 0.3 + 2 \times 0.4 = 1$;

$E(X^2) = (-1)^2 \times 0.1 + 0^2 \times 0.2 + 1^2 \times 0.3 + 2^2 \times 0.4 = 2$;

$E(3X-1) = (-4) \times 0.1 + (-1) \times 0.2 + 2 \times 0.3 + 5 \times 0.4 = 2$。

例 4.1.6 某车间生产圆盘,已知圆盘的直径在区间 (a,b) 上服从均匀分布,求圆盘面积的数学期望。

解 设圆盘的直径为 X,则圆盘的面积为 $S = \frac{1}{4}\pi X^2$,且 X 的概率密度为

$$f(x) = \begin{cases} \dfrac{1}{b-a}, & x \in (a,b), \\ 0, & 其他 \end{cases}$$

故

$$ES = E\left(\frac{1}{4}\pi X^2\right) = \int_{-\infty}^{+\infty} \frac{1}{4}\pi x^2 f(x)\mathrm{d}x = \int_a^b \frac{\pi x^2}{4(b-a)}\mathrm{d}x = \frac{\pi}{12}(a^2 + ab + b^2)。$$

例 4.1.7 设国际市场上每年对我国某种出口商品的需求量是随机变量 X(单位:t),它服从区间 $[2000, 4000]$ 上的均匀分布。每销售出 1t 该种商品,可为国家赚取外汇 3 万元;若销售不出去,则每吨商品需贮存费 1 万元。问应组织多少货源才能使国家收益最大?

解 设应组织货源 m t,显然,$2000 \leqslant m \leqslant 4000$,国家收益 Y(单位:万元)是 X 的函数,其表达式为

$$Y = g(X) = \begin{cases} 3m, & X \geqslant m, \\ 4X - m, & X < m。 \end{cases}$$

已知 X 的概率密度为

$$f(x) = \begin{cases} \dfrac{1}{2000}, & 2000 \leqslant x \leqslant 4000 \\ 0, & 其他 \end{cases},$$

于是 Y 的数学期望为

$$EY = \int_{-\infty}^{+\infty} g(x)f(x)\mathrm{d}x = \int_{2000}^{4000} \frac{1}{2000} g(x)\mathrm{d}x$$

$$= \frac{1}{2000}\left[\int_{2000}^{m}(4x-m)\mathrm{d}x + \int_{m}^{4000}3m\,\mathrm{d}x\right]$$

$$= \frac{1}{2000}(-2m^2+14000m-8\times 10^6)。$$

考虑求 m 的取值使 EY 达到最大,从而得 $m^*=3500$,故应组织 3500t 商品。

定理 4.1.1 还可推广到二维及二维以上的随机变量函数的情形,以二维随机变量函数 $Z=g(X,Y)$ 为例,有如下定理。

定理 4.1.2 设 Z 是随机变量 (X,Y) 的函数 $Z=g(X,Y)$,$g(x,y)$ 为实值连续函数。

(1) 若 (X,T) 为二维离散型随机变量,其分布律为

$$P(X=x_i,Y=y_j)=p_{ij}\quad (i,j=1,2,\cdots),$$

且 $\sum_{i=1}^{\infty}\sum_{j=1}^{\infty}g(x_i,y_j)p_{ij}$ 绝对收敛,则

$$EZ=E[g(X,Y)]=\sum_{i=1}^{\infty}\sum_{j=1}^{\infty}g(x_i,y_j)p_{ij}。 \tag{4.5}$$

(2) 若 (X,Y) 为二维连续型随机变量,概率密度为 $f(x,y)$,且 $\int_{-\infty}^{+\infty}\int_{-\infty}^{+\infty}g(x,y)f(x,y)\mathrm{d}x\mathrm{d}y$ 绝对收敛,则

$$EZ=E[g(X,Y)]=\int_{-\infty}^{+\infty}\int_{-\infty}^{+\infty}g(x,y)f(x,y)\mathrm{d}x\mathrm{d}y。 \tag{4.6}$$

证略。

从式(4.6)可得,(X,Y) 为二维连续型随机变量时

$$EX=\int_{-\infty}^{+\infty}\int_{-\infty}^{+\infty}xf(x,y)\mathrm{d}x\mathrm{d}y, \tag{4.7}$$

$$EY=\int_{-\infty}^{+\infty}\int_{-\infty}^{+\infty}yf(x,y)\mathrm{d}x\mathrm{d}y。 \tag{4.8}$$

例 4.1.8 已知随机变量 (X,Y) 的分布律如表 4.6 所示。

表 4.6

X \ Y	1	2	3
−1	0.2	0.1	0
0	0.1	0	0.3
1	0.1	0.1	0.1

求 $EX,EY,E(XY)$。

解 为了求 EX,EY,先求出 X,Y 的边缘分布律,如表 4.7 和表 4.8 所示。

表 4.7

X	−1	0	1
P	0.3	0.4	0.3

表 4.8

Y	0	1	2
P	0.4	0.2	0.4

$$EX = -1 \times 0.3 + 0 \times 0.4 + 1 \times 0.3 = 0,$$
$$EY = 0 \times 0.4 + 1 \times 0.2 + 2 \times 0.4 = 1,$$
$$E(XY) = (-1) \times 1 \times 0.1 + 1 \times 1 \times 0.1 + 1 \times 2 \times 0.1 = 0.2.$$

例 4.1.9 设随机变量 (X,Y) 的概率密度为

$$f(x,y) = \begin{cases} \dfrac{21}{4}x^2 y, & x^2 \leqslant y \leqslant 1 \\ 0, & \text{其他} \end{cases},$$

求 $EY, E(XY)$。

解 $EY = \displaystyle\int_{-\infty}^{+\infty}\int_{-\infty}^{+\infty} y f(x,y) \mathrm{d}x \mathrm{d}y = \int_{-1}^{1} \mathrm{d}x \int_{x^2}^{1} \dfrac{21 x^2 y^2}{4} \mathrm{d}y = \dfrac{7}{9},$

$E(XY) = \displaystyle\int_{-\infty}^{+\infty}\int_{-\infty}^{+\infty} xy f(x,y) \mathrm{d}x \mathrm{d}y = \int_{-1}^{1} \mathrm{d}x \int_{x^2}^{1} \dfrac{21 x^3 y^2}{4} \mathrm{d}y = 0.$

4.1.3 几个重要分布的数学期望

例 4.1.10（0-1 分布） 设随机变量 $X \sim B(1,p)$，求 EX。

解 X 的分布律如表 4.9 所示。

表 4.9

X	0	1
P	$1-p$	p

$$EX = 0 \times (1-p) + 1 \times p = p.$$

例 4.1.11（二项分布） 设随机变量 $X \sim B(n,p)$，求 EX。

解 X 的分布律为

$$P(X=k) = \mathrm{C}_n^k p^k q^{n-k} \quad (k=0,1,2,\cdots,n),$$

其中，$q = 1-p$。

$$EX = \sum_{k=0}^{n} k \mathrm{C}_n^k p^k q^{n-k} = \sum_{k=0}^{n} k \dfrac{n(n-1)(n-2)\cdots[n-(k-1)]}{k!} p^k q^{n-k}$$

$$= np \sum_{k=1}^{n} \dfrac{(n-1)(n-2)\cdots[n-1-(k-2)]}{(k-1)!} p^{k-1} q^{n-1-(k-1)}$$

$$= np \sum_{k-1=0}^{n-1} \mathrm{C}_{n-1}^{k-1} p^{k-1} q^{n-1-(k-1)} = np(p+q)^{n-1} = np.$$

例 4.1.12（泊松分布） 设随机变量 $X \sim P(\lambda)$，求 EX。

解 X 的分布律为

$$P(X=k) = \frac{\lambda^k}{k!}e^{-\lambda} \quad (k=0,1,2,\cdots,\text{其中}\lambda>0),$$

$$EX = \sum_{k=0}^{\infty} k \frac{\lambda^k}{k!}e^{-\lambda} = \lambda e^{-\lambda} \sum_{k=1}^{\infty} \frac{\lambda^{k-1}}{(k-1)!} = \lambda e^{-\lambda} \cdot e^{\lambda} = \lambda。$$

例 4.1.13（均匀分布） 设随机变量 $X \sim U[a,b]$，求 EX。

解 X 的概率密度为

$$f(x) = \begin{cases} \dfrac{1}{b-a}, & a \leqslant x \leqslant b \\ 0, & \text{其他} \end{cases},$$

$$EX = \int_{-\infty}^{+\infty} xf(x)\mathrm{d}x = \int_a^b \frac{x}{b-a}\mathrm{d}x = \frac{a+b}{2}。$$

例 4.1.14（指数分布） 设随机变量 $X \sim E(\lambda)$，求 EX。

解 X 的概率密度为

$$f(x) = \begin{cases} \lambda e^{-\lambda x}, & x \geqslant 0 \\ 0, & x < 0 \end{cases},$$

其中 $\lambda > 0$。

$$EX = \int_{-\infty}^{+\infty} xf(x)\mathrm{d}x = \int_0^{+\infty} x\lambda e^{-\lambda x}\mathrm{d}x = -\int_0^{+\infty} x\mathrm{d}e^{-\lambda x} = \int_0^{+\infty} e^{-\lambda x}\mathrm{d}x = \frac{1}{\lambda}。$$

例 4.1.15（正态分布） 设随机变量 $X \sim N(\mu,\sigma^2)$，求 EX。

解 X 的概率密度为

$$f(x) = \frac{1}{\sqrt{2\pi}\sigma} e^{-\frac{(x-\mu)^2}{2\sigma^2}} \quad (-\infty < x < +\infty),$$

$$EX = \int_{-\infty}^{+\infty} xf(x)\mathrm{d}x = \int_{-\infty}^{+\infty} x \frac{1}{\sigma\sqrt{2\pi}} e^{-\frac{(x-\mu)^2}{2\sigma^2}} \mathrm{d}x$$

$$\xrightarrow{\text{令 } t=\frac{x-\mu}{\sigma}} \int_{-\infty}^{+\infty} \frac{1}{\sqrt{2\pi}}(\mu+\sigma t)e^{-\frac{t^2}{2}}\mathrm{d}t$$

$$= \frac{\mu}{\sqrt{2\pi}}\int_{-\infty}^{+\infty} e^{-\frac{t^2}{2}}\mathrm{d}t + \frac{\sigma}{\sqrt{2\pi}}\int_{-\infty}^{+\infty} te^{-\frac{t^2}{2}}\mathrm{d}t = \mu。$$

可见正态分布中的参数 μ，表示相应随机变量 X 的数学期望。

4.1.4 数学期望的性质

性质 1 若 C 是常数，则 $E(C)=C$。

证 将 C 看成一个离散型随机变量，有分布律 $P(X=C)=1$，于是 $E(C)=C$。

性质 2 若 C 是常数，则 $E(CX)=CEX$。

证 设 X 为连续型随机变量，其概率密度为 $f(x)$，在式（4.4）中令 $g(X)=CX$，则得

$$E(CX) = \int_{-\infty}^{+\infty} Cxf(x)dx = C\int_{-\infty}^{+\infty} xf(x)dx = CEX。$$

离散型情况请读者自证。

性质 3 $E(X_1+X_2+\cdots+X_n)=EX_1+EX_2+\cdots+EX_n$。

性质 4 若 $X_1,X_2,\cdots,X_n$ 相互独立,则 $E(X_1X_2\cdots X_n)=EX_1EX_2\cdots EX_n$。

证 只对两个连续型随机变量的情况给出证明。

设 X_1,X_2 为连续型的相互独立的随机变量,其概率密度分别为 $f_1(x_1),f_2(x_2)$。于是 (X_1,X_2) 的概率密度为

$$f(x_1,x_2)=f_1(x_1)f_2(x_2)。$$

故由式(4.6)可得

$$E(X_1X_2) = \int_{-\infty}^{+\infty}\int_{-\infty}^{+\infty} x_1x_2 f(x_1,x_2)dx_1dx_2$$
$$= \int_{-\infty}^{+\infty} x_1 f_1(x_1)dx_1 \int_{-\infty}^{+\infty} x_2 f_2(x_2)dx_2 = EX_1EX_2。$$

下面利用数学期望的性质计算服从二项分布的随机变量的数学期望,即随机变量 $X \sim B(n,p)$,求 EX。

显然,这里的随机变量 X 相当于在 n 重贝努里试验中成功的次数,而每次试验成功的概率为 p,设 X_i 表示在第 i 次 $(i=1,2,\cdots,n)$ 贝努里试验中成功的次数,则 $X_i \sim B(1,p)$,且 $X = \sum_{i=1}^{n} X_i$。

由 X_i 的分布律,有 $EX_i=p(i=1,2,\cdots,n)$,于是由数学期望性质 3 可得

$$EX = E\left(\sum_{i=1}^{n} X_i\right) = \sum_{i=1}^{n} EX_i = np。$$

注:本题是将 X 分解为若干个随机变量之和,然后利用随机变量和的数学期望等于随机变量的数学期望之和来求 X 的数学期望,这种处理方法具有一定的普遍意义。

例 4.1.16 一辆载有 20 位旅客的客车自机场开出,旅客有 10 个车站可以下车,如果到达一个车站没有旅客下车就不停车。以 X 表示停车的次数,求 EX(设每位旅客在每个车站下车是等可能的,且各旅客是否下车相互独立)。

解 设随机变量

$$X_i = \begin{cases} 0, & \text{在第 } i \text{ 站没有人下车} \\ 1, & \text{在第 } i \text{ 站有人下车} \end{cases} \quad (i=1,2,\cdots,10),$$

则 $X=X_1+X_2+\cdots+X_{10}$。

由于每位旅客在任一站不下车的概率为 0.9,所以 20 位旅客都不在第 i 站下车的概率为 $(0.9)^{20}$。故

$$P(X_i=0)=(0.9)^{20}, \quad P(X_i=1)=1-(0.9)^{20}, \quad (i=1,2,\cdots,10)。$$

于是,$EX_i=1-(0.9)^{20},(i=1,2,\cdots,10)$,从而

$$EX=E(X_1+X_2+\cdots+X_{10})=10\times[1-(0.9)^{20}]=8.784。$$

4.2 方　　差

4.2.1 方差的定义

随机变量的数学期望反映了随机变量取值的平均值,但是无法反映随机变量取值的波动情况(稳定性),而随机变量取值的稳定性是判断随机现象性质的另一个重要指标。

例如,甲、乙两种品牌的手表,它们的日走时误差(单位:s)分别为 X 和 Y,其分布律如表 4.10 和表 4.11 所示。

表　4.10

X	-1	-0.5	0	0.5	1
P	0.05	0.1	0.7	0.1	0.05

表　4.11

Y	-2	-1	0	1	2
P	0.1	0.2	0.4	0.2	0.1

试问哪种品牌的手表质量较好?

如果计算这两种品牌手表的日走时误差的均值,得 $EX=EY=0$,所以仅用数学期望不能判定甲、乙质量的好坏。从分布律可以看出,X 的取值比 Y 的取值更接近于它们的均值 0,这说明甲种手表的日走时误差偏离小、运行更稳定,所以甲种手表质量较好。本节将引入方差来刻画随机变量对数学期望的偏离程度。

定义 4.2.1 设 X 是一个随机变量,若 $E[(X-EX)^2]$ 存在,则称 $E[(X-EX)^2]$ 是 X 的**方差**,记作 DX,即

$$DX=E[(X-EX)^2], \tag{4.9}$$

同时称 $\sqrt{DX}$ 是 X 的**标准差**或**均方差**,记作 σ_x,即

$$\sigma_x=\sqrt{DX}。 \tag{4.10}$$

由于 σ_x 与 X 具有相同的量纲,故在实际问题中常被采用。

注意:方差刻画了随机变量 X 的取值与数学期望的偏离程度,它的大小可以衡量随机变量取值的稳定性。

根据方差的定义可得如下计算公式。

(1) 若 X 是离散型随机变量,其分布律为 $P(X=x_k)=p_k,k=1,2,\cdots$,则

$$DX=\sum_{k=1}^{\infty}(x_k-EX)^2 p_k。 \tag{4.11}$$

(2) 若 X 是连续型随机变量,其概率密度为 $f(x)$,则

$$DX=\int_{-\infty}^{+\infty}(x-EX)^2 f(x)\mathrm{d}x。 \tag{4.12}$$

(3) $$DX = E(X^2) - (EX)^2 \text{。} \tag{4.13}$$

证 $DX = E[(X-EX)^2] = E[X^2 - 2XEX + (EX)^2]$
$= E(X^2) - 2EX \cdot EX + (EX)^2 = EX^2 - (EX)^2 \text{。}$

例 4.2.1 已知随机变量 X 的概率密度为
$$f(x) = \begin{cases} |x|, & |x| < 1 \\ 0, & |x| \geqslant 1 \end{cases},$$
求 DX。

解 由例 4.1.3 计算结果知, $EX = 0$,
$$E(X^2) = \int_{-\infty}^{+\infty} x^2 f(x) dx = \int_{-\infty}^{-1} x^2 \cdot 0 \cdot dx + \int_{-1}^{1} x^2 |x| dx + \int_{1}^{+\infty} x^2 \cdot 0 \cdot dx = \frac{1}{2}\text{。}$$

因此, $DX = E(X^2) - (EX)^2 = \frac{1}{2}$。

4.2.2 几个重要分布的方差

例 4.2.2（0-1 分布） 设随机变量 $X \sim B(1, p)$, 求 DX。

解 已知 $EX = p$,
$$E(X^2) = 0^2 \times (1-p) + 1^2 \times p = p,$$
$$DX = E(X^2) - (EX)^2 = p - p^2 = pq \quad (q = 1-p)\text{。}$$

例 4.2.3（二项分布） 设随机变量 $X \sim B(n, p)$, 求 DX。

解 已知 $EX = np$,
$$E(X^2) = \sum_{k=0}^{n} k^2 C_n^k p^k q^{n-k} = \sum_{k=0}^{n} k^2 \frac{n(n-1)(n-2)\cdots[n-(k-1)]}{k!} p^k q^{n-k}$$
$$= np[(n-1)p + 1],$$
$$DX = E(X^2) - (EX)^2 = npq \quad (q = 1-p)\text{。}$$

例 4.2.4（泊松分布） 设随机变量 $X \sim P(\lambda)$, 求 DX。

解 已知 $EX = \lambda$,
$$E(X^2) = \sum_{k=0}^{\infty} k^2 \frac{\lambda^k}{k!} e^{-\lambda} = \sum_{k=0}^{\infty} (k^2 - k) \frac{\lambda^k}{k!} e^{-\lambda} + \sum_{k=0}^{\infty} k \frac{\lambda^k}{k!} e^{-\lambda}$$
$$= \sum_{k=0}^{\infty} k(k-1) \frac{\lambda^k}{k!} e^{-\lambda} + \lambda = \lambda^2 e^{-\lambda} \sum_{k=2}^{\infty} \frac{\lambda^{k-2}}{(k-2)!} + \lambda$$
$$= \lambda^2 e^{-\lambda} e^{\lambda} + \lambda = \lambda^2 + \lambda,$$
$$DX = E(X^2) - (EX)^2 = \lambda^2 + \lambda - \lambda^2 = \lambda\text{。}$$

可见, 泊松分布中的参数 λ 既是相应随机变量 X 的数学期望, 又是它的方差。

例 4.2.5（均匀分布） 设随机变量 $X \sim U[a, b]$, 求 DX。

解 已知 $EX = \frac{a+b}{2}$,
$$E(X^2) = \int_a^b x^2 \frac{1}{b-a} dx = \frac{a^2 + ab + b^2}{3},$$

$$DX = E(X^2) - (EX)^2 = \frac{a^2+ab+b^2}{3} - \left(\frac{a+b}{2}\right)^2 = \frac{(b-a)^2}{12}.$$

例 4.2.6（指数分布） 设随机变量 $X \sim E(\lambda)$，求 DX。

解 已知 $EX = \frac{1}{\lambda}$，

$$E(X^2) = \int_0^{+\infty} x^2 \lambda e^{-\lambda x} dx = -\int_0^{+\infty} x^2 d e^{-\lambda x} = \int_0^{+\infty} 2x e^{-\lambda x} dx = \frac{2}{\lambda^2},$$

$$DX = E(X^2) - (EX)^2 = \frac{2}{\lambda^2} - \left(\frac{1}{\lambda}\right)^2 = \frac{1}{\lambda^2}.$$

例 4.2.7（正态分布） 设随机变量 $X \sim N(\mu, \sigma^2)$，求 DX。

解 已知 $EX = \mu$，由方差的定义知，$DX = \int_{-\infty}^{+\infty} (x-\mu)^2 \frac{1}{\sigma\sqrt{2\pi}} e^{-\frac{(x-\mu)^2}{2\sigma^2}} dx$。

令 $\frac{x-\mu}{\sigma} = t$，得

$$DX = \frac{\sigma^2}{\sqrt{2\pi}} \int_{-\infty}^{+\infty} t^2 e^{-\frac{t^2}{2}} dt = \frac{\sigma^2}{\sqrt{2\pi}} \left[\left(-t e^{-\frac{t^2}{2}}\right) \Big|_{-\infty}^{+\infty} + \int_{-\infty}^{+\infty} e^{-\frac{t^2}{2}} dt \right]$$

$$= \frac{\sigma^2}{\sqrt{2\pi}} \int_{-\infty}^{+\infty} e^{-\frac{t^2}{2}} dt = \sigma^2.$$

可见，正态分布中的参数 μ 和 σ^2 分别表示相应随机变量 X 的数学期望和方差。

例 4.2.8 已知在一小块试验田里种了 10 粒种子，每粒种子发芽的概率为 0.9，用 X 表示发芽种子的粒数，求 $E(X^2)$。

解 显然，$X \sim B(10, 0.9)$，所以 $EX = 10 \times 0.9 = 9$，$DX = 10 \times 0.9 \times 0.1 = 0.9$。故

$$E(X^2) = DX + (EX)^2 = 0.9 + 9^2 = 81.9.$$

4.2.3 方差的性质

在下列性质中均假设随机变量的数学期望及方差存在。

性质 1 $D(C) = 0$，C 为常数。 (4.14)

证 $D(C) = E[(C-EC)^2] = E[(C-C)^2] = 0$。

性质 2 $D(CX) = C^2 DX$，C 为常数。 (4.15)

证 $D(CX) = E[(CX)^2] - [E(CX)]^2 = C^2 E(X^2) - C^2 (EX)^2$
$= C^2 [EX^2 - (EX)^2] = C^2 DX$。

性质 3 若 $X_1, X_2, \cdots, X_n$ 相互独立，则

$$D(X_1 + X_2 + \cdots + X_n) = DX_1 + DX_2 + \cdots + DX_n. \quad (4.16)$$

证 只对 $n=2$ 的情况给出证明，对一般情况的证法相同。

由 $D(X_1 + X_2) = E[(X_1 + X_2) - E(X_1 + X_2)]^2$
$= E[(X_1 - EX_1) + (X_2 - EX_2)]^2$
$= E[(X_1 - EX_1)^2] + E[(X_2 - EX_2)^2] +$

$$2E[(X_1-EX_1)(X_2-EX_2)], \qquad (4.17)$$

又

$$E[(X_1-EX_1)(X_2-EX_2)] = E(X_1X_2 - X_1EX_2 - X_2EX_1 + EX_1EX_2)$$
$$= E(X_1X_2) - EX_1EX_2, \qquad (4.18)$$

因 X_1 与 X_2 相互独立,故由数学期望的性质 4,知 $E(X_1X_2)=EX_1EX_2$。

于是,$E[(X_1-EX_1)(X_2-EX_2)]=0$,故 $D(X_1+X_2)=DX_1+DX_2$。

性质 4 $DX=0$ 的充要条件是 X 以概率 1 取常数 EX,即

$$P(X=EX)=1。$$

证明略。

读者可以利用方差的性质 3 计算服从二项分布的随机变量的方差,其解法与求数学期望类似。

例 4.2.9 $X_1, X_2, \cdots, X_n$ 相互独立,$EX_i=\mu$,$DX_i=\sigma^2 (i=1,2,\cdots,n)$,令 $\overline{X}=\frac{1}{n}\sum_{i=1}^{n}X_i$,求 $E\overline{X}, D\overline{X}$。

解
$$E\overline{X} = E\left(\frac{1}{n}\sum_{i=1}^{n}X_i\right) = \frac{1}{n}\sum_{i=1}^{n}EX_i = \mu,$$
$$D\overline{X} = D\left(\frac{1}{n}\sum_{i=1}^{n}X_i\right) = \frac{1}{n^2}\sum_{i=1}^{n}DX_i = \frac{\sigma^2}{n}。$$

本例的结论在实际中是非常有用的。例如,在进行测量时,为了减少误差,往往采取多次重复测量取平均值,本例的结论可以对此种做法给出合理的解释。

4.3 协方差和相关系数

对二维随机变量 (X,Y) 来说,数字特征 EX, EY, DX, DY 反映了 X 与 Y 各自取值的平均值以及各自偏离平均值的程度,不能描述 X 与 Y 之间的关系。本节将要讨论的协方差和相关系数是反映随机变量相互关系的数字特征。

4.3.1 协方差

1. 协方差的定义

在证明方差性质时,如果 X 与 Y 相互独立,则 $E[(X-EX)(Y-EY)]=0$。这说明,当 $E[(X-EX)(Y-EY)]\neq 0$ 时,X 与 Y 一定不相互独立。

因此,数值 $E[(X-EX)(Y-EY)]$ 在一定程度上反映了 X 与 Y 之间的相互关系,从而引入如下定义。

定义 4.3.1 设 (X,Y) 是一个二维随机变量,若 $E[(X-EX)(Y-EY)]$ 存在,则称它为随机变量 X 与 Y 的**协方差**,记作 $\text{Cov}(X,Y)$,即

$$\text{Cov}(X,Y) = E[(X-EX)(Y-EY)]。 \qquad (4.19)$$

由上述定义及式(4.17)知,对任意两个随机变量 X 及 Y,有

$$D(X \pm Y) = DX + DY \pm 2\text{Cov}(X,Y) 。 \qquad (4.20)$$

又由式(4.18)知,
$$\text{Cov}(X,Y) = E(XY) - EXEY 。 \qquad (4.21)$$

2. 协方差的性质

协方差具有如下性质(假设以下涉及的协方差均存在):

(1) $\text{Cov}(X,X) = DX$;

(2) $\text{Cov}(X,Y) = \text{Cov}(Y,X)$;

(3) $\text{Cov}(aX,bY) = ab\text{Cov}(X,Y)$;

(4) $\text{Cov}(C,X) = 0$, C 为任意常数;

(5) $\text{Cov}(X_1 + X_2, Y) = \text{Cov}(X_1,Y) + \text{Cov}(X_2,Y)$;

(6) 若 X 与 Y 相互独立,则 $\text{Cov}(X,Y) = 0$.

特别地,若 X 与 Y 相互独立,则 $D(X \pm Y) = DX + DY$。

读者可以自行证明协方差的性质。

例 4.3.1 设随机变量 (X,Y) 的概率密度为

$$f(x,y) = \begin{cases} 6xy, & 0 < x < 1, x^2 \leqslant y \leqslant 1 \\ 0, & 其他 \end{cases},$$

求 $\text{Cov}(X,Y)$。

解
$$EX = \int_{-\infty}^{+\infty} \int_{-\infty}^{+\infty} x f(x,y) \mathrm{d}x \mathrm{d}y = \int_0^1 \mathrm{d}x \int_{x^2}^1 6x^2 y \mathrm{d}y = \frac{4}{7},$$

$$EY = \int_{-\infty}^{+\infty} \int_{-\infty}^{+\infty} y f(x,y) \mathrm{d}x \mathrm{d}y = \int_0^1 \mathrm{d}x \int_{x^2}^1 6xy^2 \mathrm{d}y = \frac{3}{4},$$

$$E(XY) = \int_{-\infty}^{+\infty} \int_{-\infty}^{+\infty} xy f(x,y) \mathrm{d}x \mathrm{d}y = \int_0^1 \mathrm{d}x \int_{x^2}^1 6x^2 y^2 \mathrm{d}y = \frac{4}{9}。$$

于是,$\text{Cov}(X,Y) = E(XY) - EXEY = \frac{4}{9} - \frac{4}{7} \times \frac{3}{4} = \frac{1}{63}$。

4.3.2 相关系数

1. 相关系数的定义

协方差是对两个随机变量的协同变化的度量,其大小在一定程度上反映了 X 和 Y 相互间的关系,但它还受 X 与 Y 本身度量单位的影响。例如,kX 和 kY 之间的统计关系与 X 和 Y 之间的统计关系应该是一样的,但其协方差却将其扩大了 k^2 倍,即

$$\text{Cov}(kX, kY) = k^2 \text{Cov}(X,Y)。$$

为了避免随机变量本身度量单位不同而影响它们相互关系的度量,可将每个随机变量标准化,即取

$$X^* = \frac{X - EX}{\sqrt{DX}}, \quad Y^* = \frac{Y - EY}{\sqrt{DY}},$$

并将 $\text{Cov}(X^*, Y^*)$ 作为 X 与 Y 相互关系的一种度量,而

$$\mathrm{Cov}(X^*, Y^*) = \frac{\mathrm{Cov}(X,Y)}{\sqrt{DX} \cdot \sqrt{DY}}.$$

于是有如下定义。

定义 4.3.2　设 (X,Y) 是一个二维随机变量，若 X 与 Y 的协方差 $\mathrm{Cov}(X,Y)$ 存在，且 $DX>0, DY>0$，则称 $\dfrac{\mathrm{Cov}(X,Y)}{\sqrt{DX} \cdot \sqrt{DY}}$ 为随机变量 X 与 Y 的**相关系数**，记为 ρ_{XY} 或 ρ，即

$$\rho_{XY} = \frac{\mathrm{Cov}(X,Y)}{\sqrt{DX} \cdot \sqrt{DY}} = \frac{E[(X-EX)(Y-EY)]}{\sqrt{DX} \cdot \sqrt{DY}}.$$

2. 相关系数的性质

相关系数 ρ_{XY} 究竟反映了 X 与 Y 之间的什么关系呢？请看下面的定理。

定理 4.3.1　设 ρ_{XY} 为 X 与 Y 的相关系数，则

(1) $|\rho_{XY}| \leqslant 1$；

(2) $|\rho_{XY}|=1$ 的充要条件是 $P(Y=a+bX)=1, a,b(b\neq 0)$ 为常数。

证　(1) 由方差的性质及协方差的定义知，对任意实数 b 有

$$0 \leqslant D(Y-bX) = b^2 DX + DY - 2b\mathrm{Cov}(X,Y).$$

令 $b = \dfrac{\mathrm{Cov}(X,Y)}{DX}$，则

$$\begin{aligned}
D(Y-bX) &= DY - \frac{[\mathrm{Cov}(X,Y)]^2}{DX} = DY\left\{1 - \frac{[\mathrm{Cov}(X,Y)]^2}{DX\,DY}\right\} \\
&= DY(1-\rho_{XY}^2).
\end{aligned} \tag{4.22}$$

由于 $DY>0$，故必有 $1-\rho_{XY}^2 \geqslant 0$，所以 $|\rho_{XY}| \leqslant 1$。

(2) 由式(4.22)知，$|\rho_{XY}|=1$ 的充要条件是

$$D(Y-bX)=0. \tag{4.23}$$

而由方差性质 4 知，上式成立的充要条件是 $P(Y-bX=a)=1$（a 为常数），即

$$P(Y=a+bX)=1 \quad (a,b \text{ 为常数}).$$

注：

(1) 相关系数 ρ_{XY} 刻画了随机变量 X 与 Y 之间的"线性相关"程度。$|\rho_{XY}|$ 的值越接近 1，X 与 Y 的线性相关程度越高，当 $|\rho_{XY}|=1$ 时，X 与 Y 之间存在线性关系；$|\rho_{XY}|$ 的值越接近 0，X 与 Y 的线性相关程度越弱。若 $\rho_{XY}>0$，称 X 与 Y **正相关**；若 $\rho_{XY}<0$，称 X 与 Y **负相关**。

(2) 当 $\rho_{XY}=0$ 时，只说明 X 与 Y 之间不存在线性关系，并不表示 X 与 Y 之间没有其他函数关系，从而不能推出 X 与 Y 独立。

例 4.3.2　$Z \sim U(-\pi,\pi), X=\sin Z, Y=\cos Z$，求 $\mathrm{Cov}(X,Y)$ 及 ρ_{XY}。

解　Z 的概率密度为

$$f_Z(z) = \begin{cases} \dfrac{1}{2\pi}, & -\pi < z < \pi, \\ 0, & \text{其他} \end{cases}$$

则 $EX = E(\sin Z) = \displaystyle\int_{-\infty}^{+\infty} \sin z \cdot f_Z(z)\,\mathrm{d}z = \int_{-\pi}^{\pi} \frac{\sin z}{2\pi}\,\mathrm{d}z = 0.$

同理，$EY = E(XY) = 0$。
$$\text{Cov}(X,Y) = E(XY) - EXEY = 0,$$
即 $\rho_{XY} = 0$。

可见，X 与 Y 之间不相关，但有
$$X^2 + Y^2 = \sin^2 Z + \cos^2 Z = 1.$$

如果 X 与 Y 相互独立，则必有 $\rho_{XY}=0$，即 X 与 Y 线性不相关；反之，即使 X 与 Y 线性不相关，它们之间可能存在其他关系，X 与 Y 未必相互独立。然而二维正态分布是个例外，当 (X,Y) 服从二维正态分布时，"X 与 Y 不相关"与"X 与 Y 相互独立"是等价的。

4.4 矩、协方差矩阵

下面介绍随机变量的其他数字特征。

4.4.1 矩

定义 4.4.1 设 X,Y 为随机变量，若
$$E(X^k) \quad (k=1,2,\cdots)$$
存在，则称 $E(X^k)$ 为 X 的 k 阶**原点矩**。

若
$$E[(X-EX)^k] \quad (k=1,2,\cdots)$$
存在，则称 $E[(X-EX)^k]$ 为 X 的 k 阶**中心矩**。

若
$$E(X^k Y^l) \quad (k,l=1,2,\cdots)$$
存在，则称 $E(X^k Y^l)$ 为 X 和 Y 的 $k+l$ 阶**混合矩**。

若
$$E[(X-EX)^k (Y-EY)^l] \quad (k,l=1,2,\cdots)$$
存在，则称 $E[(X-EX)^k (Y-EY)^l]$ 为 X 和 Y 的 $k+l$ 阶**混合中心矩**。

由定义可知，数学期望是一阶原点矩，方差是二阶中心矩，且一阶中心矩恒为 0，协方差是 X 和 Y 的二阶混合中心矩。

4.4.2 协方差矩阵

通常 n 维随机变量的分布是不知道的，或者是太复杂，以至于在数学上不易处理。因此在实际应用中协方差矩阵显得尤为重要，先看二维随机变量的协方差矩阵。

二维随机变量 (X_1, X_2) 有四个二阶中心矩（假设它们都存在），分别记为
$$c_{11} = E[(X_1 - EX_1)^2], \quad c_{12} = E[(X_1 - EX_1)(X_2 - EX_2)],$$
$$c_{21} = E[(X_2 - EX_2)(X_1 - EX_1)], \quad c_{22} = E[(X_2 - EX_2)^2].$$

称矩阵
$$\begin{pmatrix} c_{11} & c_{12} \\ c_{21} & c_{22} \end{pmatrix}$$

为随机变量 (X_1, X_2) 的**协方差矩阵**。

设 n 维随机变量 $(X_1, X_2, \cdots, X_n)$ 的二阶混合中心矩
$$c_{ij} = \text{Cov}(X_i, X_j) = E[(X_i - EX_i)(X_j - EX_j)] \quad (i, j = 1, 2, \cdots, n)$$
都存在，则称矩阵
$$C = \begin{pmatrix} c_{11} & c_{12} & \cdots & c_{1n} \\ c_{21} & c_{22} & \cdots & c_{2n} \\ \vdots & \vdots & & \vdots \\ c_{n1} & c_{n2} & \cdots & c_{nn} \end{pmatrix}$$
为 n 维随机变量 $(X_1, X_2, \cdots, X_n)$ 的**协方差矩阵**。由于 $c_{ij} = c_{ji}(i \neq j, i, j = 1, 2, \cdots, n)$，因此协方差矩阵是一个对称矩阵。

下面将二维正态随机变量的概率密度改写成另一种形式，以便将其推广到 n 维随机变量中。

二维正态随机变量 (X_1, X_2) 的概率密度为
$$f(x_1, x_2) = \frac{1}{2\pi\sigma_1\sigma_2\sqrt{1-\rho^2}} \exp\left\{\frac{-1}{2(1-\rho^2)}\left[\frac{(x_1-\mu_1)^2}{\sigma_1^2} - 2\rho\frac{(x_1-\mu_1)(x_2-\mu_2)}{\sigma_1\sigma_2} + \frac{(x_2-\mu_2)^2}{\sigma_2^2}\right]\right\} \quad (x_1 \in \mathbf{R}, x_2 \in \mathbf{R}).$$

为了将上式写成矩阵形式，引入矩阵
$$X = \begin{pmatrix} x_1 \\ x_2 \end{pmatrix}, \quad \mu = \begin{pmatrix} \mu_1 \\ \mu_2 \end{pmatrix},$$

(X_1, X_2) 的协方差矩阵为
$$C = \begin{pmatrix} c_{11} & c_{12} \\ c_{21} & c_{22} \end{pmatrix} = \begin{pmatrix} \sigma_1^2 & \rho\sigma_1\sigma_2 \\ \rho\sigma_1\sigma_2 & \sigma_2^2 \end{pmatrix},$$

C 的行列式 $\det C = \sigma_1^2\sigma_2^2(1-\rho^2)$，$C$ 的逆矩阵为
$$C^{-1} = \frac{1}{\det C}\begin{pmatrix} \sigma_2^2 & -\rho\sigma_1\sigma_2 \\ -\rho\sigma_1\sigma_2 & \sigma_1^2 \end{pmatrix}.$$

经过计算可知（这里矩阵 $(X-\mu)^{\mathrm{T}}$ 是 $(X-\mu)$ 的转置矩阵）：
$$(X-\mu)^{\mathrm{T}} C^{-1} (X-\mu) = \frac{1}{\det C}(x_1-\mu_1 \quad x_2-\mu_2)\begin{pmatrix} \sigma_2^2 & -\rho\sigma_1\sigma_2 \\ -\rho\sigma_1\sigma_2 & \sigma_1^2 \end{pmatrix}\begin{pmatrix} x_1-\mu_1 \\ x_2-\mu_2 \end{pmatrix}$$
$$= \frac{1}{1-\rho^2}\left[\frac{(x_1-\mu_1)^2}{\sigma_1^2} - 2\rho\frac{(x_1-\mu_1)(x_2-\mu_2)}{\sigma_1\sigma_2} + \frac{(x_2-\mu_2)^2}{\sigma_2^2}\right].$$

于是 (X_1, X_2) 的概率密度可写成
$$f(x_1, x_2) = \frac{1}{(2\pi)^{\frac{2}{2}}(\det C)^{\frac{1}{2}}}\exp\left\{-\frac{1}{2}(X-\mu)^{\mathrm{T}} C^{-1}(X-\mu)\right\}.$$

将上式推广到 n 维正态随机变量 $(X_1, X_2, \cdots, X_n)$ 的情况，给出 n 维正态随机变量的概率密度。

引入矩阵

$$X = \begin{pmatrix} x_1 \\ x_2 \\ \vdots \\ x_n \end{pmatrix}, \quad \mu = \begin{pmatrix} \mu_1 \\ \mu_2 \\ \vdots \\ \mu_n \end{pmatrix} = \begin{pmatrix} EX_1 \\ EX_2 \\ \vdots \\ EX_n \end{pmatrix},$$

n 维正态随机变量 $(X_1, X_2, \cdots, X_n)$ 的概率密度定义为

$$f(x_1, x_2, \cdots, x_n) = \frac{1}{(2\pi)^{\frac{n}{2}} (\det C)^{\frac{1}{2}}} \exp\left\{-\frac{1}{2}(X-\mu)^{\mathrm{T}} C^{-1} (X-\mu)\right\}$$

其中，C 是 $(X_1, X_2, \cdots, X_n)$ 的协方差矩阵。

n 维正态随机变量具有以下四条重要性质（证明略）。

(1) n 维正态随机变量 $(X_1, X_2, \cdots, X_n)$ 的每一个分量 $X_i (i=1,2,\cdots,n)$ 都是正态随机变量；反之，若 $X_1, X_2, \cdots, X_n$ 都是正态随机变量，且相互独立，则 $(X_1, X_2, \cdots, X_n)$ 是 n 维正态随机变量。

(2) n 维随机变量 $(X_1, X_2, \cdots, X_n)$ 服从 n 维正态分布的充要条件是 $X_1, X_2, \cdots, X_n$ 的任意的线性组合 $l_1 X_1 + l_2 X_2 + \cdots + l_n X_n$ 服从一维正态分布（其中 $l_1, l_2, \cdots, l_n$ 不全为零）。

(3) 若 $(X_1, X_2, \cdots, X_n)$ 服从 n 维正态分布，设 $Y_1, Y_2, \cdots, Y_k$ 是 $X_1, X_2, \cdots, X_n$ 的线性函数，则 $(Y_1, Y_2, \cdots, Y_k)$ 也服从多维正态分布。

这一性质称为**正态变量的线性变换不变性**。

(4) 设 $(X_1, X_2, \cdots, X_n)$ 服从 n 维正态分布，则"$X_1, X_2, \cdots, X_n$ 相互独立"与"$X_1, X_2, \cdots, X_n$ 两两不相关"是等价的。

n 维正态分布在随机过程和数理统计中有着广泛的应用。

习 题 4

1. 设随机变量 X 的分布律如表 4.12 所示。

表 4.12

X	-2	-1	0	1
P	0.1	0.1	0.7	0.1

求 $EX, E(X^2), E(3X^2+5)$。

2. 假设 10 只同种电器元件中有 2 只废品，从这批元件中任取一只；如是废品，则扔掉重新取一只；如仍是废品，则扔掉再取一只。试求在取到正品之前已取出的废品只数 X 的分布律、数学期望和方差。

3. 一袋中有 n 张卡片，分别记有号码 $1,2,\cdots,n$，从中有放回地抽取出 k 张来。以 X 表示所得号码之和，求 EX, DX。

4. 一辆汽车沿一条街道行驶，需要通过 3 个均设有红绿信号灯的路口，每个信号灯为

红或绿与其他信号灯相互独立,且红绿两信号灯显示的时间相等,X 表示该汽车首次遇到红灯前已通过的路口个数。求:(1) X 的分布律;(2) $E\left(\dfrac{1}{1+X}\right)$。

5. 将 n 只球(编号为 $1\sim n$)随机地放进 n 个盒子(编号为 $1\sim n$)中,一个盒子装一只球。若一只球装入与球同号的盒子中,称为一个配对,记 X 为总的配对数,求 EX。

6. 设随机变量 X 服从几何分布,其分布律为
$$P(X=k) = (1-p)^{k-1}p \quad (k=1,2,\cdots),$$
其中,$0<p<1$ 是常数,求 EX, DX。

7. 设随机变量 X 的分布律为
$$P(X=k) = \dfrac{1}{2^k} \quad (k=1,2,\cdots),$$
求 $Y=\sin\left(\dfrac{\pi}{2}X\right)$ 的数学期望。

8. 设随机变量 X 的分布律为
$$P(X=k) = \dfrac{a^k}{(1+a)^{k+1}} \quad (k=0,1,2,\cdots),$$
其中,$a>0$ 为常数,求 EX, DX。

9. 设随机变量 X 的概率密度为
$$f(x) = \begin{cases} \dfrac{1}{\pi\sqrt{1-x^2}}, & |x|<1 \\ 0, & |x|\geq 1 \end{cases},$$
求随机变量 X 的数学期望。

10. 设随机变量 X 的概率密度为
$$f(x) = \begin{cases} 1-|1-x|, & 0<x<2 \\ 0, & \text{其他} \end{cases},$$
求 EX 和 DX。

11. 设连续型随机变量 X 的概率密度为
$$f(x) = \begin{cases} kx^a, & 0<x<1 \\ 0, & \text{其他} \end{cases},$$
其中,$k>0, a>0$。又已知 $EX=0.75$,求 k,a 的值。

12. 设随机变量 X 的概率密度为
$$f(x) = \begin{cases} ax^2+bx+c, & 0<x<1 \\ 0, & \text{其他} \end{cases},$$
已知 $EX=0.5, DX=0.15$,求常数 a,b,c。

13. 一商店经销某种商品,每周进货量 X 与顾客对该种商品的需求量 Y 是相互独立的随机变量,且都服从区间 $[10,20]$ 上的均匀分布。商店每售出一单位商品可获利润 1000 元;若需求量超过了进货量,则可从其他商店调剂供应,这时每单位商品获利润为 500 元。试计算该商店经销该种商品每周所得利润的期望值。

14. 设 X 和 Y 同分布,且 X 的概率密度为

$$f(x) = \begin{cases} \dfrac{3}{8}x^2, & 0 < x < 2 \\ 0, & \text{其他} \end{cases}$$

(1) 已知事件 $A = \{X > a\}$ 和事件 $B = \{Y > a\}$ 独立,且 $P(A \cup B) = \dfrac{3}{4}$,求常数 a;

(2) 求 $E\left(\dfrac{1}{X^2}\right)$。

15. 已知随机变量 (X,Y) 的分布律如表 4.13 所示。

表 4.13

X \ Y	−1	0	1
−1	α	$\dfrac{1}{8}$	$\dfrac{1}{4}$
1	$\dfrac{1}{8}$	$\dfrac{1}{8}$	β

(1) 证明 $E(XY) = 0$;
(2) 当 α,β 取何值时,X 与 Y 不相关?
(3) 当 X 与 Y 不相关时,X 与 Y 独立吗?

16. 设 A,B 为随机事件,且 $P(A) = \dfrac{1}{4}$,$P(B|A) = \dfrac{1}{3}$,$P(A|B) = \dfrac{1}{2}$,令

$$X = \begin{cases} 1, & A \text{ 发生} \\ 0, & A \text{ 不发生} \end{cases}, \quad Y = \begin{cases} 1, & B \text{ 发生} \\ 0, & B \text{ 不发生} \end{cases},$$

求:(1) (X,Y) 的分布律;(2) X 与 Y 的相关系数。

17. 设随机变量 (X,Y) 的概率密度为

$$f(x,y) = \begin{cases} \dfrac{1}{8}(x+y), & 0 \leqslant x \leqslant 2, 0 \leqslant y \leqslant 2 \\ 0, & \text{其他} \end{cases},$$

求 $EX, EY, \text{Cov}(X,Y), \rho_{XY}, D(X+Y)$。

18. 设随机变量 (X,Y) 在区域 A 上服从均匀分布,其中 A 为 x 轴、y 轴和直线 $x+y+1=0$ 所围成的区域,求 $EX, E(-3X+2Y), E(XY)$。

19. 设随机变量 (X,Y) 的概率密度为

$$f(x,y) = \begin{cases} 1, & |y| \leqslant x, 0 \leqslant x \leqslant 1 \\ 0, & \text{其他} \end{cases},$$

求 DX, DY 及 $\text{Cov}(X,Y)$。

20. 设随机变量 X 服从泊松分布,若 $P(X \geqslant 1) = 1 - e^{-2}$,求 $E(X^2)$。

21. 设随机变量 $X \sim B(n,p)$,且 $EX = 2, DX = 1$,求 $P(X > 1)$。

22. 设随机变量 $X \sim U[a,b]$，且 $EX=2, DX=\dfrac{1}{3}$，求 a,b 的值。

23. 设 X 与 Y 是随机变量，且满足 $EX=3, EY=1, DX=4, DX=9$，令 $Z=5X-Y+15$，试分别在下列 3 种情况下求 EZ, DZ。

(1) X 与 Y 相互独立；(2) X 与 Y 不相关；(3) X 与 Y 的相关系数为 0.25。

24. 设随机变量 X_1, X_2, X_3, X_4 相互独立，且有 $EX_i=i, DX_i=5-i\,(i=1,2,3,4)$，设

$$Y=2X_1-X_2+3X_3-\dfrac{1}{2}X_4,$$

求 EY 和 DY。

25. 设 X, Y 是两个相互独立的随机变量，且都服从正态分布 $N\left(0,\dfrac{1}{2}\right)$，求 $E|X-Y|$ 和 $D|X-Y|$。

26. 已知 $DX=25, DY=36, \rho_{XY}=0.4$，求 $D(X+Y)$ 和 $D(X-Y)$。

27. 设 X, Y, Z 为三个随机变量，且 $EX=EY=1, EZ=-1, DX=DY=DZ=1$，$\rho_{XY}=0, \rho_{XZ}=\dfrac{1}{2}, \rho_{YZ}=-\dfrac{1}{2}$。若 $W=X+Y+Z$，求 EW, DW。

28. 设 X 服从参数为 2 的泊松分布，$Y=3X-2$，求 $\text{Cov}(X,Y)$ 及 ρ_{XY}。

29. 已知随机变量 X 和 Y 分别服从 $N(1,3^2)$ 和 $N(0,4^2)$，且 X 和 Y 的相关系数 $\rho_{XY}=-\dfrac{1}{2}$，设 $Z=\dfrac{X}{3}+\dfrac{Y}{2}$，求：(1) Z 的数学期望与方差；(2) X 与 Z 的相关系数 ρ_{XZ}。

30. 设随机变量 X 的概率密度为

$$f(x)=\dfrac{1}{2}e^{-|x|}, \quad -\infty<x<+\infty,$$

(1) 求 EX, DX；(2) 求 X 与 $|X|$ 的协方差；(3) X 与 $|X|$ 是否独立？是否相关？

31. 设 $W=(aX+3Y)^2, EX=EY=0, DX=4, DY=16, \rho_{XY}=-0.5$，求常数 a，使 EW 为最小，并求 EW 的最小值。

32. 设随机变量 X 与 Y 相互独立，且 $X \sim N(0,1), Y \sim N(0,1)$，求 $E\left(\dfrac{X^2}{X^2+Y^2}\right)$。

33. 设 X 与 Y 是具有二阶矩的随机变量，$Q(a,b)=E[Y-(a+bX)]^2$，求 a,b 使 $Q(a,b)$ 达到最小值 $Q_{\min}$，并证明 $Q_{\min}=(1-\rho_{XY}^2)DY$。

34. 设随机变量 X 与 Y 相互独立，且都服从 $N(\mu,\sigma^2)$，证明 $E[\max(X,Y)]=\mu+\dfrac{\sigma}{\sqrt{\pi}}$。

习题 4 答案

第 5 章 大数定律和中心极限定理

大数定律和中心极限定理是重要的极限定理,是概率论的基本理论,也是概率论与数理统计的结合点。大数定律研究的是大量的独立重复测量值的算术平均值的稳定性;中心极限定理则是确定在什么条件下,大量随机变量之和的分布逼近于正态分布。本章将简单介绍几种基本的大数定律和中心极限定理。

5.1 大数定律

5.1.1 切比雪夫不等式

定理 5.1.1 设随机变量 X 的数学期望 EX 和方差 DX 均存在,则对任意 $\varepsilon > 0$,有

$$P(|X-EX| \geqslant \varepsilon) \leqslant \frac{DX}{\varepsilon^2}. \tag{5.1}$$

证 这里仅对 X 是连续型随机变量给出证明。设 X 的概率密度为 $f(x)$,则

$$P(|X-EX| \geqslant \varepsilon) = \int_{|x-EX| \geqslant \varepsilon} f(x)\mathrm{d}x \leqslant \int_{|x-EX| \geqslant \varepsilon} \frac{(x-EX)^2}{\varepsilon^2} f(x)\mathrm{d}x$$

$$\leqslant \frac{1}{\varepsilon^2} \int_{-\infty}^{+\infty} (x-EX)^2 f(x)\mathrm{d}x = \frac{DX}{\varepsilon^2}.$$

当 X 是离散型随机变量时,只需在上述证明中把概率密度换成分布律,把积分号换成求和号即可。

由于

$$P(|X-EX| < \varepsilon) = 1 - P(|X-EX| \geqslant \varepsilon),$$

所以切比雪夫不等式的等价形式为

$$P(|X-EX| < \varepsilon) \geqslant 1 - \frac{DX}{\varepsilon^2}. \tag{5.2}$$

切比雪夫不等式表明:随机变量 X 的方差越小,事件 $\{|X-EX| < \varepsilon\}$ 发生的概率越大,即 X 的取值越集中在 EX 附近,这进一步说明方差反映了随机变量取值的离散程度。同时切比雪夫不等式也给出了在随机变量 X 的分布未知的情况下,利用 EX、DX 对 X 的概率分布进行估计的一种方法。

例 5.1.1 设 $EX=10, DX=2$,试用切比雪夫不等式估计 $P(5<X<15)$。

解 $P(5<X<15) = P(-5<X-10<5) = P(|X-10|<5) \geqslant 1 - \frac{2}{5^2} = \frac{23}{25}.$

5.1.2 几种基本的大数定律

定义 5.1.1 如果对任意 $n \geq 2$，$X_1, X_2, \cdots, X_n$ 是相互独立的，则称随机变量序列 $X_1, X_2, \cdots, X_n \cdots$（或简记为 $\{X_n\}$）**是相互独立的**。此时，若所有 X_i 又有相同的分布函数，则称 $X_1, X_2, \cdots, X_n \cdots$ **是独立同分布的随机变量序列**。

定义 5.1.2 设 $X_1, X_2, \cdots, X_n \cdots$ 为随机变量序列，a 是一常数，若对任意 $\varepsilon > 0$，有

$$\lim_{n \to \infty} P(|X_n - a| < \varepsilon) = 1,$$

则称随机变量序列 $X_1, X_2, \cdots, X_n \cdots$ **依概率收敛**于 a，记作

$$\lim_{n \to \infty} X_n \xlongequal{P} a \quad \text{或} \quad X_n \xrightarrow{P} a (n \to \infty)。$$

依概率收敛的直观意义是，当 n 充分大时，随机变量 X_n 几乎总是取值为 a，依概率收敛也可以等价的表示为

$$\lim_{n \to \infty} P(|X_n - a| \geq \varepsilon) = 0。$$

定理 5.1.2（切比雪夫大数定律） 设随机变量序列 $X_1, X_2, \cdots, X_n \cdots$ 相互独立，每个变量的数学期望方差均存在且有公共上界，即 $DX_i \leq C (i = 1, 2, \cdots)$，则对任意 $\varepsilon > 0$，有

$$\lim_{n \to \infty} P\left\{ \left| \frac{1}{n} \sum_{i=1}^{n} X_i - \frac{1}{n} \sum_{i=1}^{n} EX_i \right| \geq \varepsilon \right\} = 0, \tag{5.3}$$

或

$$\lim_{n \to \infty} P\left\{ \left| \frac{1}{n} \sum_{i=1}^{n} X_i - \frac{1}{n} \sum_{i=1}^{n} EX_i \right| < \varepsilon \right\} = 1。\tag{5.4}$$

证 由 $X_1, X_2, \cdots, X_n$ 的独立性及数学期望和方差的性质，有

$$E\left(\frac{1}{n} \sum_{i=1}^{n} X_i\right) = \frac{1}{n} \sum_{i=1}^{n} EX_i,$$

$$D\left(\frac{1}{n} \sum_{i=1}^{n} X_i\right) = \frac{1}{n^2} \sum_{i=1}^{n} DX_i \leq \frac{C}{n}。$$

故由切比雪夫不等式得

$$P\left\{ \left| \frac{1}{n} \sum_{i=1}^{n} X_i - \frac{1}{n} \sum_{i=1}^{n} EX_i \right| \geq \varepsilon \right\} \leq \frac{C}{\varepsilon^2 n},$$

因此，

$$0 \leq \lim_{n \to \infty} P\left\{ \left| \frac{1}{n} \sum_{i=1}^{n} X_i - \frac{1}{n} \sum_{i=1}^{n} EX_i \right| \geq \varepsilon \right\} \leq \lim_{n \to \infty} \frac{C}{\varepsilon^2 n} = 0。$$

利用切比雪夫不等式的等价形式(5.2)则可推得式(5.4)。

切比雪夫大数定律表明，在一定条件下，当 n 充分大时，n 个随机变量的算术平均值 $\frac{1}{n} \sum_{i=1}^{n} X_i$ 偏离其数学期望的可能性很小。这就是算术平均值稳定性的较确切的解释，所以在实际测量中常用一系列测量值的算术平均值近似代替真值。

定理 5.1.3（辛钦大数定律） 设 $X_1, X_2, \cdots, X_n \cdots$ 是独立同分布的随机变量序列，具有数学期望 $EX_i = \mu (i = 1, 2, \cdots)$，则对任意 $\varepsilon > 0$，有

$$\lim_{n\to\infty} P\left\{\left|\frac{1}{n}\sum_{i=1}^{n}X_i - \mu\right| \geqslant \varepsilon\right\} = 0, \tag{5.5}$$

或

$$\lim_{n\to\infty} P\left\{\left|\frac{1}{n}\sum_{i=1}^{n}X_i - \mu\right| < \varepsilon\right\} = 1. \tag{5.6}$$

辛钦大数定律说明，当 n 充分大时，$X_1, X_2, \cdots, X_n$ 的平均值 $\overline{X} = \frac{1}{n}\sum_{i=1}^{n}X_i$ 在概率意义下会充分接近其数学期望 μ。

定理 5.1.4（贝努里大数定律） 设在 n 重贝努里试验中成功的次数为 Y_n，每次试验成功的概率为 $p(0<p<1)$，则对任意 $\varepsilon > 0$，有

$$\lim_{n\to\infty} P\left\{\left|\frac{Y_n}{n} - p\right| \geqslant \varepsilon\right\} = 0, \tag{5.7}$$

或

$$\lim_{n\to\infty} P\left\{\left|\frac{Y_n}{n} - p\right| < \varepsilon\right\} = 1. \tag{5.8}$$

证 令

$$X_i = \begin{cases} 1, & \text{第 } i \text{ 次试验成功} \\ 0, & \text{第 } i \text{ 次试验不成功} \end{cases} \quad (i = 1, 2, \cdots, n)$$

则 $X_1, X_2, \cdots, X_n$ 独立同分布，且 $EX_i = p$，$DX_i = p(1-p)$（$i=1,2,\cdots,n$），$Y_n = \sum_{i=1}^{n}X_i$。于是由定理 5.1.3 即证得式(5.5)和式(5.6)。

贝努里大数定律以严格的数学形式说明了频率的稳定性。即当 n 充分大时，事件 A 发生的频率 $\frac{Y_n}{n}$ 依概率收敛于事件 A 发生的概率，这为实际应用中用频率估计概率提供了一个理论依据。

5.2 中心极限定理

许多随机现象是由大量相互独立的随机因素综合影响所形成的，虽然其中每个个别因素在总的影响中所起的作用是微小的，但合起来影响是显著的。以一门大炮的射程为例，影响大炮射程的随机因素主要包括大炮炮身结构导致的误差，炮弹内的炸药质量导致的误差，瞄准时的误差，风速、风向的干扰导致的误差等。其中每一种误差造成的影响在总的影响中所起的作用是微小的，并且可以看成是相互独立的，人们关心的是众多随机因素对大炮射程造成的总的影响。因此，需要讨论大量独立的随机变量和的分布问题。在概率论中，把有关论证独立随机变量和的极限分布是正态分布的定理称为中心极限定理。

中心极限定理证明了无论随机变量 $X_i(i=1,2,\cdots)$ 服从什么分布，在一般的条件下，n 个随机变量的和 $\sum_{i=1}^{n}X_i$ 当 $n\to\infty$ 时的极限分布都是正态分布。利用这些结论，在数理统计

中许多复杂的随机变量的分布都可以用正态分布近似。

下面介绍两个常用的中心极限定理。

定理 5.2.1（独立同分布的中心极限定理） 设 $X_1, X_2, \cdots, X_n \cdots$ 是独立同分布的随机变量序列，且 $EX_i = \mu, DX_i = \sigma^2 > 0 (i=1,2,\cdots)$，则对一切 x 有

$$\lim_{n\to\infty} P\left\{\frac{\sum_{i=1}^{n} X_i - n\mu}{\sigma\sqrt{n}} \leqslant x\right\} = \int_{-\infty}^{x} \frac{1}{\sqrt{2\pi}} e^{-\frac{t^2}{2}} dt。 \tag{5.9}$$

注：定理的证明是 20 世纪 20 年代由林德伯格（Lindeberg）和勒维（Levg）给出的。该定理表明：虽然在一般情况下很难求出 $X_1 + X_2 + \cdots + X_n$ 的分布的确切形式，但是当 n 充分大时，n 个具有期望和方差的独立同分布的随机变量之和近似服从正态分布，即随机变量 $\sum_{i=1}^{n} X_i$ 近似服从 $N(n\mu, n\sigma^2)$，进而当 n 很大时

$$\frac{\sum_{i=1}^{n} X_i - n\mu}{\sigma\sqrt{n}} \overset{近似}{\sim} N(0,1)。$$

例 5.2.1 设 $X_i (i=1,2,\cdots,50)$ 是相互独立的随机变量，且它们都服从参数为 $\lambda = 0.03$ 的泊松分布，记 $Z = X_1 + X_2 + \cdots + X_{50}$，试利用中心极限定理计算 $P(Z \geqslant 3)$。

解 $X_i (i=1,2,\cdots,50)$ 服从参数为 $\lambda = 0.03$ 的泊松分布，故

$$EX_i = \lambda = 0.03, \quad DX_i = \lambda = 0.03 = \sigma^2 \quad (i=1,2,\cdots,50)。$$

由定理 5.2.1 知

$$Y = \frac{Z - 50 \times 0.03}{\sqrt{0.03} \times \sqrt{50}} \overset{近似}{\sim} N(0,1)。$$

因此有

$$P(Z \geqslant 3) = P\left\{\frac{Z - 50 \times 0.03}{\sqrt{0.03} \times \sqrt{50}} \geqslant \frac{3 - 50 \times 0.03}{\sqrt{0.03} \times \sqrt{50}}\right\}$$

$$= P(Y \geqslant \sqrt{1.5}) = 1 - P(Y < \sqrt{1.5}) \approx 1 - \Phi(1.225) = 0.1103。$$

例 5.2.2 要测量某物体的长度 D，研究人员计划作 n 次独立观测 $X_1, X_2, \cdots, X_n$（单位：mm），然后用 $\overline{X}_n = \frac{1}{n}\sum_{i=1}^{n} X_i$ 作为 D 的估计，设 n 次独立观测的期望 $EX_i = D, DX_i = 4 (i=1,2,\cdots,n)$。为使 $\overline{X}_n$ 对 D 的估计的精度在 ± 0.25mm 的概率大于 0.98，问这位研究人员至少要作多少次独立重复观测？

解 $X_1, X_2, \cdots, X_n$ 独立同分布，$\frac{n\overline{X}_n - nD}{\sqrt{4n}} \overset{近似}{\sim} N(0,1)$，即

$$\frac{\overline{X}_n - D}{\frac{2}{\sqrt{n}}} \overset{近似}{\sim} N(0,1)。$$

根据题意要求，

$$P(-0.25 \leqslant \overline{X}_n - D \leqslant 0.25) > 0.98,$$

从而，
$$P\left\{-\frac{0.25}{\frac{2}{\sqrt{n}}} \leqslant \frac{\overline{X}_n - D}{\frac{2}{\sqrt{n}}} \leqslant \frac{0.25}{\frac{2}{\sqrt{n}}}\right\} \approx \Phi\left(\frac{0.25}{\frac{2}{\sqrt{n}}}\right) - \Phi\left(-\frac{0.25}{\frac{2}{\sqrt{n}}}\right)$$

$$= 2\Phi\left(\frac{0.25}{\frac{2}{\sqrt{n}}}\right) - 1 > 0.98,$$

也就是需使

$$\Phi\left(\frac{0.25}{\frac{2}{\sqrt{n}}}\right) > 0.99。$$

查表得，$n > 347$，即这位研究人员至少要做 348 次独立重复观测，才能满足要求。

定理 5.2.2（德莫佛—拉普拉斯中心极限定理） 设在 n 重贝努里试验中，成功的次数为 Y_n，而在每次试验中成功的概率为 $p(0 < p < 1)$，$q = 1 - p$，则对一切 x，有

$$\lim_{n \to \infty} P\left(\frac{Y_n - np}{\sqrt{npq}} \leqslant x\right) = \int_{-\infty}^{x} \frac{1}{\sqrt{2\pi}} e^{-\frac{t^2}{2}} dt = \Phi(x)。 \tag{5.10}$$

证 令

$$X_i = \begin{cases} 1, & \text{第 } i \text{ 次试验成功} \\ 0, & \text{第 } i \text{ 次试验不成功} \end{cases} \quad (i = 1, 2, \cdots, n),$$

则 $X_i \sim B(1, p)(i = 1, 2, \cdots)$，且 $Y_n = \sum_{i=1}^{n} X_i$，$EX_i = p$，$DX_i = pq$ （$i = 1, 2, \cdots$）。

由于 $X_1, X_2, \cdots, X_n \cdots$ 是独立同分布的随机变量序列，故由定理 5.2.1 即证。

由定理 5.2.2 易得如下推论。

推论 对定理 5.2.2 中的贝努里试验，当 n 充分大时，有

$$P(a < Y_n \leqslant b) \approx \Phi\left(\frac{b - np}{\sqrt{npq}}\right) - \Phi\left(\frac{a - np}{\sqrt{npq}}\right)。 \tag{5.11}$$

注：

（1）定理 5.2.2 说明二项分布以正态分布为极限分布，且不受 p 值限制，而由泊松定理可知，当 $n \geqslant 20$，$p \leqslant 0.05$ 时，可以应用泊松分布进行近似计算。通常，n 很大，p 很小（$np \leqslant 5$）时，用正态分布近似不如泊松分布精确。

（2）对于概率 $P(a \leqslant Y_n \leqslant b)$，$P(a \leqslant Y_n < b)$，$P(a < Y_n < b)$ 均可以用式(5.11)计算。因为 n 很大时，$P(Y_n = a)$ 和 $P(Y_n = b)$ 的值都很小，可以忽略不计。

例 5.2.3 设有一个系统由 100 个相互独立起作用的部件组成，在运行期间每个部件的可靠性为 0.95，为使整个系统正常运行，必须有 90 个以上的部件正常工作。求整个系统能正常运行的概率。

解 设 Y_n 为在运行期间整个系统中正常工作的部件个数，则 $Y_n \sim B(100, 0.95)$。由

式(5.11)有

$$P(90 < Y_n \leqslant 100) \approx \Phi\left(\frac{100-100\times 0.95}{\sqrt{100\times 0.95\times 0.05}}\right) - \Phi\left(\frac{90-100\times 0.95}{\sqrt{100\times 0.95\times 0.05}}\right)$$

$$= \Phi(2.29) - \Phi(-2.29) = 2\Phi(2.29) - 1 = 0.978,$$

即整个系统能正常运行的概率为 0.978。

习 题 5

1. 设 $X \sim U(-2,2)$，试用切比雪夫不等式估计 $P(|X|<1.8)$。

2. 若 $DX=0.004$，试用切比雪夫不等式估计概率 $P(|X-EX|<0.2)$。

3. 给定 $P(|X-EX|<\varepsilon) \geqslant 0.9, DX=0.009$，利用切比雪夫不等式估计 ε 的值。

4. 若随机变量序列 $X_1, X_2, \cdots, X_n, \cdots$ 满足条件

$$\lim_{n\to\infty} \frac{1}{n^2} D\left(\sum_{i=1}^{n} X_i\right) = 0,$$

证明 $\{X_n\}$ 服从大数定律。

5. 设随机变量 X 与 Y 的数学期望分别为 -2 和 2，其方差分别为 1 和 4，其相关系数为 -0.5，试根据切比雪夫不等式估计 $P\{|X+Y| \geqslant 6\}$。

6. 设随机变量 $X_1, X_2, \cdots, X_n, \cdots$ 独立同分布，且 $EX_i=0, DX_i=\sigma^2, E(X_i^4)$ $(i=1,2,\cdots)$ 存在，证明对任意 $\varepsilon>0$，有

$$\lim_{n\to\infty} P\left\{\left|\frac{1}{n}\sum_{i=1}^{n} X_i^2 - \sigma^2\right| < \varepsilon\right\} = 1.$$

7. 设有 30 个电子器件，它们的使用寿命（单位：h）$T_1, T_2, \cdots, T_{30}$ 服从参数为 $\lambda=0.1$ 的指数分布，其使用情况是第一个损坏、第二个立即使用，第二个损坏、第三个立即使用等。令 T 为 30 个电子器件使用的总计时间，求 T 超过 350h 的概率。

8. 某计算机系统有 100 个终端，每个终端有 20% 的时间在使用，若各个终端使用与否是相互独立的，试求有 10 个或更多个终端在使用的概率。

9. 假设生产线上组装每件成品的时间服从指数分布，统计资料表明该生产线每件成品的组装时间平均为 10min，各件产品的组装时间相互独立，试求组装 100 件成品需要 15~20h 的概率。

10. 计算机在进行加法运算时，对每个被加数取整（取最接近于它的整数），设所有的取整误差相互独立，且它们均在 $(-0.5, 0.5)$ 上服从均匀分布，若将 1500 个数相加，问"误差总和的绝对值不超过 15"的概率是多少？

11. 重复掷硬币 100 次，设每次出现正面的概率为 0.5，问"正面出现次数小于 61、大于 50"的概率是多少？

习题 5 答案

第6章 数理统计的基本概念

数理统计是伴随着概率论的发展而发展起来的一个数学分支,是一门收集、分析、解释和提供数据的科学,其内容丰富多样。随着定量研究的重要性日益凸显,数理统计方法已被应用到自然科学和社会科学的诸多领域,统计学也已发展成为由若干分支学科组成的学科体系。在前面五章中讨论了概率论的基本内容,从本章开始将介绍数理统计的基本知识和一些常用的数理统计方法,主要包括参数估计、假设检验、方差分析和回归分析。

本章介绍总体、样本、统计量等基本概念,并着重讨论几个常用统计量及抽样分布。

6.1 总体与样本

6.1.1 数理统计的基本问题

概率论研究的随机变量的前提是假设已知其分布,然后在已知随机变量服从某种分布的条件下,研究随机变量的性质和规律性。在数理统计中研究的随机变量是部分未知或者完全未知的,需要对随机变量进行重复独立观察,根据观察值的数据处理分析结果,得到随机变量的估计或作某种推断。下面介绍两个例子。

例 6.1.1 从一批产品中随机抽检一个,若以耐热性指标作为衡量它的质量标准,则抽检到的产品可能合格,也可能不合格。定义

$$X = \begin{cases} 1, & \text{产品合格} \\ 0, & \text{产品不合格} \end{cases},$$

$p(0<p<1)$为合格率,则 $X \sim B(1,p)$。但是 p 的值事先未知,即 0-1 分布的参数未知。

问题:(1) 如何求出或者近似求出 p 的值?

(2) 如果根据以往经验提出假设:$p \geqslant 0.99$,是接受还是拒绝这个假设?如何检验?

例 6.1.2 加工误差是指被加工工件达到的实际几何参数(尺寸、形状和位置)对设计几何参数的偏离值。由于加工工艺和原料等因素的影响,某产品的加工误差 X 是一个随机变量,但是 X 的分布事先未知。

问题:(1) 如何求出或者近似求出 $F(x)$(或 $f(x)$)?

(2) 如果根据以往经验提出假设:$X \sim N(\mu,\sigma^2)$(μ,σ^2 已知或者未知),是接受还是拒绝这个假设?如何检验?

(3) 如果只需要知道 X 的期望和方差,如何估计它们的值?

怎样解决这些问题呢?

对于例 6.1.1,可以逐个做耐热性试验,得到这批产品的合格率 p;同时"合格率 $p \geqslant$

0.99"的假设是否成立也可以解决。但是,由于耐热性试验是破坏性的试验,所以逐个试验的做法是不可行的。对于例 6.1.2,也可以通过逐个测试来确定加工误差的分布情况。虽然这种试验是非破坏性的,但由于逐个测试需要大量的人力、物力和时间,所以在实际中也是不可取的。因此,只能从整批产品中随机抽取部分做试验,并记录试验结果。然后,根据所得的数据分析、推断整批产品的相关情况。

对于上面提出的这类问题,在数理统计中常采用的方法是:从研究对象的全体元素中随机地抽取一小部分进行观察(试验),然后从观察到的资料(数据)出发,以概率论的理论为基础对上述问题进行估计或推断,这种方法称为统计推断。

统计推断的问题可分为两类:一类是对未知参数(概率、期望和方差)以及对未知概率分布(分布函数、概率密度或分布律)的估计问题;另一类是对未知参数和概率分布的假设检验问题,这些都是数理统计的基本问题。

下面介绍几个相关的概念。

6.1.2 总体与个体

在数理统计中,把所研究对象的全体构成的集合称为**总体**(或**母体**),而把组成总体的每个元素称为**个体**。例如,研究一批产品的加工误差时,这批产品的加工误差的全体构成了一个总体,每一件产品的加工误差就是一个个体。

总体中的每一个个体是随机试验的一个观察值,因此它是某一随机变量 X 的值。这样,一个总体对应于一个随机变量 X,对总体的研究就是对一个随机变量 X 的研究,X 的分布函数与数字特征就称为总体的分布函数与数字特征,此后将不再区分总体与相应的随机变量,统称为总体 X。

定义 6.1.1 统计学中,称随机变量(或向量)X 为**总体**,并把随机变量(或向量)的分布称为**总体的分布**。

总体 X 作为一个随机变量,有一维与多维、连续型与离散型之分;作为一个集合,有有限总体与无限总体之分。如果个体个数很大,通常把有限总体看作是无限总体。

注意:总体的分布一般来说是未知的,有时即使知道其分布的类型(如正态分布、二项分布等),但这些分布中所含的参数(如 μ, σ^2, p 等)是未知的。数理统计的任务就是根据总体中部分个体的数据资料对总体进行统计推断。

6.1.3 简单随机样本

由于总体的分布一般是未知的,或者它的某些参数是未知的,为了判断总体服从何种分布或估计未知参数应取何值,可从总体中抽取若干个个体进行观察,从中获得研究总体的一些观察数据,然后通过对这些数据的统计分析,对总体的分布作出判断或对未知参数作出合理估计。一般的方法是按一定原则从总体中抽取若干个个体进行观察,这个过程叫作**抽样**。

为了使抽得的样本能很好地反映总体的特性,抽样方法必须满足以下基本要求。

(1) 随机性。对于每次抽样,总体中每个个体被抽到的机会均等。

(2) 独立性。每次抽样独立进行,其结果不受其他各次抽样结果的影响,也不影响其他各次的抽样结果。

满足这两个条件的抽样方法称为**简单随机抽样**,其样本称为**简单随机样本**。引入简单随机样本,就可以把概率论中独立同分布的随机变量的相关结果应用到样本中。

此后,如无特别声明,文中所说的抽样皆为简单随机抽样,所说的样本皆为简单随机样本。

定义 6.1.2 设总体 X 的分布函数为 $F(x)$,若 $X_1, X_2, \cdots, X_n$ 是相互独立且与总体 X 同分布的随机变量,则称 $X_1, X_2, \cdots, X_n$ 是总体 X(或 $F(x)$)的**容量为 n 的简单随机样本**,简称**样本**。当 $X_1, X_2, \cdots, X_n$ 取定某组常数值 $x_1, x_2, \cdots, x_n$(其中 X_i 取 x_i)时,称这组常数值 $x_1, x_2, \cdots, x_n$ 为样本 $X_1, X_2, \cdots, X_n$ 的一组**样本观测值**,简称**样本值**(或样本的一个实现)。

也可以将样本看成是一个随机向量,写成 $(X_1, X_2, \cdots, X_n)$,此时样本值相应地写成 $(x_1, x_2, \cdots, x_n)$。

设总体 X 的分布函数为 $F(x)$,$X_1, X_2, \cdots, X_n$ 是总体 X 的容量为 n 的样本,则由样本的性质知,$(X_1, X_2, \cdots, X_n)$ 的分布函数为

$$F(x_1, x_2, \cdots, x_n) = \prod_{i=1}^{n} F(x_i)。 \tag{6.1}$$

若总体 X 为连续型随机变量,其概率密度为 $f(x)$,则 $(X_1, X_2, \cdots, X_n)$ 的概率密度为

$$f(x_1, x_2, \cdots, x_n) = \prod_{i=1}^{n} f(x_i)。 \tag{6.2}$$

若总体 X 为离散型随机变量,其分布律为 $P(X = x_i) = p_i (i = 1, 2, \cdots)$,则 $(X_1, X_2, \cdots, X_n)$ 的分布律为

$$P(X_1 = x_{i_1}, X_2 = x_{i_2}, \cdots, X_n = x_{i_n}) = \prod_{k=1}^{n} P(X = x_{i_k})。 \tag{6.3}$$

例如,若总体 $X \sim E(\lambda)$,X 的概率密度为

$$f(x) = \begin{cases} \lambda e^{-\lambda x}, & x > 0 \\ 0, & x \leqslant 0 \end{cases},$$

则 $(X_1, X_2, \cdots, X_n)$ 的概率密度为

$$f(x_1, x_2, \cdots, x_n) = \prod_{i=1}^{n} f(x_i) = \begin{cases} \lambda^n e^{-\lambda \sum_{i=1}^{n} x_i}, & x_i > 0 \quad (i = 1, 2, \cdots, n) \\ 0, & 其他 \end{cases}。$$

若总体 $X \sim B(1, p)$,X 的分布律为

$$P(X = k) = p^k (1-p)^{1-k} \quad (k = 0, 1),$$

则 $(X_1, X_2, \cdots, X_n)$ 的分布律为

$$P(X_1 = x_1, X_2 = x_2, \cdots, X_n = x_n) = \prod_{i=1}^{n} p^{x_i} (1-p)^{1-x_i}$$

$$= p^{\sum_{i=1}^{n} x_i} (1-p)^{n - \sum_{i=1}^{n} x_i} \quad (x_1, x_2, \cdots, x_n = 0, 1)。$$

可见,若总体的分布已知,则样本的联合分布已知。反之,如何根据样本推断总体呢?下面介绍利用样本的观测值近似地求总体的概率密度和分布函数的方法。

6.1.4 直方图和经验分布函数

先考虑概率密度的近似求法——直方图法。

1. 直方图

设 $x_1, x_2, \cdots, x_n$ 是总体 X 的容量为 n 的一组样本观测值,作直方图步骤如下。

(1) 求出 $x_1, x_2, \cdots, x_n$ 中的最小值 $x_{(1)} = \min\{x_1, x_2, \cdots, x_n\}$ 和最大值 $x_{(n)} = \max\{x_1, x_2, \cdots, x_n\}$。

(2) 选取常数 a(略小于 $x_{(1)}$)和 b(略大于 $x_{(n)}$),将区间 $(a, b]$ 分为 $m(m<n)$ 个小区间,分点为 $a = t_0 < t_1 < \cdots < t_{m-1} < t_m = b$(注意每个小区间中都要包含若干个观察值,区间长度不一定相等)。

(3) 求出观察值落在区间 $(t_i, t_{i+1}]$ 中的个数 n_i,并计算 $\dfrac{n_i}{n}(i = 0, 1, \cdots, m-1)$,

$$\frac{n_i}{n} \approx P(t_i < X \leqslant t_{i+1}) = \int_{t_i}^{t_{i+1}} f(x) \mathrm{d}x.$$

(4) 在 $(t_i, t_{i+1}]$ 上,以 $\Delta t_i = t_{i+1} - t_i$ 为宽、$\dfrac{n_i}{n \Delta t_i}$ 为高作小矩形,所有小矩形合在一起就构成了频率直方图。

定义 6.1.3 定义函数

$$h_n(x) = \frac{n_i}{n \Delta t_i}, \quad \text{当 } t_i < x \leqslant t_{i+1} \quad (i = 0, 1, 2, \cdots, m-1),$$

称 $h_n(x)$ 的图形为总体 X 在 $(a, b]$ 上的**直方图**。

根据总体 X 的直方图就可以大致画出 X 的概率密度曲线。一般来说,m 及 n 越大,则所得曲线越接近 $f(x)$ 的曲线。

例 6.1.3 为了确定某地区的电压 X 的概率密度,在一天内记录了 120 个电压数据(单位:kV),根据电压数据画出电压波动频率直方图。

93	95	96	101	109	99	115	106	102	112	109	96
90	101	99	102	99	101	95	96	99	106	111	100
101	95	87	96	106	104	86	106	101	101	97	99
97	99	101	102	106	96	99	100	89	94	101	100
106	101	103	101	104	104	107	113	104	96	109	114
104	102	111	107	112	104	101	114	104	111	111	83
112	104	101	92	107	100	100	107	99	110	107	94
105	106	104	105	109	99	103	109	97	114	101	102
107	107	92	97	104	94	109	104	102	101	102	95
104	100	113	98	99	109	106	99	99	100	93	91

解 首先,从这 120 个样本值中找出最小值为 83,最大值为 115。

其次,取 $a=82.5, b=115.5$,然后将区间$(82.5,115.5)$等分成 11 个小区间,并统计落在每个小区间中的样本值的频数 n_i 和频率 $\frac{n_i}{n}$ 及高 $\frac{n_i}{n\Delta t_i}$,如表 6.1 所示。

表 6.1

分组区间	频数 n_i	频率 $\frac{n_i}{n}$	高 $\frac{n_i}{n\Delta t_i}$
82.5～85.5	1	1/120	1/360
85.5～88.5	2	2/120	2/360
88.5～91.5	3	3/120	3/360
91.5～94.5	7	7/120	7/360
94.5～97.5	14	14/120	14/360
97.5～100.5	20	20/120	20/360
100.5～103.5	23	23/120	23/360
103.5～106.5	22	22/120	22/360
106.5～109.5	14	14/120	14/360
109.5～112.5	8	8/120	8/360
112.5～115.5	6	6/120	6/360
$\sum$	$n=120$	1	

以组距 3 为底,以 $\frac{n_i}{3n}$ 为高作矩形$(i=0,1,\cdots,10)$,则得 X 的频率直方图,如图 6.1 所示。

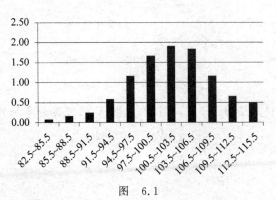

图 6.1

2. 经验分布函数

直方图法只适用于连续型随机变量,下面用总体 X 的样本值做出的经验分布函数近似替代 X 的分布函数,该方法对连续型和离散型随机变量均适用。

定义 6.1.4 设 $x_1, x_2, \cdots, x_n$ 是总体 X 的一组容量为 n 的样本观测值,将它们按照由小到大排列如下:

$$x_{(1)} \leqslant x_{(2)} \leqslant \cdots \leqslant x_{(n)},$$

定义函数

$$F_n(x) = \frac{N_n(x)}{n} \quad (-\infty < x < +\infty),$$

其中,$N_n(x)$ 为 $x_1, x_2, \cdots, x_n$ 中小于或等于 x 的个数。对任意固定的 x,$F_n(x)$ 就是事件 $\{X \leqslant x\}$ 在 n 次试验中出现的频率。$F_n(x)$ 还可以写成如下形式:

$$F_n(x) = \begin{cases} 0, & x < x_{(1)} \\ \dfrac{k}{n}, & x_{(k)} \leqslant x < x_{(k+1)} \quad (k=1, 2, \cdots, n-1) \\ 1, & x \geqslant x_{(n)} \end{cases} \tag{6.4}$$

称 $F_n(x)$ 为总体 X 的**经验分布函数**。

$F_n(x)$ 只在 $x = x_{(k)}(k=1, 2, \cdots, n)$ 处有间断点,跃度是 $\dfrac{1}{n}$ 的倍数,如果有 l 个观察值相同,$x_{(k-1)} < x_{(k)} = \cdots = x_{(k+l-1)} < x_{(k+l)}$,则在点 $x_{(k)}$ 处的跃度为 $\dfrac{l}{n}$。

经验分布函数具有分布函数的性质。n 越大,$F_n(x)$ 与总体分布函数 $F(x)$ 的近似程度越高。

定理 6.1.1(格里汶科定理) 对任一实数 x,当 $n \to \infty$ 时,$F_n(x)$ 以概率 1 一致收敛于分布函数 $F(x)$,即

$$P\{\lim_{n \to \infty} \sup_{-\infty < x < +\infty} |F_n(x) - F(x)| = 0\} = 1。$$

下面通过两个简单的例题说明 $F_n(x)$ 的计算。

(1) 设总体 X 的样本值为 $1, 3, 2, 2$,则 X 的经验分布函数 $F_4(x)$ 为

$$F_4(x) = \begin{cases} 0, & x < 1 \\ \dfrac{1}{4}, & 1 \leqslant x < 2 \\ \dfrac{3}{4}, & 2 \leqslant x < 3 \\ 1, & x \geqslant 3 \end{cases}。$$

(2) 设总体 X 的样本值为 $1, 3, 2, 2, 1, 2, 1$,则 X 的经验分布函数 $F_7(x)$ 为

$$F_4(x) = \begin{cases} 0, & x < 1 \\ \dfrac{3}{7}, & 1 \leqslant x < 2 \\ \dfrac{6}{7}, & 2 \leqslant x < 3 \\ 1, & x \geqslant 3 \end{cases}。$$

6.1.5 统计量

样本是进行统计推断的依据,但是在应用时,人们取得的样本往往是杂乱无章的数据,不能直接用于推断总体的性质。因此,应该针对不同的问题构造出样本的适当函数,以提取样本中包含的有关问题的信息,并利用这些信息进行推断。

定义 6.1.5 设 $X_1, X_2, \cdots, X_n$ 为总体 X 的容量为 n 的样本，$g(X_1, X_2, \cdots, X_n)$ 是 $X_1, X_2, \cdots, X_n$ 的函数，若 g 中不含任何未知参数，则称 $g(X_1, X_2, \cdots, X_n)$ 为**统计量**。

例如，$X_1, X_2, \cdots, X_n$ 是总体 $M(\mu, \sigma^2)$ 的一个容量为 n 的样本，其中 μ 未知，σ 已知。则 $\frac{1}{\sigma^2}\sum_{i=1}^{n}X_i, \frac{1}{n}\sum_{i=1}^{n}X_i^2, \max\{X_1, X_2, \cdots, X_n\}$ 都是统计量，而 $\frac{1}{n}\sum_{i=1}^{n}(X_i-\mu)^2$ 不是统计量。

统计量具有以下特点。

(1) 统计量是样本 $X_1, X_2, \cdots, X_n$ 的函数，因此也是随机变量。当总体分布已知时，理论上可以求得统计量的分布。

(2) 若 $x_1, x_2, \cdots, x_n$ 是样本 $X_1, X_2, \cdots, X_n$ 的观测值，则 $g(x_1, x_2, \cdots, x_n)$ 是统计量 $g(X_1, X_2, \cdots, X_n)$ 的观测值，简称为统计值。

设 $X_1, X_2, \cdots, X_n$ 为总体 X 的一个样本，$x_1, x_2, \cdots, x_n$ 为样本 $X_1, X_2, \cdots, X_n$ 的观测值，下面是一些常用的统计量。

1. 样本均值

$$\bar{X} = \frac{1}{n}\sum_{i=1}^{n}X_i \tag{6.5}$$

显然，$E\bar{X} = EX$，$D\bar{X} = \frac{DX}{n}$。

2. 样本方差与样本标准差

(1) 样本方差。

$$S^2 = \frac{1}{n-1}\sum_{i=1}^{n}(X_i - \bar{X})^2 = \frac{1}{n-1}\left(\sum_{i=1}^{n}X_i^2 - n\bar{X}^2\right) \tag{6.6}$$

(2) 样本标准差。

$$S = \sqrt{S^2} = \sqrt{\frac{1}{n-1}\sum_{i=1}^{n}(X_i - \bar{X})^2} \tag{6.7}$$

可以证明，$E(S^2) = DX$。

3. 样本 k 阶原点矩

$$A_k = \frac{1}{n}\sum_{i=1}^{n}X_i^k \quad (k=1,2,\cdots) \tag{6.8}$$

4. 样本 k 阶中心矩

$$B_k = \frac{1}{n}\sum_{i=1}^{n}(X_i - \bar{X})^k \quad (k=1,2,\cdots) \tag{6.9}$$

显然，样本均值就是样本的一阶原点矩，常用于估计总体的均值。样本方差和样本二阶中心矩有差异，可用 S^{*2} 表示样本二阶中心矩，

$$S^{*2} = \frac{1}{n}\sum_{i=1}^{n}(X_i - \bar{X})^2,$$

S^2 与 S^{*2} 常用于估计总体的方差。

5. 顺序统计量

设 $x_1, x_2, \cdots, x_n$ 是样本 $X_1, X_2, \cdots, X_n$ 的一组观测值,将它们按照由小到大排列如下:
$$x_{(1)} \leqslant x_{(2)} \leqslant \cdots \leqslant x_{(n)}。$$
记 $X_{(k)}$ 满足:当 $X_1, X_2, \cdots, X_n$ 取值 $x_1, x_2, \cdots, x_n$ 时,$X_{(k)}$ 取值 $x_{(k)}$,$k=1,2,\cdots,n$。这样得到的 n 个新的随机变量 $X_{(1)}, X_{(2)}, \cdots, X_{(n)}$ 称为总体 X 的一组顺序统计量,$X_{(k)}$($k=1, 2,\cdots,n$)称为第 k 位顺序统计量。特别地,$X_{(1)} = \min\{X_1, X_2, \cdots, X_n\}$ 和 $X_{(n)} = \max\{X_1, X_2, \cdots, X_n\}$ 分别称为最小和最大顺序统计量。

6. 样本极差
$$R = X_{(n)} - X_{(1)}。 \tag{6.10}$$

7. 样本中位数
$$M = \begin{cases} X_{(m+1)}, & n = 2m+1 \\ \dfrac{1}{2}(X_{(m)} + X_{(m+1)}), & n = 2m \end{cases}。 \tag{6.11}$$

对于以上统计量,其观测值分别为

$$\bar{x} = \frac{1}{n}\sum_{i=1}^{n} x_i;$$

$$s^2 = \frac{1}{n-1}\sum_{i=1}^{n}(x_i - \bar{x})^2 = \frac{1}{n-1}\left(\sum_{i=1}^{n} x_i^2 - n\bar{x}^2\right);$$

$$s = \sqrt{s^2} = \sqrt{\frac{1}{n-1}\sum_{i=1}^{n}(x_i - \bar{x})^2};$$

$$a_k = \frac{1}{n}\sum_{i=1}^{n} x_i^k \quad (k=1,2,\cdots);$$

$$b_k = \frac{1}{n}\sum_{i=1}^{n}(x_i - \bar{x})^k \quad (k=1,2,\cdots)。$$

这些观测值仍然分别称为样本均值、样本方差、样本标准差、样本 k 阶原点矩、样本 k 阶中心矩。

若总体 X 的 k 阶原点矩存在,记为 $\mu_k = E(X^k)$。由于 $X_1, X_2, \cdots, X_n$ 相互独立且与 X 同分布,所以 $X_1^k, X_2^k, \cdots, X_n^k$ 相互独立且与 X^k 同分布,故
$$E(X_1^k) = E(X_2^k) = \cdots = E(X_n^k) = \mu_k。$$
由辛钦大数定律知,
$$A_k = \frac{1}{n}\sum_{i=1}^{n} X_i^k \xrightarrow{P} \mu_k \quad (k=1,2,\cdots)。$$
进而由依概率收敛的性质可知
$$g(A_1, A_2, \cdots, A_k) \xrightarrow{P} g(\mu_1, \mu_2, \cdots, \mu_k)。$$
其中,g 为连续函数。这就是第 7 章要介绍的矩估计法的理论依据。

6.2 三种常用分布

6.2.1 χ^2 分布

本节介绍数理统计中常用的三种分布：χ^2 分布、t 分布和 F 分布。它们都与正态分布相关，在区间估计、假设检验等问题中有着广泛的应用。

定义 6.2.1 设 $X_1, X_2, \cdots, X_n$ 是来自标准正态总体 $N(0,1)$ 的样本，称统计量

$$\chi^2 = X_1^2 + X_2^2 + \cdots + X_n^2 \tag{6.12}$$

服从自由度为 n 的 χ^2 分布，记为 $\chi^2 \sim \chi^2(n)$。

此处，自由度是指式(6.12)等号右端包含的独立随机变量的个数。

$\chi^2(n)$ 分布的概率密度为

$$f(x) = \begin{cases} \dfrac{1}{2^{\frac{n}{2}} \Gamma\left(\dfrac{n}{2}\right)} x^{\frac{n}{2}-1} e^{-\frac{x}{2}}, & x > 0 \\ 0, & x \leqslant 0 \end{cases} \tag{6.13}$$

其中，$\Gamma(\cdot)$ 为 Gamma 函数 $\left(\Gamma(s) = \int_0^{+\infty} e^{-x} x^{s-1} dx, s > 0\right)$。

$f(x)$ 的图形如图 6.2 所示。

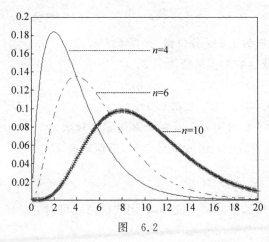

图 6.2

可见，n 越大，概率密度的图形越对称。

$\chi^2(n)$ 分布具有如下性质。

(1) **χ^2 分布的数学期望与方差**。若 $\chi^2 \sim \chi^2(n)$，则 $E(\chi^2) = n, D(\chi^2) = 2n$。

证 由 $X_i \sim N(0,1) (i=1, 2, \cdots, n)$ 有

$$E(X_i^2) = DX_i + (EX_i)^2 = 1 \quad (i=1, 2, \cdots, n),$$

$$E(X_i^4) = \frac{1}{\sqrt{2\pi}} \int_{-\infty}^{+\infty} t^4 e^{-\frac{t^2}{2}} dt = -\frac{1}{\sqrt{2\pi}} \int_{-\infty}^{+\infty} t^3 d(e^{-\frac{t^2}{2}})$$

$$=\left(-\frac{t^3}{\sqrt{2\pi}}e^{-\frac{t^2}{2}}\right)\Big|_{-\infty}^{+\infty}+3\int_{-\infty}^{+\infty}t^2\frac{1}{\sqrt{2\pi}}e^{-\frac{t^2}{2}}dt$$

$$=0+3E(X_i^2)=3,$$

$$D(X_i^2)=E(X_i^4)-[E(X_i^2)]^2=2,\quad i=1,2,\cdots,n_。$$

又 $\chi^2=X_1^2+X_2^2+\cdots+X_n^2$,再由 $X_1,X_2,\cdots,X_n$ 相互独立,得

$$E(\chi^2)=E\left(\sum_{i=1}^n X_i^2\right)=\sum_{i=1}^n E(X_i^2)=n,$$

$$D(\chi^2)=D\left(\sum_{i=1}^n X_i^2\right)=\sum_{i=1}^n D(X_i^2)=2n_。$$

(2) **χ^2 分布的可加性**。若 $\chi_1^2\sim\chi^2(n_1),\chi_2^2\sim\chi^2(n_2)$,且 χ_1^2 与 χ_2^2 相互独立,则

$$\chi_1^2+\chi_2^2\sim\chi^2(n_1+n_2)_。$$

证 由 χ^2 分布的定义,设

$$\chi_1^2=X_1^2+X_2^2+\cdots+X_{n_1}^2,\quad \chi_2^2=X_{n_1+1}^2+X_{n_1+2}^2+\cdots+X_{n_1+n_2}^2,$$

其中, $X_1,X_2,\cdots,X_{n_1},X_{n_1+1},X_{n_1+2},\cdots,X_{n_1+n_2}$ 均服从 $N(0,1)$ 且相互独立。

因此,

$$\chi_1^2+\chi_2^2=X_1^2+X_2^2+\cdots+X_{n_1}^2+X_{n_1+1}^2+X_{n_1+2}^2+\cdots+X_{n_1+n_2}^2_。$$

于是由 χ^2 分布的定义可知, $\chi_1^2+\chi_2^2\sim\chi^2(n_1+n_2)$。

定义 6.2.2 设 $\chi^2\sim\chi^2(n)$,对给定的实数 $\alpha(0<\alpha<1)$,称满足条件

$$P\{\chi^2>\chi_\alpha^2(n)\}=\int_{\chi_\alpha^2(n)}^{+\infty}f(x)dx=\alpha \tag{6.14}$$

的数 $\chi_\alpha^2(n)$ 为 $\chi^2(n)$ 分布的**上侧 α 分位数**,如图 6.3 所示。

对不同的 α 与 n,分位数的值可查附表 3。

例如,查表得:

$$\chi_{0.05}^2(10)=18.307,\quad \chi_{0.1}^2(25)=34.382_。$$

注意:表中只给出了自由度 $n\leqslant 45$ 时的上侧 α 分位数。

费歇(R. A. Fisher)曾证明:当 n 充分大时,近似地有

$$\chi_\alpha^2(n)\approx\frac{1}{2}(u_\alpha+\sqrt{2n-1})^2_。 \tag{6.15}$$

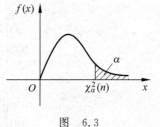

图 6.3

其中, u_α 是标准正态分布的上侧 α 分位数,利用式(6.15)可对 $n>45$ 时的上侧 α 分位数进行近似计算。

例 6.2.1 设 $X_1,X_2,\cdots,X_n$ 是来自正态总体 $N(\mu,\sigma^2)$ 的样本,设

$$Y=\sum_{i=1}^n\left(\frac{X_i-\mu}{\sigma}\right)^2,$$

求 Y 的分布。

解 由已知可得, $X_i\sim N(\mu,\sigma^2)(i=1,2,\cdots,n)$,所以 $\frac{X_i-\mu}{\sigma}\sim N(0,1)(i=1,2,\cdots,n)$,且 $\frac{X_1-\mu}{\sigma},\frac{X_2-\mu}{\sigma},\cdots,\frac{X_n-\mu}{\sigma}$ 相互独立。

由 χ^2 分布的定义,知
$$Y = \sum_{i=1}^{n}\left(\frac{X_i-\mu}{\sigma}\right)^2 \sim \chi^2(n)。$$

例 6.2.2 设 $X_1,X_2,\cdots,X_6$ 是来自标准正态总体 $N(0,1)$ 的样本,
$$Y = (X_1+X_2+X_3)^2+(X_4+X_5+X_6)^2。$$
试求常数 C,使 CY 服从 χ^2 分布。

解 由于 $X_1+X_2+X_3 \sim N(0,3)$,$X_4+X_5+X_6 \sim N(0,3)$,所以
$$\frac{X_1+X_2+X_3}{\sqrt{3}} \sim N(0,1), \quad \frac{X_4+X_5+X_6}{\sqrt{3}} \sim N(0,1),$$
而且 $\dfrac{X_1+X_2+X_3}{\sqrt{3}}$ 与 $\dfrac{X_4+X_5+X_6}{\sqrt{3}}$ 相互独立。于是
$$\left(\frac{X_1+X_2+X_3}{\sqrt{3}}\right)^2 + \left(\frac{X_4+X_5+X_6}{\sqrt{3}}\right)^2 \sim \chi^2(2)。$$
故 $C=\dfrac{1}{3}$,此时 $\dfrac{1}{3}Y \sim \chi^2(2)$。

6.2.2 t 分布

定义 6.2.3 设 $X \sim N(0,1)$,$Y \sim \chi^2(n)$,且 X 与 Y 相互独立,称统计量
$$T = \frac{X}{\sqrt{\dfrac{Y}{n}}} \tag{6.16}$$
服从自由度为 n 的 t 分布,记为 $T \sim t(n)$。

$t(n)$ 分布的概率密度为
$$f(x) = \frac{\Gamma\left(\dfrac{n+1}{2}\right)}{\sqrt{n\pi}\,\Gamma\left(\dfrac{n}{2}\right)}\left(1+\frac{x^2}{n}\right)^{-\frac{n+1}{2}}, \quad -\infty < x < +\infty。 \tag{6.17}$$

t 分布具有如下性质。

(1) $f(x)$ 的图形关于 y 轴对称,如图 6.4 所示,且
$$\lim_{x\to\infty}f(x) = 0。$$

(2) 当 n 充分大时,t 分布近似于标准正态分布。事实上
$$\lim_{n\to+\infty}f(x) = \frac{1}{\sqrt{2\pi}}e^{-\frac{x^2}{2}}。$$
但当 n 较小时,t 分布与标准正态分布仍相差较大,如图 6.4 所示。

定义 6.2.4 设 $T \sim t(n)$,对给定的实数 $\alpha (0<\alpha<1)$,称满足条件
$$P\{T > t_\alpha(n)\} = \int_{t_\alpha(n)}^{+\infty} f(x)\mathrm{d}x = \alpha \tag{6.18}$$
的数 $t_\alpha(n)$ 为 $t(n)$ 分布的**上侧 α 分位数**,如图 6.5 所示。

对于不同的 α 与 n,$t(n)$ 分布的上侧 α 分位数可从附表 4 中查得。当 $n > 45$ 时,对于

常用的 α 的值,采用正态近似

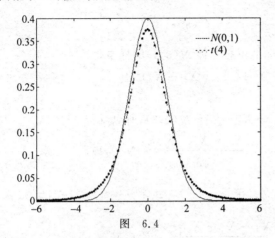
图 6.4

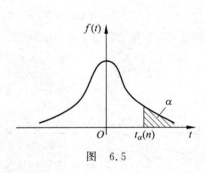
图 6.5

$$t_\alpha(n) \approx u_\alpha \text{。}$$

例如,查表可得

$$t_{0.05}(10) = 1.8125, \quad t_{0.01}(12) = 2.6810 \text{。}$$

由 t 分布上侧 α 分位数的定义及 $f(x)$ 图形的对称性,可知

$$t_{1-\alpha}(n) = -t_\alpha(n) \text{。}$$

例 6.2.3 设 X_1, X_2, X_3, X_4 是来自标准正态总体 $N(0,1)$ 的样本,

$$Y = \frac{X_1 - X_2}{\sqrt{X_3^2 + X_4^2}},$$

求 Y 的分布。

解 $X_1 - X_2 \sim N(0,2)$,$\dfrac{X_1 - X_2}{\sqrt{2}} \sim N(0,1)$;$X_3^2 + X_4^2 \sim \chi^2(2)$,且 $\dfrac{X_1 - X_2}{\sqrt{2}}$ 与 $X_3^2 + X_4^2$ 相互独立。因此

$$\frac{\dfrac{X_1 - X_2}{\sqrt{2}}}{\sqrt{\dfrac{X_3^2 + X_4^2}{2}}} \sim t(2),$$

即 $Y = \dfrac{X_1 - X_2}{\sqrt{X_3^2 + X_4^2}} \sim t(2)$。

6.2.3 F 分布

定义 6.2.5 设 $X \sim \chi^2(n_1)$,$Y \sim \chi^2(n_2)$,且 X 与 Y 相互独立,称统计量

$$F = \frac{\dfrac{X}{n_1}}{\dfrac{Y}{n_2}} \tag{6.19}$$

服从自由度为 (n_1, n_2) 的 F 分布,记为 $F \sim F(n_1, n_2)$,n_1 为第一自由度,n_2 为第二自由度。

F 分布的概率密度为

$$f(x) = \begin{cases} \dfrac{\Gamma\left(\dfrac{n_1+n_2}{2}\right)}{\Gamma\left(\dfrac{n_1}{2}\right)\Gamma\left(\dfrac{n_2}{2}\right)}\left(\dfrac{n_1}{n_2}\right)\left(\dfrac{n_1}{n_2}x\right)^{\frac{n_1}{2}-1}\left(1+\dfrac{n_1}{n_2}x\right)^{-\frac{n_1+n_2}{2}}, & x>0 \\ 0, & x\leqslant 0 \end{cases} \quad (6.20)$$

$f(x)$ 的图形如图 6.6 所示。

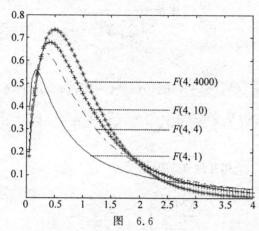

图 6.6

定义 6.2.6 设 $F \sim F(n_1, n_2)$，对给定的实数 $\alpha(0 < \alpha < 1)$，称满足条件

$$P\{F > F_\alpha(n_1, n_2)\} = \int_{F_\alpha(n_1, n_2)}^{+\infty} f(x)\mathrm{d}x = \alpha \quad (6.21)$$

的数 $F_\alpha(n_1, n_2)$ 为 $F(n_1, n_2)$ 分布的**上侧 α 分位数**，如图 6.7 所示。

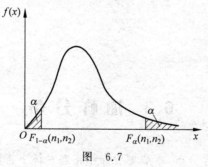

图 6.7

对于不同的 α 与 (n_1, n_2)，$F(n_1, n_2)$ 分布的上侧 α 分位数可从附表 5 中查得。
例如，查表得

$$F_{0.05}(10, 5) = 4.74, \quad F_{0.025}(5, 10) = 4.24.$$

F 分布具有如下性质。

(1) 若 $F \sim F(n_1, n_2)$，则 $\dfrac{1}{F} \sim F(n_2, n_1)$。

(2) 若 $T \sim t(n)$，则 $T^2 \sim F(1, n)$。

(3) $F_\alpha(n_1, n_2) = \dfrac{1}{F_{1-\alpha}(n_2, n_1)}$。 $\quad (6.22)$

式(6.22)常用于求 F 分布表中没有列出的某些上侧 α 分位数。例如,利用该式可得
$$F_{0.95}(12,8)=\frac{1}{F_{0.05}(8,12)}=\frac{1}{2.85}\approx 0.35。$$

例 6.2.4 设 $X_1,\cdots,X_n,X_{n+1},\cdots,X_{n+m}$ 是来自正态总体 $N(0,\sigma^2)$ 的容量为 $n+m$ 的样本,令
$$Y=\frac{m\sum_{i=1}^{n}X_i^2}{n\sum_{i=n+1}^{n+m}X_i^2},$$
求 Y 的分布。

解 由 $X_i\sim N(0,\sigma^2)$ 得,$\frac{X_i}{\sigma}\sim N(0,1)(i=1,\cdots,n,n+1,\cdots,n+m)$,进而
$$\sum_{i=1}^{n}\left(\frac{X_i}{\sigma}\right)^2\sim\chi^2(n),\quad \sum_{i=n+1}^{n+m}\left(\frac{X_i}{\sigma}\right)^2\sim\chi^2(m),$$
且 $\sum_{i=1}^{n}\left(\frac{X_i}{\sigma}\right)^2$ 与 $\sum_{i=n+1}^{n+m}\left(\frac{X_i}{\sigma}\right)^2$ 相互独立。因此
$$\frac{\dfrac{\sum_{i=1}^{n}\left(\frac{X_i}{\sigma}\right)^2}{n}}{\dfrac{\sum_{i=n+1}^{n+m}\left(\frac{X_i}{\sigma}\right)^2}{m}}\sim F(n,m),$$
即 $Y=\dfrac{m\sum_{i=1}^{n}X_i^2}{n\sum_{i=n+1}^{n+m}X_i^2}\sim F(n,m)$。

6.3 抽样分布

统计量的分布称为抽样分布,本节主要介绍正态总体下常用统计量的抽样分布。

6.3.1 单正态总体的抽样分布

定理 6.3.1(样本均值的分布) 设 $X_1,X_2,\cdots,X_n$ 是来自正态总体 $N(\mu,\sigma^2)$ 的样本,$\overline{X}$ 为样本均值,则

(1) $\overline{X}\sim N\left(\mu,\dfrac{\sigma^2}{n}\right)$。

(2) $\dfrac{\overline{X}-\mu}{\dfrac{\sigma}{\sqrt{n}}}\sim N(0,1)$。

证 由于独立的正态随机变量的线性组合仍为正态变量,故 $\overline{X}=\dfrac{1}{n}\sum_{i=1}^{n}X_i$ 服从正态分布。又由于 $X_i \sim N(\mu,\sigma^2)(i=1,2,\cdots,n)$,所以 $EX_i=\mu, DX_i=\sigma^2(i=1,2,\cdots,n)$。于是

$$E\overline{X}=E\left(\frac{1}{n}\sum_{i=1}^{n}X_i\right)=\frac{1}{n}\sum_{i=1}^{n}EX_i=\frac{1}{n}(n\mu)=\mu,$$

$$D\overline{X}=D\left(\frac{1}{n}\sum_{i=1}^{n}X_i\right)=\frac{1}{n^2}\sum_{i=1}^{n}DX_i=\frac{1}{n^2}(n\sigma^2)=\frac{1}{n}\sigma^2.$$

从而

$$\overline{X} \sim N\left(\mu,\frac{1}{n}\sigma^2\right).$$

将 $\overline{X}$ 标准化,即得

$$\frac{\overline{X}-\mu}{\dfrac{\sigma}{\sqrt{n}}} \sim N(0,1).$$

定理 6.3.2(样本方差的分布) 设 $X_1,X_2,\cdots,X_n$ 是来自正态总体 $N(\mu,\sigma^2)$ 的样本,$\overline{X}$ 与 S^2 分别为样本均值与样本方差,则

(1) $\overline{X}$ 与 S^2 相互独立。

(2) $$\frac{n-1}{\sigma^2}S^2 \sim \chi^2(n-1). \tag{6.23}$$

定理的证明从略。

定理 6.3.3 设 $X_1,X_2,\cdots,X_n$ 是来自正态总体 $N(\mu,\sigma^2)$ 的样本,$\overline{X}$ 与 S^2 分别为样本均值与样本方差,则

$$\frac{(\overline{X}-\mu)\sqrt{n}}{S} \sim t(n-1), \tag{6.24}$$

其中,$S=\sqrt{S^2}$ 为样本标准差。

证 由定理 6.3.1 和定理 6.3.2 知

$$\overline{X} \sim N\left(\mu,\frac{\sigma^2}{n}\right), \quad \frac{n-1}{\sigma^2}S^2 \sim \chi^2(n-1),$$

且 $\overline{X}$ 与 S^2 相互独立,即 $\dfrac{\overline{X}-\mu}{\dfrac{\sigma}{\sqrt{n}}}$ 与 $\dfrac{n-1}{\sigma^2}S^2$ 相互独立。

由 t 分布的定义,有

$$\frac{\dfrac{\overline{X}-\mu}{\dfrac{\sigma}{\sqrt{n}}}}{\sqrt{\dfrac{\dfrac{(n-1)S^2}{\sigma^2}}{n-1}}}=\frac{(\overline{X}-\mu)\sqrt{n}}{S} \sim t(n-1).$$

6.3.2 双正态总体的抽样分布

定理 6.3.4 设 $X_1, X_2, \cdots, X_{n_1}$ 和 $Y_1, Y_2, \cdots, Y_{n_2}$ 是分别来自相互独立的正态总体 $N(\mu_1, \sigma_1^2)$ 和 $N(\mu_2, \sigma_2^2)$ 的两个样本。$\overline{X}$ 与 $\overline{Y}$ 分别是两个样本的样本均值，S_1^2 与 S_2^2 分别是两个样本的样本方差，则

$$\frac{\dfrac{S_1^2}{\sigma_1^2}}{\dfrac{S_2^2}{\sigma_2^2}} \sim F(n_1-1, n_2-1)。 \tag{6.25}$$

证 由定理 6.3.2 知

$$\frac{(n_1-1)S_1^2}{\sigma_1^2} \sim \chi^2(n_1-1), \quad \frac{(n_2-1)S_2^2}{\sigma_2^2} \sim \chi^2(n_2-1)。$$

因为 $X_1, X_2, \cdots, X_{n_1}$ 与 $Y_1, Y_2, \cdots, Y_{n_2}$ 相互独立，所以 $\dfrac{(n_1-1)S_1^2}{\sigma_1^2}$ 与 $\dfrac{(n_2-1)S_2^2}{\sigma_2^2}$ 相互独立。

由 F 分布的定义，有

$$\frac{\dfrac{(n_1-1)S_1^2}{\sigma_1^2} \times \dfrac{1}{n_1-1}}{\dfrac{(n_2-1)S_2^2}{\sigma_2^2} \times \dfrac{1}{n_2-1}} = \frac{\dfrac{S_1^2}{\sigma_1^2}}{\dfrac{S_2^2}{\sigma_2^2}} \sim F(n_1-1, n_2-1)。$$

定理 6.3.5 设 $X_1, X_2, \cdots, X_{n_1}$ 和 $Y_1, Y_2, \cdots, Y_{n_2}$ 是分别来自相互独立的正态总体 $N(\mu_1, \sigma^2)$ 和 $N(\mu_2, \sigma^2)$ 的两个样本。$\overline{X}$ 与 $\overline{Y}$ 分别是两个样本的样本均值，S_1^2 与 S_2^2 分别是两个样本的样本方差，则

$$\frac{(\overline{X}-\overline{Y})-(\mu_1-\mu_2)}{S_w\sqrt{\dfrac{1}{n_1}+\dfrac{1}{n_2}}} \sim t(n_1+n_2-2), \tag{6.26}$$

其中，$S_w^2 = \dfrac{(n_1-1)S_1^2+(n_2-1)S_2^2}{n_1+n_2-2}$，$S_w = \sqrt{S_w^2}$。

证 由定理 6.3.1 知

$$\overline{X} \sim N\left(\mu_1, \frac{\sigma^2}{n_1}\right), \quad \overline{Y} \sim N\left(\mu_2, \frac{\sigma^2}{n_2}\right)。$$

因 $\overline{X}$ 与 $\overline{Y}$ 相互独立，故

$$\overline{X}-\overline{Y} \sim N\left(\mu_1-\mu_2, \frac{\sigma^2}{n_1}+\frac{\sigma^2}{n_2}\right),$$

从而

$$\frac{(\overline{X}-\overline{Y})-(\mu_1-\mu_2)}{\sigma\sqrt{\dfrac{1}{n_1}+\dfrac{1}{n_2}}} \sim N(0,1)。 \tag{6.27}$$

又由定理 6.3.2 知

$$\frac{(n_1-1)S_1^2}{\sigma^2} \sim \chi^2(n_1-1), \quad \frac{(n_2-1)S_2^2}{\sigma^2} \sim \chi^2(n_2-1),$$

且 $\dfrac{(n_1-1)S_1^2}{\sigma_1^2}$ 与 $\dfrac{(n_2-1)S_2^2}{\sigma_2^2}$ 相互独立。故由 χ^2 分布的可加性知

$$\frac{(n_1-1)S_1^2+(n_2-1)S_2^2}{\sigma^2} \sim \chi^2(n_1+n_2-2)。 \tag{6.28}$$

同时,式(6.27)和式(6.28)所表示的两个随机变量相互独立。

由 t 分布的定义,有

$$\frac{\dfrac{(\overline{X}-\overline{Y})-(\mu_1-\mu_2)}{\sigma\sqrt{\dfrac{1}{n_1}+\dfrac{1}{n_2}}}}{\sqrt{\dfrac{(n_1-1)S_1^2+(n_2-1)S_2^2}{\sigma^2} \Big/ n_1+n_2-2}} = \frac{(\overline{X}-\overline{Y})-(\mu_1-\mu_2)}{S_w\sqrt{\dfrac{1}{n_1}+\dfrac{1}{n_2}}} \sim t(n_1+n_2-2)。$$

例 6.3.1 从两个独立正态总体 $N(30,15)$ 和 $N(40,60)$ 中分别抽取容量为 15 和 20 的两个样本,求它们的样本均值差的绝对值不大于 12 的概率。

解 设 $X_1,X_2,\cdots,X_{15}$ 和 $Y_1,Y_2,\cdots,Y_{20}$ 是分别来自 $N(30,15)$ 和 $N(40,60)$ 的两个样本,

$$\overline{X}=\frac{1}{15}\sum_{i=1}^{15}X_i, \quad \overline{Y}=\frac{1}{20}\sum_{i=1}^{20}Y_i,$$

则 $\overline{X}$ 与 $\overline{Y}$ 相互独立,且 $\overline{X}\sim N(30,1)$, $\overline{Y}\sim N(40,3)$。所以

$$\overline{X}-\overline{Y}\sim N(-10,4),$$

$$P(|\overline{X}-\overline{Y}|\leqslant 12)=P(-12\leqslant \overline{X}-\overline{Y}\leqslant 12)=\Phi\Big(\frac{12+10}{2}\Big)-\Phi\Big(\frac{-12+10}{2}\Big)$$
$$=\Phi(11)-\Phi(-1)=\Phi(1)=0.8413。$$

例 6.3.2 设 $X_1,X_2,\cdots,X_{16}$ 是正态总体 $N(\mu,\sigma^2)$ 的样本,其中 μ,σ^2 未知,求 $P\Big(\dfrac{S^2}{\sigma^2}\leqslant 1.6664\Big)$。

解 $P\Big(\dfrac{S^2}{\sigma^2}\leqslant 1.6664\Big)=P\Big(\dfrac{15S^2}{\sigma^2}\leqslant 15\times 1.6664\Big)=P\Big(\dfrac{15S^2}{\sigma^2}\leqslant 24.996\Big)$

$$=1-P\Big(\frac{15S^2}{\sigma^2}>24.996\Big)。$$

由于 $\dfrac{15S^2}{\sigma^2}\sim \chi^2(15)$,查表可得,$\chi^2_{0.05}(15)=24.996$,故

$$P\Big(\frac{S^2}{\sigma^2}\leqslant 1.6664\Big)=P\Big(\frac{15S^2}{\sigma^2}\leqslant 24.996\Big)=1-0.05=0.95。$$

例 6.3.3 设 $X_1,\cdots,X_n,X_{n+1}$ 是来自正态总体 $N(\mu,\sigma^2)$ 的容量为 $n+1$ 的样本,令 $\overline{X_n}=\dfrac{1}{n}\sum_{i=1}^{n}X_i$, $S_n^2=\dfrac{1}{n-1}\sum_{i=1}^{n}(X_i-\overline{X_n})^2$,试确定统计量 $T=\sqrt{\dfrac{n}{n+1}}\cdot\dfrac{X_{n+1}-\overline{X_n}}{S_n}$ 的分布。

解 由已知,$\overline{X_n}\sim N\Big(\mu,\dfrac{\sigma^2}{n}\Big)$, $X_{n+1}\sim N(\mu,\sigma^2)$,且 $\overline{X_n}$ 与 X_{n+1} 相互独立,故

$$X_{n+1} - \overline{X_n} \sim N\left(0, \frac{n+1}{n}\sigma^2\right).$$

标准化得

$$\frac{X_{n+1} - \overline{X_n}}{\sqrt{\frac{n+1}{n}}\sigma} \sim N(0,1).$$

由定理 6.3.2 知，$\dfrac{(n-1)S_n^2}{\sigma^2} \sim \chi^2(n-1)$，且 $\dfrac{X_{n+1} - \overline{X_n}}{\sqrt{\frac{n+1}{n}}\sigma}$ 与 $\dfrac{(n-1)S_n^2}{\sigma^2}$ 相互独立。

由 t 分布的定义，有

$$\frac{\dfrac{X_{n+1} - \overline{X_n}}{\sqrt{\frac{n+1}{n}}\sigma}}{\sqrt{\dfrac{\frac{(n-1)S_n^2}{\sigma^2}}{n-1}}} = \sqrt{\frac{n}{n+1}} \cdot \frac{X_{n+1} - \overline{X_n}}{S_n} \sim t(n-1).$$

习 题 6

1. 设 $X_1, X_2, \cdots, X_n$ 是泊松总体 $P(\lambda)$ 的样本，其中 λ 未知。
(1) 写出 $(X_1, X_2, \cdots, X_n)$ 的分布律；
(2) 指出 $\min\{X_1, X_2, \cdots, X_n\}$，$\dfrac{X_1}{\lambda}$，$\sum_{i=1}^{n} X_i^2$ 中哪些是统计量，哪些不是统计量。

2. 设 $X_1, X_2, \cdots, X_n$ 是正态总体 $N(\mu, \sigma^2)$ 的样本，其中 μ 已知，σ^2 未知。
(1) 写出 $(X_1, X_2, \cdots, X_n)$ 的概率密度；
(2) 指出 $\max\{X_1, X_2, \cdots, X_n\}$，$\sum_{i=1}^{n}(X_i - \mu)$，$\dfrac{1}{\sigma}\sum_{i=1}^{n} X_i$，$\dfrac{1}{\sigma^2}\sum_{i=1}^{n}(X_i - \mu)^2$ 中哪些是统计量，哪些不是统计量。

3. 下面数据为某班 32 名同学的"概率论与数理统计"期末考试成绩，求样本均值与样本方差。

81.00	79.00	93.00	91.00	66.00	69.00	85.00	86.00
85.00	67.00	73.00	81.00	59.00	94.00	77.00	88.00
87.00	95.00	92.00	81.00	84.00	91.00	78.00	77.00
75.00	71.00	87.00	58.00	97.00	80.00	72.00	92.00

4. 采用茹科夫电极试验某种变压器油（固定电极间距离），得到 $n = 400$ 个工频击穿电压值（单位：kV）的频率分布如表 6.2 所示，试求工频击穿电压值的频率直方图。

表 6.2

组号	1	2	3	4	5	6	7
组界	32.5~34.5	34.5~36.5	36.5~38.5	38.5~40.5	40.5~42.5	42.5~44.5	44.5~46.5
频数	1	2	4	3	9	8	16
组号	8	9	10	11	12	13	14
组界	46.5~48.5	48.5~50.5	50.5~52.5	52.5~54.5	54.5~56.5	56.5~58.5	58.5~60.5
频数	15	37	44	72	75	66	48

5. 某射击选手进行 20 次独立重复射击,命中的环数如表 6.3 所示,试求经验分布函数。

表 6.3

环数	4	5	6	7	8	9	10
频数	2	0	4	8	1	3	2

6. 设 $X_1, X_2, \cdots, X_n$ 是来自标准正态总体 $N(0,1)$ 的样本,求统计量 $\dfrac{1}{n}\left(\sum_{i=1}^{n} X_i\right)^2$ 服从的分布及参数。

7. 设 X_1, X_2, X_3 是来自正态总体 $N(0, \sigma^2)$ 的样本,求统计量 $\dfrac{1}{2}\left(\dfrac{X_1}{X_3} + \dfrac{X_2}{X_3}\right)^2$ 服从的分布及参数。

8. 设 $X_1, X_2, \cdots, X_{12}$ 是来自正态总体 $N(0,9)$ 的样本,求统计量 $Y = \dfrac{X_1^2 + \cdots + X_6^2}{X_7^2 + \cdots + X_{12}^2}$ 服从的分布及参数。

9. 设 X_1, X_2, X_3, X_4 是来自正态总体 $N(1,1)$ 的样本,已知统计量 $k\left(\sum_{i=1}^{4} X_i - 4\right)^2$ 服从 $\chi^2(n)$ 分布,求 k 及 n。

10. 设 X_1, X_2, X_3, X_4, X_5 是来自正态总体 $N(0,4)$ 的样本,且
$$Y = a(X_1 - 2X_2)^2 + b(2X_3 + 3X_4 - X_5)^2,$$
问 a, b 取何值时,统计量 Y 服从自由度为 2 的 χ^2 分布?

11. 设 $X_1, X_2, \cdots, X_8$ 是来自正态总体 $N(2,1)$ 的样本,求统计量
$$Y = \dfrac{2(X_1 + X_2 + X_3 - 6)}{\sqrt{3(X_4 + X_5 - 4)^2 + 2(X_6 + X_7 + X_8 - 6)^2}}$$
服从的分布及参数。

12. 设 $X \sim N(2,1), Y_i \sim N(0,4) \ (i=1,2,3,4)$,且 X, Y_1, Y_2, Y_3, Y_4 相互独立,现
$$T = \dfrac{4(X-2)}{\sqrt{\sum_{i=1}^{4} Y_i^2}},$$
求 T 的分布,并确定 T_0 的值,使 $P(|T| > T_0) = 0.01$。

13. 设 $X_1, X_2, \cdots, X_n, X_{n+1}, \cdots, X_{n+m}$ 是正态总体 $N(0, \sigma^2)$ 的容量为 $n+m$ 的样本,

求 $Y = \dfrac{\sqrt{m}\sum\limits_{i=1}^{n} X_i}{\sqrt{n}\sqrt{\sum\limits_{i=n+1}^{n+m} X_i^2}}$ 的概率分布。

14. 设 $F \sim F(20,10)$，求满足 $P(F \geqslant F_1) = 0.05$ 和 $P(F \leqslant F_2) = 0.05$ 的 F_1, F_2。

15. 设 X_1, X_2 是正态总体 $N(0, \sigma^2)$ 的一个样本，求统计量 $U = \dfrac{(X_1 + X_2)^2}{(X_1 - X_2)^2}$ 的分布。

16. 设 $X_1, X_2, \cdots, X_{n+1}$ 是正态总体 $N(\mu, \sigma^2)$ 的一个样本，$\overline{X} = \dfrac{1}{n}\sum\limits_{i=1}^{n} X_i$，$S^{*2} = \dfrac{1}{n}\sum\limits_{i=1}^{n}(X_i - \overline{X})^2$，求统计量 $T = \dfrac{X_{n+1} - \overline{X}}{S^*}\sqrt{\dfrac{n-1}{n+1}}$ 的分布。

17. 设 $X_1, X_2, \cdots, X_9$ 是正态总体 $N(\mu, \sigma^2)$ 的样本，
$$Y_1 = \frac{1}{6}(X_1 + X_2 + \cdots + X_6), \quad Y_2 = \frac{1}{3}(X_7 + X_8 + X_9), \quad S^2 = \frac{1}{2}\sum_{i=7}^{9}(X_i - Y_2)^2,$$
令 $Z = \dfrac{\sqrt{2}(Y_1 - Y_2)}{S}$，证明统计量 Z 服从自由度为 2 的 t 分布。

18. 设 $X_1, X_2, \cdots, X_n (n \geqslant 2)$ 为总体 X 的样本，EX 与 DX 均存在。
(1) 求 $E\overline{X}, D\overline{X}, E(S^2)$；
(2) 若总体 $X \sim N(\mu, \sigma^2)$，求 $D(S^2)$。

19. 设总体 X 的概率密度为 $f(x) = \begin{cases} |x|, & |x| < 1 \\ 0, & \text{其他} \end{cases}$，$X_1, X_2, \cdots, X_{50}$ 为总体 X 的样本。试求：(1) $\overline{X}$ 的数学期望与方差；(2) S^2 的数学期望。

20. 设总体 X 服从 0-1 分布，$P(X=1) = p$，$X_1, X_2, \cdots, X_n$ 为总体 X 的一个样本，试求：(1) $\overline{X}$ 的数学期望与方差；(2) S^2 的数学期望。

21. 已知 $X_1, X_2, \cdots, X_{2n}$ 是正态总体 $N(\mu, \sigma^2)$ 的样本，
$$\overline{X} = \frac{1}{2n}\sum_{i=1}^{2n} X_i, \quad Y = \sum_{i=1}^{n}(X_i + X_{n+i} - 2\overline{X})^2,$$
求 EY。

22. 设 $X_1, X_2, \cdots, X_{n_1}$ 和 $Y_1, Y_2, \cdots, Y_{n_2}$ 是分别来自相互独立的正态总体 $N(\mu_1, \sigma^2)$ 和 $N(\mu_2, \sigma^2)$ 的两个样本，$\overline{X}$ 与 $\overline{Y}$ 分别是两个样本的样本均值，求：
$$E\left[\frac{\sum\limits_{i=1}^{n_1}(X_i - \overline{X})^2 + \sum\limits_{j=1}^{n_2}(Y_j - \overline{Y})^2}{n_1 + n_2 - 2}\right]。$$

习题 6 答案

第7章 参数估计

统计推断是数理统计的核心部分,根据样本对未知参数进行估计是统计推断的重要内容。在实际问题中,所研究的总体分布类型往往是已知的,但依赖于一个或几个未知的参数。此时,求总体分布的问题就归结为求一个或几个未知参数的问题,这就是参数估计。参数估计是在抽样和样本分布的基础上,根据样本统计量推断总体参数。

本章以抽样分布为基础,讨论参数估计的两种基本方法——点估计和区间估计,并对单个总体参数(如总体均值、总体方差等)和两个总体参数(如两个总体均值之差、两个总体方差之比等)等进行估计。

7.1 点 估 计

7.1.1 点估计的概念

设总体 X 的分布是已知的,但它的一个或者多个参数是未知的。如果得到总体的一组样本值,就可以用它来估计总体的未知参数。例如,某厂生产的电子元件寿命服从正态分布 $N(\mu,\sigma^2)$,其中 μ,σ^2 未知。厂家抽检了 100 个元件,测得其寿命平均值 $\bar{x}=3.5$(万小时),则可以用 $\bar{x}=3.5$(万小时)作为电子元件平均寿命 μ 的一个估计。这种方法就是点估计法。

定义 7.1.1 设 $X_1,X_2,\cdots,X_n$ 是总体 X 的样本,X 的分布类型已知,θ 是总体的未知参数,若用统计量 $\hat{\theta}=\hat{\theta}(X_1,X_2,\cdots,X_n)$ 来估计 θ,则称 $\hat{\theta}$ 是 θ 的**估计量**。对于具体的样本值 $x_1,x_2,\cdots,x_n$,估计量 $\hat{\theta}$ 的值 $\hat{\theta}(x_1,x_2,\cdots,x_n)$ 称为 θ 的**估计值**,仍记为 $\hat{\theta}$。

如果总体的未知参数有 m 个:$\theta_1,\theta_2,\cdots,\theta_m$,可以构造 m 个统计量 $\hat{\theta}_i=\hat{\theta}_i(X_1,X_2,\cdots,X_n)(i=1,2,\cdots,m)$ 分别作为 $\theta_i(i=1,2,\cdots,m)$ 的估计量。

求参数的点估计方法众多,下面介绍两种常用的求估计量的方法:矩估计法和极大似然估计法。

7.1.2 矩估计法

总体矩是反映总体分布的最简单数字特征,当总体含有未知参数时,总体矩是未知参数的函数。而样本取自总体,根据辛钦大数定律,样本矩在一定程度上可以逼近总体矩,因此可以用样本矩来替代总体矩。若总体含有 k 个未知参数,通常可以按照矩的阶数从 1 到 k 列出 k 个样本矩等于总体矩的方程,从而解出未知参数。这就是矩估计法,又称数字特征法。

其具体求法是：设总体 X 的分布中有 m 个未知参数 $\theta_1,\theta_2,\cdots,\theta_m$，$X_1,X_2,\cdots,X_n$ 是总体 X 的样本。假设总体的 k 阶原点矩存在，$E(X^k)=\mu_k(\theta_1,\theta_2,\cdots,\theta_m)$ $(k=1,2,\cdots,m)$，样本的 k 阶原点矩为 $A_k=\dfrac{1}{n}\sum\limits_{i=1}^{n}X_i$ $(k=1,2,\cdots,m)$。

令 $\mu_k(\theta_1,\theta_2,\cdots,\theta_m)=A_k$ $(k=1,2,\cdots,m)$，则求解此方程组得

$$\hat{\theta}_i=\hat{\theta}_i(X_1,X_2,\cdots,X_n) \quad (i=1,2,\cdots,m),$$

$\hat{\theta}_1,\hat{\theta}_2,\cdots,\hat{\theta}_m$ 即为 $\theta_1,\theta_2,\cdots,\theta_m$ 的矩估计量。

例 7.1.1 设总体 X 的概率密度为

$$f(x;\theta)=\begin{cases}(\theta+1)x^\theta, & 0<x<1\\ 0, & \text{其他}\end{cases},$$

其中，θ 为未知参数且 $\theta>-1$，$X_1,X_2,\cdots,X_n$ 是总体 X 的一个样本。

(1) 求 θ 的矩估计量；

(2) 若一组样本观测值为 $0.8,0.5,0.6,0.5,0.1,0.2,0.2,0.4,0.4,0.5$，求 θ 的矩估计值。

解 (1) $\mu_1=EX=\int_{-\infty}^{+\infty}x\cdot f(x;\theta)\mathrm{d}x=\int_0^1 x\cdot(\theta+1)\cdot x^\theta\mathrm{d}x=\dfrac{\theta+1}{\theta+2}$。

令 $\mu_1=\dfrac{1}{n}\sum\limits_{i=1}^{n}X_i=\bar{X}$，解得

$$\theta=\dfrac{2\bar{X}-1}{1-\bar{X}}。$$

因此，θ 的矩估计量为 $\hat{\theta}=\dfrac{2\bar{X}-1}{1-\bar{X}}$。

(2) 代入样本观测值，得样本均值为 $\bar{x}=0.42$，则

$$\hat{\theta}=\dfrac{2\times 0.42-1}{1-0.42}=-0.28。$$

因此，θ 的矩估计值为 $\hat{\theta}=-0.28$。

例 7.1.2 求总体均值与总体方差的矩估计量。

解 设总体均值为 μ，方差为 σ^2，$X_1,X_2,\cdots,X_n$ 是总体 X 的一个样本。由于有两个未知参数 μ 和 σ^2，由矩估计法得方程组

$$\begin{cases}\mu_1=A_1\\ \mu_2=A_2\end{cases}。$$

而 $\mu_1=EX=\mu$，$\mu_2=EX^2=DX+(EX)^2=\sigma^2+\mu^2$，即

$$\begin{cases}\mu=\dfrac{1}{n}\sum\limits_{i=1}^{n}X_i=\bar{X}\\ \mu^2+\sigma^2=\dfrac{1}{n}\sum\limits_{i=1}^{n}X_i^2\end{cases}。$$

解得，μ 和 σ^2 的矩估计量为

$$\begin{cases} \hat{\mu} = \overline{X} \\ \hat{\sigma}^2 = \dfrac{1}{n}\sum_{i=1}^{n} X_i^2 - \overline{X}^2 = \dfrac{1}{n}\sum_{i=1}^{n}(X_i - \overline{X})^2 \end{cases}。$$

该例题表明,总体均值与方差的矩估计量为样本均值与样本二阶中心矩,该估计形式不因总体分布的不同而发生变化。

例 7.1.3 设总体 X 的概率密度为

$$f(x;\theta) = \begin{cases} \lambda e^{-\lambda(x-\theta)}, & x > \theta \\ 0, & x \leqslant \theta \end{cases},$$

其中,$\lambda(\lambda>0)$ 和 θ 都是未知参数,$X_1, X_2, \cdots, X_n$ 是总体 X 的一个样本,求 λ 和 θ 的矩估计量。

解 由于

$$\mu_1 = EX = \int_{-\infty}^{+\infty} x \cdot f(x;\theta)\mathrm{d}x = \int_{\theta}^{+\infty} x \cdot \lambda e^{-\lambda(x-\theta)}\mathrm{d}x = \theta + \dfrac{1}{\lambda},$$

$$\mu_2 = E(X^2) = \int_{-\infty}^{+\infty} x^2 \cdot f(x;\theta)\mathrm{d}x = \int_{\theta}^{+\infty} x^2 \cdot \lambda e^{-\lambda(x-\theta)}\mathrm{d}x = \left(\theta + \dfrac{1}{\lambda}\right)^2 + \dfrac{1}{\lambda^2}。$$

由矩估计法得方程组

$$\begin{cases} \mu_1 = A_1 \\ \mu_2 = A_2 \end{cases},$$

即

$$\begin{cases} \theta + \dfrac{1}{\lambda} = \dfrac{1}{n}\sum_{i=1}^{n} X_i = \overline{X} \\ \left(\theta + \dfrac{1}{\lambda}\right)^2 + \dfrac{1}{\lambda^2} = \dfrac{1}{n}\sum_{i=1}^{n} X_i^2 \end{cases}。$$

解得,λ 和 θ 的矩估计量为

$$\begin{cases} \hat{\lambda} = \dfrac{1}{\sqrt{\dfrac{1}{n}\sum_{i=1}^{n} X_i^2 - \overline{X}^2}} = \dfrac{1}{\sqrt{\dfrac{1}{n}\sum_{i=1}^{n}(X_i - \overline{X})^2}} \\ \hat{\theta} = \overline{X} - \sqrt{\dfrac{1}{n}\sum_{i=1}^{n} X_i^2 - \overline{X}^2} = \overline{X} - \sqrt{\dfrac{1}{n}\sum_{i=1}^{n}(X_i - \overline{X})^2} \end{cases}。$$

矩估计法一般不要求知道总体的分布情况,简单方便、应用广泛。但是由于矩估计法未能充分利用总体分布的信息,有时精度较差。同时,矩估计法必须假定总体有关各阶矩均存在,这也给应用带来了不便。

7.1.3 极大似然估计法

下面结合例题说明极大似然估计法的基本思想。

例 7.1.4 设有一批产品,其次品率 p 只能是 0.1 或 0.2,为了确定次品率 p,从中有放回地抽取 5 件产品,如何根据取得的样本值对 p 进行估计?

解 设 X 为所取 10 件产品中的次品数,则 $X \sim B(5,p)$,即
$$P(X=x) = C_5^x p^x (1-p)^{5-x} \quad (x=0,1,2,3,4,5; p=0.1 \text{ 或 } 0.2)。$$
现在,根据抽到的次品数估计 p。

抽样的 6 种可能结果及对应的概率如表 7.1 所示。

表 7.1

X	0	1	2	3	4	5
$p=0.1, P(X=x)$	0.59049	0.32805	0.0729	0.0081	0.00045	0.00001
$p=0.2, P(X=x)$	0.32768	0.4096	0.2048	0.0512	0.0064	0.00032

如果抽得的次品数 $x=0$,则由 $0.59049 > 0.32768$ 知,用 0.1 作为 p 的估计值比用 0.2 作为 p 的估计值更合理。同理,当 $x=1,2,3,4,5$ 时,用 0.2 作为 p 的估计值比用 0.1 作为 p 的估计值更合理。因此
$$\hat{p}(x) = \begin{cases} 0.1, & x=0 \\ 0.2, & x=1,2,3,4,5 \end{cases}。$$

设 θ 是总体 X 的未知参数,$X_1, X_2, \cdots, X_n$ 是总体 X 的样本,$x_1, x_2, \cdots, x_n$ 是样本观测值。由于 $X_1, X_2, \cdots, X_n$ 是随机的,在一次抽样中居然取到 $x_1, x_2, \cdots, x_n$,则应选择这样的估计量 $\hat{\theta}$,使事件 $\{X_1=x_1, X_2=x_2, \cdots, X_n=x_n\}$ 出现的概率最大,这就是极大似然估计的基本思想。

若总体 X 为离散型随机变量,其分布律为
$$P(X=x) = p(x;\theta), \quad \theta \in \Theta。$$
其中,θ 是待估的未知参数,Θ 是 θ 可能取值的范围。

设 $X_1, X_2, \cdots, X_n$ 是总体 X 的样本,$x_1, x_2, \cdots, x_n$ 是样本观测值,则事件 $\{X_1=x_1, X_2=x_2, \cdots, X_n=x_n\}$ 出现的概率为
$$P\{X_1=x_1, X_2=x_2, \cdots, X_n=x_n\} = \prod_{i=1}^n P(X=x_i) = \prod_{i=1}^n p(x_i;\theta)。$$

对于给定的样本值,它是 θ 的函数,记作
$$L(\theta) = L(x_1, x_2, \cdots, x_n; \theta) = \prod_{i=1}^n p(x_i;\theta), \quad \theta \in \Theta \tag{7.1}$$

称 $L(\theta)$ 为**似然函数**,称满足
$$L(\hat{\theta}) = \max_{\theta \in \Theta} L(\theta) = \max_{\theta \in \Theta} \left\{ \prod_{i=1}^n p(x_i;\theta) \right\}$$

的 $\hat{\theta} = \hat{\theta}(x_1, x_2, \cdots, x_n)$(使 $L(\theta)$ 取得最大值的 $\hat{\theta}$)为 θ 的**极大似然估计值**,称 $\hat{\theta} = \hat{\theta}(X_1, X_2, \cdots, X_n)$ 为 θ 的**极大似然估计量**。

若总体 X 为连续型随机变量,其概率密度为 $f(x;\theta)$,θ 是待估的未知参数,Θ 是 θ 可能取值的范围。

设 $X_1, X_2, \cdots, X_n$ 是总体 X 的样本,$x_1, x_2, \cdots, x_n$ 是样本观测值,因为随机变量 X_i 落在点 x_i 的邻域内(设其长度为 Δx_i)的概率近似等于 $f(x_i;\theta)\Delta x_i (i=1,2,\cdots,n)$,故要

使概率 $\prod_{i=1}^{n} f(x_i;\theta)\Delta x_i$ 达到最大值,只需 $\prod_{i=1}^{n} f(x_i;\theta)$ 达到最大值即可,记

$$L(\theta)=L(x_1,x_2,\cdots,x_n;\theta)=\prod_{i=1}^{n} f(x_i;\theta)。 \quad (7.2)$$

称 $L(\theta)$ 为**似然函数**,称满足

$$L(\hat{\theta})=\max_{\theta\in\Theta} L(\theta)=\max_{\theta\in\Theta}\left\{\prod_{i=1}^{n} f(x_i;\theta)\right\}$$

的 $\hat{\theta}=\hat{\theta}(x_1,x_2,\cdots,x_n)$(使 $L(\theta)$ 取得最大值的 $\hat{\theta}$)为 θ 的**极大似然估计值**,称 $\hat{\theta}=\hat{\theta}(X_1,X_2,\cdots,X_n)$ 为 θ 的**极大似然估计量**。

从上面的分析可得,求未知参数 θ 的极大似然估计问题,就是求似然函数 $L(\theta)$ 的最大值问题。

通常,若 $L(\theta)$ 关于 θ 可微,θ 的极大似然估计 $\hat{\theta}$ 可以通过方程

$$\frac{\mathrm{d}L(\theta)}{\mathrm{d}\theta}=0 \quad (7.3)$$

求得。又因为 $L(\theta)$ 与 $\ln L(\theta)$ 在同一 θ 处取到极值,因此 θ 的极大似然估计 $\hat{\theta}$ 也可以通过方程

$$\frac{\mathrm{d}\ln L(\theta)}{\mathrm{d}\theta}=0 \quad (7.4)$$

求得,利用式(7.4)求解往往比式(7.3)方便,称式(7.3)为**似然方程**,称式(7.4)为**对数似然方程**。

当总体 X 的分布中含有多个未知参数,即 $\theta=(\theta_1,\theta_2,\cdots,\theta_m)$ 时,似然函数为 $L(\theta)=L(\theta_1,\theta_2,\cdots,\theta_m)$。可以用方程组 $\frac{\partial L(\theta)}{\partial \theta_i}=0(i=1,2,\cdots,m)$ 代替式(7.3)或者用方程组 $\frac{\partial \ln L(\theta)}{\partial \theta_i}=0(i=1,2,\cdots,m)$ 代替式(7.4),从而得到各未知参数 $\theta_1,\theta_2,\cdots,\theta_m$ 的极大似然估计量 $\hat{\theta}_1,\hat{\theta}_2,\cdots,\hat{\theta}_m$。

一般地,求极大似然估计的步骤如下。

(1) 构造似然函数 $L(\theta_1,\theta_2,\cdots,\theta_m)$,若似然函数的形式较复杂,则取自然对数,得到 $\ln L(\theta_1,\theta_2,\cdots,\theta_m)$。

(2) 求偏导 $\frac{\partial L(\theta_1,\theta_2,\cdots,\theta_m)}{\partial \theta_i}$ 或 $\frac{\partial \ln L(\theta_1,\theta_2,\cdots,\theta_m)}{\partial \theta_i}$ $(i=1,2,\cdots,m)$。

(3) 当 $\frac{\partial L(\theta_1,\theta_2,\cdots,\theta_m)}{\partial \theta_i}$ 或 $\frac{\partial \ln L(\theta_1,\theta_2,\cdots,\theta_m)}{\partial \theta_i}(i=1,2,\cdots,m)$ 可以为零时,解似然方程组

$$\frac{\partial L(\theta_1,\theta_2,\cdots,\theta_m)}{\partial \theta_i}=0 \text{ 或 } \frac{\partial \ln L(\theta_1,\theta_2,\cdots,\theta_m)}{\partial \theta_i}=0 \quad (i=1,2,\cdots,m),$$

即得极大似然估计值 $\hat{\theta}_1,\hat{\theta}_2,\cdots,\hat{\theta}_m$,从而得到极大似然估计量。

当 $\frac{\partial L(\theta_1,\theta_2,\cdots,\theta_m)}{\partial \theta_i}$ 或 $\frac{\partial \ln L(\theta_1,\theta_2,\cdots,\theta_m)}{\partial \theta_i}(i=1,2,\cdots,m)$ 符号不变,则根据函数的单

调性及 $\theta_1, \theta_2, \cdots, \theta_m$ 的取值范围求出 $\hat{\theta}_1, \hat{\theta}_2, \cdots, \hat{\theta}_m$。

例 7.1.5 设总体 X 服从泊松分布 $P(\lambda)$，其中 $\lambda > 0$ 为未知参数，$X_1, X_2, \cdots, X_n$ 是总体 X 的样本，$x_1, x_2, \cdots, x_n$ 是样本观测值，求 λ 的极大似然估计量。

解 X 的分布律为

$$P(X = k) = \frac{\lambda^k}{k!} e^{-\lambda} \quad (k = 0, 1, 2, \cdots)。$$

似然函数为

$$L(\lambda) = \prod_{i=1}^{n} P(X = x_i) = \prod_{i=1}^{n} \frac{\lambda^{x_i}}{x_i!} e^{-\lambda} = \frac{\lambda^{\sum_{i=1}^{n} x_i}}{x_1! x_2! \cdots x_n!} e^{-n\lambda},$$

$$\ln L(\lambda) = \ln\lambda \sum_{i=1}^{n} x_i - n\lambda - \ln\left[\prod_{i=1}^{n}(x_i!)\right]。$$

令

$$\frac{\mathrm{d}\ln L(\lambda)}{\mathrm{d}\lambda} = \frac{1}{\lambda} \sum_{i=1}^{n} x_i - n = 0,$$

解得

$$\lambda = \frac{1}{n} \sum_{i=1}^{n} x_i = \bar{x}。$$

因此，λ 的极大似然估计量为

$$\hat{\lambda} = \bar{X}。$$

例 7.1.6 设总体 X 的概率密度为

$$f(x; \theta) = \begin{cases} (\theta + 1) x^{\theta}, & 0 < x < 1 \\ 0, & \text{其他} \end{cases},$$

其中，θ 为未知参数，且 $\theta > -1$，$X_1, X_2, \cdots, X_n$ 是总体 X 的样本，$x_1, x_2, \cdots, x_n$ 是样本观测值。

(1) 求 θ 的极大似然估计量；

(2) 若一组样本观测值为 $0.8, 0.5, 0.6, 0.5, 0.1, 0.2, 0.2, 0.4, 0.4, 0.5$，求 θ 的极大似然估计值。

解 (1) 似然函数为

$$L(\theta) = \prod_{i=1}^{n} f(x; \theta) = \prod_{i=1}^{n} (\theta + 1) x_i^{\theta} = (\theta + 1)^n (x_1 x_2 \cdots x_n)^{\theta},$$

$$\ln L(\theta) = n \ln(\theta + 1) + \theta \ln\left(\prod_{i=1}^{n} x_i\right)。$$

令

$$\frac{\mathrm{d}\ln L(\theta)}{\mathrm{d}\theta} = \frac{n}{\theta + 1} + \sum_{i=1}^{n} \ln x_i = 0,$$

解得

$$\theta = -\frac{n}{\sum_{i=1}^{n}\ln x_i} - 1。$$

因此，θ 的极大似然估计量为

$$\hat{\theta} = -\frac{n}{\sum_{i=1}^{n}\ln X_i} - 1。$$

(2) 代入样本观测值，得 θ 的极大似然估计值为

$$\hat{\theta} = -0.016。$$

例 7.1.7 设 $X_1, X_2, \cdots, X_n$ 是来自正态总体 $X \sim N(\mu, \sigma^2)$ 的样本，μ 和 σ^2 均为未知参数，$x_1, x_2, \cdots, x_n$ 是样本观测值。试求 μ, σ^2 的极大似然估计量。

解 X 的概率密度为

$$f(x; \mu, \sigma^2) = \frac{1}{\sqrt{2\pi}\sigma} e^{-\frac{1}{2\sigma^2}(x-\mu)^2} \quad (x \in \mathbf{R})。$$

似然函数为

$$L(\mu, \sigma^2) = (2\pi\sigma^2)^{-\frac{n}{2}} \exp\left\{-\frac{1}{2\sigma^2}\sum_{i=1}^{n}(x_i - \mu)^2\right\},$$

$$\ln L(\mu, \sigma^2) = -\frac{n}{2}\ln(2\pi\sigma^2) - \frac{1}{2\sigma^2}\sum_{i=1}^{n}(x_i - \mu)^2。$$

令

$$\begin{cases} \dfrac{\partial \ln L(\mu, \sigma^2)}{\partial \mu} = \dfrac{1}{\sigma^2}\sum_{i=1}^{n}(x_i - \mu) = 0 \\ \dfrac{\partial \ln L(\mu, \sigma^2)}{\partial \sigma^2} = -\dfrac{n}{2\sigma^2} + \dfrac{1}{2(\sigma^2)^2}\sum_{i=1}^{n}(x_i - \mu)^2 = 0 \end{cases},$$

解得

$$\begin{cases} \mu = \dfrac{1}{n}\sum_{i=1}^{n} x_i = \bar{x} \\ \sigma^2 = \dfrac{1}{n}\sum_{i=1}^{n}(x_i - \bar{x})^2 \end{cases}。$$

因此，μ, σ^2 的极大似然估计量为

$$\begin{cases} \hat{\mu} = \bar{X} \\ \hat{\sigma}^2 = \dfrac{1}{n}\sum_{i=1}^{n}(X_i - \bar{X})^2 \end{cases}。$$

例 7.1.8 设总体 X 的概率密度为

$$f(x; \theta) = \begin{cases} \dfrac{1}{\theta}, & 0 < x \leqslant \theta \\ 0, & 其他 \end{cases},$$

其中，$\theta(\theta > 0)$ 是未知参数，$X_1, X_2, \cdots, X_n$ 是总体 X 的样本，$x_1, x_2, \cdots, x_n$ 是样本观测值。

求 θ 的极大似然估计量。

解 当 $0 < x_i \leq \theta (i=1,2,\cdots,n)$ 时,似然函数为
$$L(\theta) = \frac{1}{\theta^n} (0 < x_1, x_2, \cdots, x_n \leq \theta)。$$

由于 $\dfrac{\mathrm{d}L(\theta)}{\mathrm{d}\theta} = -\dfrac{n}{\theta^{n+1}} < 0$,所以无法由似然方程求出极大似然估计量。

一方面,$L(\theta)$ 在 $\theta>0$ 时为单调递减函数,θ 越小,$L(\theta)$ 越大;另一方面,每个 x_i 满足 $0 < x_i \leq \theta(i=1,2,\cdots,n)$。故当 $\theta = \max\{x_1, x_2, \cdots, x_n\}$ 时,$L(\theta)$ 取得最大值,所以 θ 的极大似然估计值为
$$\hat{\theta} = \max\{x_1, x_2, \cdots, x_n\} = x_{(n)},$$

θ 的极大似然估计量为
$$\hat{\theta} = \max\{X_1, X_2, \cdots, X_n\} = X_{(n)}。$$

例 7.1.9 设总体 X 的分布律如表 7.2 所示。

表 7.2

X	0	1	2	3
P	θ^2	$2\theta(1-\theta)$	θ^2	$1-2\theta$

其中,θ 是未知参数,利用总体的如下样本值

$$3\quad 1\quad 3\quad 0\quad 3\quad 1\quad 2\quad 3$$

求 θ 的极大似然估计值。

解 对于给定的样本值,似然函数为
$$L(\theta) = P(X=3)P(X=1)P(X=3)P(X=0)P(X=3)P(X=1)P(X=2)P(X=3)$$
$$= 4\theta^6 (1-\theta)^2 (1-2\theta)^4,$$
$$\ln L(\theta) = \ln 4 + 6\ln\theta + 2\ln(1-\theta) + 4\ln(1-2\theta)。$$

令
$$\frac{\mathrm{d}\ln L(\theta)}{\mathrm{d}\theta} = \frac{6}{\theta} - \frac{2}{1-\theta} - \frac{8}{1-2\theta} = \frac{6 - 28\theta + 24\theta^2}{\theta(1-\theta)(1-2\theta)} = 0,$$

解得 $\theta_1 = \dfrac{7+\sqrt{13}}{12}, \theta_2 = \dfrac{7-\sqrt{13}}{12}$。

由于 $\theta_1 > \dfrac{1}{2}$ 不合题意,所以,θ 的极大似然估计值为 $\hat{\theta} = \dfrac{7-\sqrt{13}}{12}$。

7.1.4 估计量的评选标准

对于总体 X 的同一个未知参数,由于采用的估计方法不同,可能产生不同的估计量,那么,在实际应用中究竟采用哪个估计量呢?一个自然的想法是采用估计效果好的估计量,下面就给出几个常用的估计量的评选标准。

1. 无偏性

对于待估参数,不同的样本值就会得到不同的估计值。要评价一个估计量的好坏,就

不能仅依据某次抽样的结果来衡量,一个自然而基本的衡量标准是要求估计量无系统误差,即估计量的均值应等于未知参数的真值,这就是无偏性要求。

定义 7.1.2 设 $X_1, X_2, \cdots, X_n$ 是总体 X 的一个样本,$\hat{\theta} = \hat{\theta}(X_1, X_2, \cdots, X_n)$ 是总体参数 θ 的一个估计量,若

$$E\hat{\theta} = \theta \tag{7.5}$$

则称 $\hat{\theta}$ 是 θ 的**无偏估计量**。

例 7.1.10 设总体 X 的均值 $EX = \mu$ 以及方差 $DX = \sigma^2$ 都存在,$X_1, X_2, \cdots, X_n$ 是总体 X 的样本,证明样本均值 $\overline{X}$ 和样本方差 S^2 分别是 μ 和 σ^2 的无偏估计量。

证 $E\overline{X} = E\left(\dfrac{1}{n}\sum_{i=1}^{n} X_i\right) = \dfrac{1}{n}\sum_{i=1}^{n} EX_i = \mu$。因此,样本均值 $\overline{X}$ 是 μ 的无偏估计量。

$$E(S^2) = E\left[\frac{1}{n-1}\sum_{i=1}^{n}(X_i - \overline{X})^2\right] = E\left[\frac{1}{n-1}\left(\sum_{i=1}^{n} X_i^2 - n\overline{X}^2\right)\right]$$

$$= \frac{1}{n-1}\left[\sum_{i=1}^{n} E(X_i^2) - nE(\overline{X}^2)\right]$$

$$= \frac{1}{n-1}\left[n(\mu^2 + \sigma^2) - n\left(\frac{\sigma^2}{n} + \mu^2\right)\right] = \sigma^2。$$

因此,样本方差 S^2 是 σ^2 的无偏估计量。

可见,不论总体服从何种分布,样本均值 $\overline{X}$ 和样本方差 S^2 分别是总体均值 μ 和总体方差 σ^2 的无偏估计量。

例 7.1.11 设总体 X 的概率密度为

$$f(x;\theta) = \begin{cases} \dfrac{1}{\theta} e^{-\frac{x}{\theta}}, & x > 0, \\ 0, & x \leqslant 0 \end{cases}$$

其中,$\theta(\theta > 0)$ 是未知参数,$X_1, X_2, \cdots, X_n$ 是总体 X 的样本,$x_1, x_2, \cdots, x_n$ 是样本观测值,记

$$\overline{X} = \frac{1}{n}\sum_{i=1}^{n} X_i, \quad Z = \min\{X_1, X_2, \cdots, X_n\}。$$

证明 $\overline{X}$ 和 nZ 都是 θ 的无偏估计量。

证 因为 $E\overline{X} = EX = \theta$,所以 $\overline{X}$ 是 θ 的无偏估计量。

$Z = \min\{X_1, X_2, \cdots, X_n\}$ 的概率密度为

$$f_Z(z;\theta) = \begin{cases} \dfrac{n}{\theta} e^{-\frac{nz}{\theta}}, & z > 0, \\ 0, & z \leqslant 0 \end{cases}$$

故 $EZ = \dfrac{\theta}{n}$,$E(nZ) = \theta$,所以 $\overline{X}$ 是 θ 的无偏估计量。

显然,一个参数可以有多个不同的无偏估计量。值得注意的是,若 $\hat{\theta}$ 是 θ 的无偏估计量,$g(\theta)$ 是 θ 的函数,则 $g(\hat{\theta})$ 不一定是 $g(\theta)$ 的无偏估计量。

2. 有效性

如果 $\hat{\theta}_1$ 和 $\hat{\theta}_2$ 都是 θ 的无偏估计量,如何比较这两个无偏估计量的优劣呢?一个简单的原则是看它们哪一个取值更集中于待估参数的真值,即哪一个估计量的方差更小,这就是有效性。

定义 7.1.3 设 $\hat{\theta}_1 = \hat{\theta}_1(X_1, X_2, \cdots, X_n)$ 与 $\hat{\theta}_2 = \hat{\theta}_2(X_1, X_2, \cdots, X_n)$ 都是参数 θ 的无偏估计量,若

$$D(\hat{\theta}_1) < D(\hat{\theta}_2), \tag{7.6}$$

则称 $\hat{\theta}_1$ 比 $\hat{\theta}_2$ 更有效。

例 7.1.12 (续例 7.1.11)比较 $\overline{X}$ 和 nZ 哪一个更有效。

解 $D\overline{X} = \dfrac{DX}{n} = \dfrac{\theta^2}{n}$; $D(nZ) = n^2 DZ = \theta^2$。

当 $n > 1$ 时,$D\overline{X} < D(nZ)$,故 $\overline{X}$ 比 nZ 更有效。

3. 一致性

无偏性与有效性都是在样本容量 n 固定的前提下提出的,样本容量越大,越能精确地估计出未知参数,一个好的估计量与被估计参数任意接近的可能性就随之增大,这就产生了一致性的概念。

定义 7.1.4 设 $\hat{\theta} = \hat{\theta}(X_1, X_2, \cdots, X_n)$ 是参数 θ 的估计量,如果对任意 $\varepsilon > 0$,都有

$$\lim_{n \to +\infty} P\{|\hat{\theta} - \theta| < \varepsilon\} = 1 \tag{7.7}$$

则称 $\hat{\theta}$ 是 θ 的**一致估计量**(或**相合估计量**)。

根据大数定律,无论总体 X 服从什么分布,只要其 k 阶原点矩 $\mu_k = E(X^k)$ 存在,则对任意 $\varepsilon > 0$,都有

$$\lim_{n \to \infty} P\left\{ \left| \frac{1}{n} \sum_{i=1}^{n} X_i^k - E(X^k) \right| < \varepsilon \right\} = 1.$$

所以样本的 k 阶原点矩 $A_k = \dfrac{1}{n} \sum_{i=1}^{n} X_i^k$ 是总体 k 阶原点矩 μ_k 的一致估计量。

可以证明,只要相应的总体矩存在,矩估计量必定是一致估计量。一致性是对估计量的基本要求,若 $\hat{\theta}$ 是 θ 的一致估计量,当样本容量很大时,一次抽样得到的 θ 估计值 $\hat{\theta}$ 便可作为 θ 的较好近似值;若估计量不具有一致性,那么不论样本容量 n 取得多大,都不能将 θ 估计得足够准确。

例 7.1.13 设总体 X 的概率密度为

$$f(x;\theta) = \begin{cases} \dfrac{6x}{\theta^3}(\theta - x), & 0 < x < \theta, \\ 0, & \text{其他} \end{cases}$$

其中,$\theta (\theta > 0)$ 为未知参数,$X_1, X_2, \cdots, X_n$ 是总体 X 的样本。

(1) 求 θ 的矩估计量 $\hat{\theta}$;

(2) 求 $\hat{\theta}$ 的方差 $D\hat{\theta}$；

(3) 讨论 $\hat{\theta}$ 的一致性。

解 (1) $\mu_1 = EX = \int_{-\infty}^{+\infty} x \cdot f(x;\theta) \mathrm{d}x = \int_0^\theta \frac{6x^2 \cdot (\theta-x)}{\theta^3} \mathrm{d}x = \frac{\theta}{2}$。

令 $\mu_1 = \frac{1}{n}\sum_{i=1}^n X_i = \overline{X}$，解得

$$\theta = 2\overline{X}。$$

因此，θ 的矩估计量为 $\hat{\theta} = 2\overline{X}$。

(2) $E(X^2) = \int_{-\infty}^{+\infty} x^2 \cdot f(x;\theta) \mathrm{d}x = \int_0^\theta \frac{6x^3 \cdot (\theta-x)}{\theta^3} \mathrm{d}x = \frac{3\theta^2}{10}$，

$$DX = E(X^2) - (EX)^2 = \frac{3\theta^2}{10} - \left(\frac{\theta}{2}\right)^2 = \frac{\theta^2}{20},$$

$$D\hat{\theta} = D(2\overline{X}) = \frac{4DX}{n} = \frac{\theta^2}{5n}。$$

(3) 由切比雪夫不等式有

$$\lim_{n\to\infty} P\{|\hat{\theta} - \theta| < \varepsilon\} \geqslant \lim_{n\to\infty}\left(1 - \frac{D\hat{\theta}}{\varepsilon^2}\right) = \lim_{n\to\infty}\left(1 - \frac{\theta^2}{5n\varepsilon^2}\right) = 1。$$

又因为 $\lim_{n\to\infty} P\{|\hat{\theta}-\theta|<\varepsilon\} \leqslant 1$，所以 $\lim_{n\to\infty} P\{|\hat{\theta}-\theta|<\varepsilon\} = 1$，$\hat{\theta}$ 为 θ 的一致估计量。

7.2 区间估计

参数的点估计给出了未知参数 θ 的近似值，但是不能确定近似值的可靠性，即不能确定点估计值与总体参数真实值的接近程度。因此，希望估计出一个范围，并希望知道这个范围包含参数真值 θ 的可信程度。这样的范围通常以区间的形式给出，而可信程度由概率给出，这种估计称为区间估计。

7.2.1 置信区间的概念

定义 7.2.1 设总体 X 的分布函数为 $F(x;\theta)$，其中 θ 为未知参数，$X_1, X_2, \cdots, X_n$ 是总体 X 的样本，给定 $\alpha(0<\alpha<1)$，如果存在两个统计量 $\hat{\theta}_1 = \hat{\theta}_1(X_1, X_2, \cdots, X_n)$ 和 $\hat{\theta}_2 = \hat{\theta}_2(X_1, X_2, \cdots, X_n)$，满足

$$P\{\hat{\theta}_1 < \theta < \hat{\theta}_2\} = 1 - \alpha \tag{7.8}$$

则称随机区间 $(\hat{\theta}_1, \hat{\theta}_2)$ 为 θ 的置信水平为 $1-\alpha$ 的**置信区间**，$\hat{\theta}_1$ 和 $\hat{\theta}_2$ 分别称为**置信下限**和**置信上限**，$1-\alpha$ 为**置信水平**(或**置信度**)。

样本观测的值不同，随机区间 $(\hat{\theta}_1, \hat{\theta}_2)$ 产生具体区间也不同，该区间也称为 θ 的置信区间。

置信区间的意义是：当样本容量 n 固定时，反复抽样 N 次，随机得到 N 个区间 $(\hat{\theta}_{1k},\hat{\theta}_{2k})$ $(k=1,2,\cdots,N)$。这 N 个区间中，有的包含参数 θ 的真值，有的不包含参数 θ 的真值。当置信水平为 $1-\alpha$ 时，包含参数 θ 的真值的区间约占 $100(1-\alpha)\%$。例如，$N=100$，$1-\alpha=0.90$，则 100 个区间中大约有 90 个包含参数 θ 的真值，而不是说一个具体的区间以 0.90 的概率包含 θ，如图 7.1 所示。

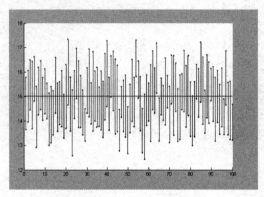
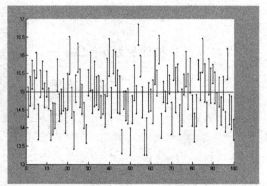

(a) μ 的置信水平为0.90的置信区间
100个区间中有90个包含参数真值15

(b) μ 的置信水平为0.50的置信区间
100个区间中有50个包含参数真值15

图 7.1

对未知参数进行估计时，精度和信度都越高越好，但是二者通常很难兼得。所以求区间估计的一个基本原则是：在保证给定的置信水平 $1-\alpha$ 的条件下，选择精度尽可能高（即区间的平均长度尽可能小）的区间作为置信区间。通常 α 取 $0.05,0.01,0.10$，至于取何值，视具体情况而定。

求置信区间的步骤如下。

(1) 根据样本寻找一个函数 $W=W(X_1,X_2,\cdots,X_n;\theta)$，要求：$W$ 的分布已知，且不依赖于 θ 以及其他未知参数。

(2) 对给定的置信水平 $1-\alpha$，由 W 的分布确定两个常数 a,b，使
$$P\{a<W(X_1,X_2,\cdots,X_n;\theta)<b\}=1-\alpha.$$

(3) 从 $\{a<W(X_1,X_2,\cdots,X_n;\theta)<b\}$ 中解出 θ，得到其等价形式
$$\{\hat{\theta}_1(X_1,X_2,\cdots,X_n)<\theta<\hat{\theta}_2(X_1,X_2,\cdots,X_n)\},$$
则
$$P\{\hat{\theta}_1(X_1,X_2,\cdots,X_n)<\theta<\hat{\theta}_2(X_1,X_2,\cdots,X_n)\}=1-\alpha,$$
即 $(\hat{\theta}_1,\hat{\theta}_2)$ 为 θ 的置信水平为 $1-\alpha$ 的置信区间。

构造 $W=W(X_1,X_2,\cdots,X_n;\theta)$ 时，往往从 θ 的点估计考虑，最好是无偏的。

由于最常见的参数估计问题多为估计正态总体的未知参数，以下重点讨论正态总体均值和方差的区间估计。

7.2.2 单正态总体参数的区间估计

设 $X_1,X_2,\cdots,X_n$ 是总体 $X\sim N(\mu,\sigma^2)$ 的样本，$\overline{X}$ 与 S^2 分别是样本均值与样本方差，

已给定置信水平为 $1-\alpha$。

1. 均值 μ 的区间估计

下面分两种情况讨论 μ 的区间估计问题。

(1) 在 σ^2 已知情形下,求 μ 的置信区间。

由于 $\overline{X}$ 是 μ 的无偏估计,且 $\overline{X} \sim N\left(\mu, \dfrac{\sigma^2}{n}\right)$,所以

$$U = \dfrac{\overline{X} - \mu}{\sigma}\sqrt{n} \sim N(0,1), \tag{7.9}$$

则对给定的置信水平 $1-\alpha(0<\alpha<1)$,存在 $u_{\frac{\alpha}{2}}$,使

$$P\{-u_{\frac{\alpha}{2}} < U < u_{\frac{\alpha}{2}}\} = 1-\alpha。 \tag{7.10}$$

其中,$u_{\frac{\alpha}{2}}$ 为标准正态分布的上侧 $\dfrac{\alpha}{2}$ 分位数,其值可查标准正态分布表,如图 7.2 所示。

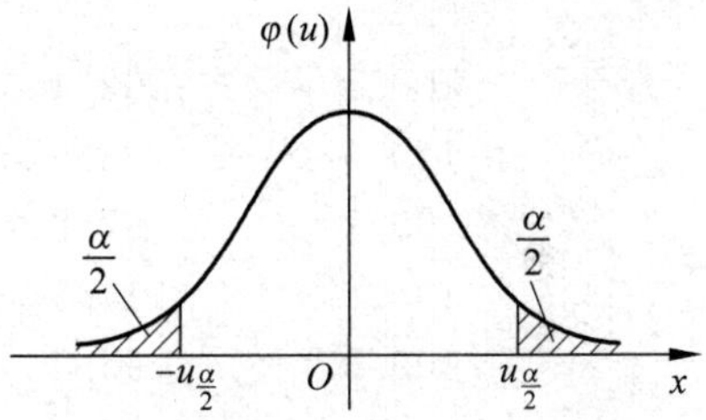

将 U 代入式(7.10)有

$$P\left\{\left|\dfrac{\overline{X}-\mu}{\sigma}\sqrt{n}\right| < u_{\frac{\alpha}{2}}\right\} = 1-\alpha,$$

图 7.2

从而

$$P\left\{\overline{X} - \dfrac{\sigma}{\sqrt{n}}u_{\frac{\alpha}{2}} < \mu < \overline{X} + \dfrac{\sigma}{\sqrt{n}}u_{\frac{\alpha}{2}}\right\} = 1-\alpha, \tag{7.11}$$

所以 μ 的置信水平为 $1-\alpha$ 的置信区间是

$$\left(\overline{X} - \dfrac{\sigma}{\sqrt{n}}u_{\frac{\alpha}{2}}, \overline{X} + \dfrac{\sigma}{\sqrt{n}}u_{\frac{\alpha}{2}}\right)。 \tag{7.12}$$

此时,该置信区间长度为 $\dfrac{2\sigma}{\sqrt{n}}u_{\frac{\alpha}{2}}$。可见,置信区间的长度与 $\overline{X}$ 无关,只与置信水平和样本容量 n 有关。当样本容量一定时,置信水平越高,置信区间越长。在置信水平给定的情况下,适当选取 n 的值,可得到所需要的置信区间长度。

(2) 在 σ^2 未知情形下,求 μ 的置信区间。

由于 S^2 是 σ^2 的无偏估计,且

$$T = \dfrac{\overline{X} - \mu}{S}\sqrt{n} \sim t(n-1), \tag{7.13}$$

则对给定的置信水平 $1-\alpha(0<\alpha<1)$,存在 $t_{\frac{\alpha}{2}}(n-1)$,使

$$P\{-t_{\frac{\alpha}{2}}(n-1) < T < t_{\frac{\alpha}{2}}(n-1)\} = 1-\alpha。 \tag{7.14}$$

其中,$t_{\frac{\alpha}{2}}(n-1)$ 是自由度为 $n-1$ 的 t 分布的上侧 $\dfrac{\alpha}{2}$ 分位数,其值可查 t 分布表,如图 7.3 所示。

将 T 代入式(7.14)有

$$P\left\{\overline{X} - \dfrac{S}{\sqrt{n}}t_{\frac{\alpha}{2}}(n-1) < \mu < \overline{X} + \dfrac{S}{\sqrt{n}}t_{\frac{\alpha}{2}}(n-1)\right\}$$
$$= 1-\alpha,$$

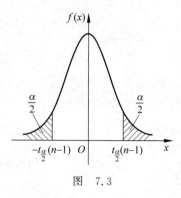

图 7.3

所以 μ 的置信水平为 $1-\alpha$ 的置信区间是

$$\left(\overline{X} - \frac{S}{\sqrt{n}} t_{\frac{\alpha}{2}}(n-1), \overline{X} + \frac{S}{\sqrt{n}} t_{\frac{\alpha}{2}}(n-1)\right)。 \quad (7.15)$$

此时,该置信区间长度为 $\frac{2S}{\sqrt{n}} t_{\frac{\alpha}{2}}(n-1)$。可见,置信区间的长度与 $\overline{X}$ 无关,只与置信水平和样本容量 n 有关。当样本容量一定时,置信水平越高,置信区间越长。在置信水平给定的情况下,适当选取 n 的值,可得到所需要的置信区间长度。

例 7.2.1 某食品加工企业以生产袋装食品为主,按照规定每袋的重量应为 100g。现从某日加工的食品中随机抽查 25 袋,测得每袋重量(单位:g)如下。

100.1	102.4	98.3	112.2	96.8
120.5	93.6	99.9	102.9	95.3
99.2	97.8	111.0	102.3	102.2
100.8	114.5	100.2	90.6	97.6
109.5	95.5	93.9	103.8	101.1

已知食品重量服从正态分布 $N(\mu, \sigma^2)$。

(1) 若 $\sigma=5$,求平均重量 μ 的置信水平为 0.95 的置信区间;
(2) 若 σ 未知,求平均重量 μ 的置信水平为 0.95 的置信区间。

解 (1) 由题知,$\sigma=5, n=25$,置信水平为 $1-\alpha=0.95$,查正态分布表得 $u_{\frac{\alpha}{2}}=1.96$;计算样本均值为 $\bar{x} = \frac{1}{25}\sum_{i=1}^{25} x_i = 101.68$。

根据式(7.12),有

$$\bar{x} - \frac{\sigma}{\sqrt{n}} u_{\frac{\alpha}{2}} = 101.68 - \frac{5}{\sqrt{25}} \times 1.96 = 99.72,$$

$$\bar{x} + \frac{\sigma}{\sqrt{n}} u_{\frac{\alpha}{2}} = 101.68 + \frac{5}{\sqrt{25}} \times 1.96 = 103.64。$$

故 μ 的置信水平为 0.95 的置信区间为 $(99.72, 103.64)$。

(2) $n=25$,置信水平为 $1-\alpha=0.95$,查 t 分布表得 $t_{\frac{\alpha}{2}}(n-1)=2.0639$。由(1)知,样本均值为 $\bar{x}=101.68$,故样本方差 $S^2 = \frac{1}{24}\sum_{i=1}^{25}(x_i - \bar{x})^2 = 49.7467$,样本标准差 $S=7.0531$。

根据式(7.15),有

$$\bar{x} - \frac{S}{\sqrt{n}} t_{\frac{\alpha}{2}}(n-1) = 101.68 - \frac{7.0531}{\sqrt{25}} \times 2.0639 = 98.77,$$

$$\bar{x} - \frac{S}{\sqrt{n}} t_{\frac{\alpha}{2}}(n-1) = 101.68 + \frac{7.0531}{\sqrt{25}} \times 2.0639 = 104.59。$$

故 μ 的置信水平为 0.95 的置信区间为 $(98.77, 104.59)$。

注意：在同一置信水平下,置信区间的选取不唯一。例如,在本例问题(1)中,令 $\alpha = 0.01+0.04$,由

$$P\left\{-u_{0.01} < \frac{\overline{X}-\mu}{\sigma}\sqrt{n} < u_{0.04}\right\} = 0.95$$

查表得,$u_{0.01}=2.33$,$u_{0.04}=1.75$,

$$\bar{x} - \frac{\sigma}{\sqrt{n}}u_{0.04} = 101.68 - \frac{5}{\sqrt{25}} \times 1.75 = 99.93,$$

$$\bar{x} + \frac{\sigma}{\sqrt{n}}u_{0.01} = 101.68 + \frac{5}{\sqrt{25}} \times 2.33 = 104.01。$$

所以 μ 的置信水平为 0.95 的置信区间为 $(99.93, 104.01)$,区间长度为 $l_2 = 4.08$。而(1)中区间长度为 $l_1 = 3.92$,故 $l_2 > l_1$。

如果概率密度的图形是单峰且对称的,则当样本容量固定时,取对称的分位数确定置信区间是置信水平为 $1-\alpha$ 的所有置信区间中长度最短的。

2. 方差 σ^2 的区间估计

根据实际问题的需要,只讨论 μ 未知时 σ^2 的区间估计问题。

由于 S^2 是 σ^2 的无偏估计,且

$$\chi^2 = \frac{(n-1)S^2}{\sigma^2} \sim \chi^2(n-1), \tag{7.16}$$

则对给定的置信水平 $1-\alpha$ $(0<\alpha<1)$,存在 $\chi^2_{\alpha/2}(n-1)$ 与 $\chi^2_{1-\alpha/2}(n-1)$,使

$$P\left\{\chi^2_{1-\frac{\alpha}{2}}(n-1) < \chi^2 < \chi^2_{\frac{\alpha}{2}}(n-1)\right\} = 1-\alpha。 \tag{7.17}$$

其中,$\chi^2_{\frac{\alpha}{2}}(n-1)$ 是自由度为 $n-1$ 的 χ^2 分布的上侧 $\frac{\alpha}{2}$ 分位数,其值可查 χ^2 分布表(见图 7.4)。

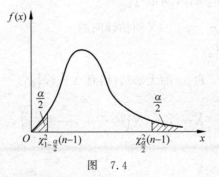

图 7.4

将 χ^2 代入式(7.17)有

$$P\left\{\frac{(n-1)S^2}{\chi^2_{\frac{\alpha}{2}}(n-1)} < \sigma^2 < \frac{(n-1)S^2}{\chi^2_{1-\frac{\alpha}{2}}(n-1)}\right\} = 1-\alpha。$$

所以 σ^2 的置信水平为 $1-\alpha$ 的置信区间是

$$\left(\frac{(n-1)S^2}{\chi^2_{\frac{\alpha}{2}}(n-1)}, \frac{(n-1)S^2}{\chi^2_{1-\frac{\alpha}{2}}(n-1)}\right)。 \tag{7.18}$$

标准差 σ 的置信水平为 $1-\alpha$ 的置信区间为

$$\left(S \cdot \sqrt{\frac{n-1}{\chi^2_{\frac{\alpha}{2}}(n-1)}}, S \cdot \sqrt{\frac{n-1}{\chi^2_{1-\frac{\alpha}{2}}(n-1)}}\right)_\circ \tag{7.19}$$

例 7.2.2 （续例 7.2.1）若 μ 与 σ^2 均未知，求 σ^2 的置信水平为 0.95 的置信区间。

解 $S^2=49.7467, n=25$，置信水平为 $1-\alpha=0.95$，查 χ^2 分布表得 $\chi^2_{\frac{\alpha}{2}}(n-1)=\chi^2_{0.025}(24)=39.364, \chi^2_{1-\frac{\alpha}{2}}(n-1)=\chi^2_{0.975}(24)=12.401$。

根据式(7.18)，有

$$\frac{(n-1)S^2}{\chi^2_{\frac{\alpha}{2}}(n-1)} = \frac{24 \times 49.7467}{39.364} = 30.33,$$

$$\frac{(n-1)S^2}{\chi^2_{1-\frac{\alpha}{2}}(n-1)} = \frac{24 \times 49.7467}{12.401} = 96.28_\circ$$

故 σ^2 的置信水平为 0.95 的置信区间为 $(30.33, 96.28)$。

当概率密度曲线的图形不对称时，习惯上仍取对称的分位数来确定置信区间，但是这样的置信区间的长度并不是最短的。

7.2.3 双正态总体参数的区间估计

设 $X_1, X_2, \cdots, X_{n_1}$ 和 $Y_1, Y_2, \cdots, Y_{n_2}$ 分别是总体 $X \sim N(\mu_1, \sigma_1^2)$ 和 $Y \sim N(\mu_2, \sigma_2^2)$ 的样本，且这两个样本相互独立。$\bar{X}, \bar{Y}$ 和 S_1^2, S_2^2 分别为两个样本的样本均值和样本方差，已给定置信水平为 $1-\alpha$。

1. 总体均值差 $\mu_1 - \mu_2$ 的区间估计

下面分两种情况讨论 $\mu_1 - \mu_2$ 的区间估计问题。

(1) σ_1^2 和 σ_2^2 均为已知。

由于 $\bar{X}$ 和 $\bar{Y}$ 分别是 μ_1 和 μ_2 的无偏估计，且 $\bar{X} \sim N\left(\mu_1, \frac{\sigma_1^2}{n_1}\right), \bar{Y} \sim N\left(\mu_2, \frac{\sigma_2^2}{n_2}\right)$，所以

$$\bar{X} - \bar{Y} \sim N\left(\mu_1 - \mu_2, \frac{\sigma_1^2}{n_1} + \frac{\sigma_2^2}{n_2}\right), \tag{7.20}$$

进而，

$$\frac{\bar{X} - \bar{Y} - (\mu_1 - \mu_2)}{\sqrt{\frac{\sigma_1^2}{n_1} + \frac{\sigma_2^2}{n_2}}} \sim N(0,1)_\circ$$

与单正态总体情况类似，$\mu_1 - \mu_2$ 的置信水平为 $1-\alpha$ 的置信区间是

$$\left(\bar{X} - \bar{Y} - u_{\frac{\alpha}{2}}\sqrt{\frac{\sigma_1^2}{n_1} + \frac{\sigma_2^2}{n_2}}, \bar{X} - \bar{Y} + u_{\frac{\alpha}{2}}\sqrt{\frac{\sigma_1^2}{n_1} + \frac{\sigma_2^2}{n_2}}\right)_\circ \tag{7.21}$$

(2) $\sigma_1^2 = \sigma_2^2 = \sigma^2, \sigma^2$ 未知。

由定理 6.3.5 知，有

$$T = \frac{(\bar{X}-\bar{Y})-(\mu_1-\mu_2)}{S_w\sqrt{\frac{1}{n_1}+\frac{1}{n_2}}} \sim t(n_1+n_2-2), \tag{7.22}$$

其中,$S_w = \sqrt{\frac{(n_1-1)S_1^2+(n_2-1)S_2^2}{n_1+n_2-2}}$。

所以 $\mu_1-\mu_2$ 的置信水平为 $1-\alpha$ 的置信区间是

$$\left(\bar{X}-\bar{Y}-t_{\frac{\alpha}{2}}(n_1+n_2-2)\cdot S_w \cdot \sqrt{\frac{1}{n_1}+\frac{1}{n_2}},\ \bar{X}-\bar{Y}+t_{\frac{\alpha}{2}}(n_1+n_2-2)\cdot S_w \cdot \sqrt{\frac{1}{n_1}+\frac{1}{n_2}}\right)。 \tag{7.23}$$

例 7.2.3 欲测定两种不同的塑料材料的耐磨程度,从甲种塑料中取容量为 12 的随机样本,测得平均磨损深度 $\bar{x}=85$ 个单位,标准差 $S_1=4$;从乙种塑料中取容量为 10 的随机样本,测得平均磨损深度 $\bar{y}=81$ 个单位,标准差 $S_2=5$。

假设 $X\sim N(\mu_1,\sigma^2),Y\sim N(\mu_2,\sigma^2)$,试求 $\mu_1-\mu_2$ 的置信水平为 0.95 的置信区间。

解 $n_1=12,n_2=10,S_w=\sqrt{\frac{(n_1-1)S_1^2+(n_2-1)S_2^2}{n_1+n_2-2}}=\sqrt{\frac{11\times 4^2+9\times 5^2}{12+10-2}}=4.4777$。

因为 $1-\alpha=0.95$,所以 $\alpha=0.05$,查 t 分布表得

$$t_{\frac{\alpha}{2}}(n_1+n_2-2)=t_{0.025}(20)=2.0860。$$

根据式(7.23),有

$$\bar{x}-\bar{y}-t_{\frac{\alpha}{2}}(n_1+n_2-2)\cdot S_w \cdot \sqrt{\frac{1}{n_1}+\frac{1}{n_2}}$$

$$=85-81-2.086\times 4.4777\times \sqrt{\frac{1}{12}+\frac{1}{10}}=0.0006;$$

$$\bar{x}-\bar{y}+t_{\frac{\alpha}{2}}(n_1+n_2-2)\cdot S_w \cdot \sqrt{\frac{1}{n_1}+\frac{1}{n_2}}$$

$$=85-81+2.086\times 4.4777\times \sqrt{\frac{1}{12}+\frac{1}{10}}=7.9994。$$

故 $\mu_1-\mu_2$ 的置信水平为 0.95 的置信区间为 $(0.0006,7.9994)$。

2. 总体方差比 $\frac{\sigma_1^2}{\sigma_2^2}$ 的置信区间

当 μ_1,μ_2 均未知时,由定理 6.3.6 知,有

$$F=\frac{\frac{S_1^2}{\sigma_1^2}}{\frac{S_2^2}{\sigma_2^2}} \sim F(n_1-1,n_2-1)。 \tag{7.24}$$

对给定的 α,$F_{\frac{\alpha}{2}}(n_1-1,n_2-1)$ 和 $F_{1-\frac{\alpha}{2}}(n_1-1,n_2-1)$ 使

$$P\left\{F_{1-\frac{\alpha}{2}}(n_1-1,n_2-1)<\frac{\frac{S_1^2}{\sigma_1^2}}{\frac{S_2^2}{\sigma_2^2}}<F_{\frac{\alpha}{2}}(n_1-1,n_2-1)\right\}=1-\alpha, \tag{7.25}$$

即

$$P\left\{\frac{S_1^2}{S_2^2}\cdot\frac{1}{F_{\frac{\alpha}{2}}(n_1-1,n_2-1)}<\frac{\sigma_1^2}{\sigma_2^2}<\frac{S_1^2}{S_2^2}\cdot\frac{1}{F_{1-\frac{\alpha}{2}}(n_1-1,n_2-1)}\right\}=1-\alpha_\circ \quad (7.26)$$

所以 $\frac{\sigma_1^2}{\sigma_2^2}$ 的置信水平为 $1-\alpha$ 的置信区间是

$$\left(\frac{S_1^2}{S_2^2}\cdot\frac{1}{F_{\frac{\alpha}{2}}(n_1-1,n_2-1)},\frac{S_1^2}{S_2^2}\cdot\frac{1}{F_{1-\frac{\alpha}{2}}(n_1-1,n_2-1)}\right)_\circ \quad (7.27)$$

例 7.2.4 由以往的资料可知，甲、乙两煤矿的含灰率 X,Y 分别服从 $N(\mu_1,\sigma_1^2)$，$N(\mu_2,\sigma_2^2)$。现从两煤矿各抽几个试样，分析其含灰率如下(单位：%)。

甲矿：24.3,20.8,23.7,21.3,17.4。

乙矿：18.2,16.9,20.2,16.7。

求甲、乙两矿所采煤的含灰率的方差比 σ_1^2/σ_2^2 的置信水平为 0.95 的置信区间。

解 $n_1=5,n_2=4,\alpha=0.05$，计算样本方差得 $S_1^2=7.5050, S_2^2=2.5933$。查表得，$F_{\frac{\alpha}{2}}(n_1-1,n_2-1)=F_{0.025}(4,3)=15.10$，

$$F_{1-\frac{\alpha}{2}}(n_1-1,n_2-1)=F_{0.975}(4,3)=\frac{1}{9.98}=0.1002_\circ$$

根据式(7.27)，有

$$\frac{S_1^2}{S_2^2}\cdot\frac{1}{F_{\frac{\alpha}{2}}(n_1-1,n_2-1)}=\frac{7.5050}{2.5933}\times\frac{1}{15.10}=0.1917,$$

$$\frac{S_1^2}{S_2^2}\cdot\frac{1}{F_{1-\frac{\alpha}{2}}(n_1-1,n_2-1)}=\frac{7.5050}{2.5933}\times\frac{1}{0.1002}=28.8817_\circ$$

故 $\frac{\sigma_1^2}{\sigma_2^2}$ 的置信水平为 0.95 的置信区间为 $(0.1917,28.8817)$。

7.2.4 大样本总体均值的区间估计

上述的区间估计问题都是在正态分布总体下进行的，对于非正态总体，由于其精确的抽样分布很难找到，求未知参数的置信区间比较困难。当样本容量充分大时，可以利用中心极限定理来处理。

设总体 X 的分布函数为 $F(x;\theta)$，θ 是未知参数，$EX=\mu(\theta), DX=\sigma^2(\theta)>0$，$X_1,X_2,\cdots,X_n$ 是总体 X 的样本。由中心极限定理知，当 n 充分大时(一般要求 $n\geqslant 50$)，

$$U=\frac{\overline{X}-\mu(\theta)}{\frac{\sigma(\theta)}{\sqrt{n}}}\stackrel{近似}{\sim}N(0,1)_\circ$$

对于给定的置信水平 $1-\alpha$，有

$$P\left\{\left|\frac{\overline{X}-\mu(\theta)}{\sigma(\theta)}\sqrt{n}\right|<u_{\frac{\alpha}{2}}\right\}=1-\alpha,$$

将 $\left|\frac{\overline{X}-\mu(\theta)}{\sigma(\theta)}\sqrt{n}\right|<u_{\frac{\alpha}{2}}$ 化为等价不等式

$$\hat{\theta}_1 < \theta < \hat{\theta}_2,$$

$(\hat{\theta}_1, \hat{\theta}_2)$ 就是 θ 的置信水平为 $1-\alpha$ 的置信区间。

设总体 $X \sim B(1,p)$，p 为未知参数，$X_1, X_2, \cdots, X_n$ 是总体 X 的样本，求 p 的置信水平为 $1-\alpha$ 的置信区间。

由于 $EX = p, DX = p(1-p)$，所以

$$\frac{\overline{X}-p}{\sqrt{p(1-p)}/\sqrt{n}} \overset{近似}{\sim} N(0,1), \quad 即 \quad \frac{n\overline{X}-np}{\sqrt{np(1-p)}} \overset{近似}{\sim} N(0,1)。$$

$$P\left\{\left|\frac{n\overline{X}-np}{\sqrt{np(1-p)}}\right| < u_{\frac{\alpha}{2}}\right\} = 1-\alpha。$$

不等式 $\left(\dfrac{n\overline{X}-np}{\sqrt{np(1-p)}}\right)^2 < u_{\frac{\alpha}{2}}^2$ 等价于

$$\left(n+u_{\frac{\alpha}{2}}^2\right)p^2 - \left(2n\overline{X}+u_{\frac{\alpha}{2}}^2\right)p + n\overline{X}^2 < 0。$$

记

$$\hat{p}_1 = \frac{-b-\sqrt{b^2-4ac}}{2a}, \quad \hat{p}_2 = \frac{-b+\sqrt{b^2-4ac}}{2a} \tag{7.28}$$

其中，$a = n + u_{\frac{\alpha}{2}}^2$，$b = -\left(2n\overline{X}+u_{\frac{\alpha}{2}}^2\right)$，$c = n\overline{X}^2$，则 p 的置信水平为 $1-\alpha$ 的置信区间为 $(\hat{p}_1, \hat{p}_2)$。

例 7.2.5 从使用某软件产品的用户中选取 100 人，调查得知对该软件满意的用户有 60 人，求这款软件的用户满意率 p 的置信水平为 0.95 的置信区间。

解 设

$$X = \begin{cases} 0, & 用户对该软件不满意 \\ 1, & 用户对该软件满意 \end{cases},$$

则 $X \sim B(1,p)$。

由题意知，$n = 100$，$\overline{x} = 0.6$，$\alpha = 0.05$，查表得，$u_{\frac{\alpha}{2}} = 1.96$，故

$$a = n + u_{\frac{\alpha}{2}}^2 = 103.84, \quad b = -\left(2n\overline{x}+u_{\frac{\alpha}{2}}^2\right) = -123.84, \quad c = n\overline{x}^2 = 36。$$

计算得，$\hat{p}_1 = 0.50$，$\hat{p}_2 = 0.69$，则 p 的置信水平为 0.95 的置信区间为 $(0.50, 0.69)$。

7.2.5 单侧置信区间

有时关心的仅是未知参数取值的上限或者下限。例如，对于产品的次品率，关心的是其上限；对于元件的寿命，关心的是其下限，这就是只需求置信上限或者置信下限的情况。因此，考虑置信区间的形式为 $(\hat{\theta}_1, +\infty)$ 或者 $(-\infty, \hat{\theta}_2)$ 的情形，给出单侧置信区间。

7.2.6 置信区间的概念

定义 7.2.2 设总体 X 的分布函数为 $F(x;\theta)$，其中 θ 为未知参数，$X_1, X_2, \cdots, X_n$ 是总体 X 的样本。给定 $\alpha(0<\alpha<1)$，如果存在统计量 $\hat{\theta}_1 = \hat{\theta}_1(X_1, X_2, \cdots, X_n)$，满足

$$P\{\theta > \hat{\theta}_1\} = 1 - \alpha, \tag{7.29}$$

则称随机区间$(\hat{\theta}_1, +\infty)$为$\theta$的置信水平为$1-\alpha$的**单侧置信区间**，$\hat{\theta}_1$称为**单侧置信下限**。

如果存在统计量$\hat{\theta}_2 = \hat{\theta}_2(X_1, X_2, \cdots, X_n)$，满足

$$P\{\theta < \hat{\theta}_2\} = 1 - \alpha, \tag{7.30}$$

则称随机区间$(-\infty, \hat{\theta}_2)$为$\theta$的置信水平为$1-\alpha$的**单侧置信区间**，$\hat{\theta}_2$称为**单侧置信上限**。

求单侧置信区间的方法与求双侧置信区间的方法类似，下面通过例题来说明。

例 7.2.6 一批保险丝的熔化时间T(单位：h)服从正态分布$N(\mu, \sigma^2)$，从中随机抽取 12 根，测得其熔化时间为 65,75,78,68,72,80,81,54,53,78,69,58，求μ的置信水平为 0.90 的单侧置信下限。

解
$$T = \frac{\overline{X} - \mu}{S}\sqrt{n} \sim t(n-1)。$$

则对给定的置信水平$1-\alpha(0 < \alpha < 1)$，存在$t_\alpha(n-1)$，使

$$P\{T < t_\alpha(n-1)\} = 1 - \alpha,$$

即

$$P\left\{\frac{\overline{X} - \mu}{S}\sqrt{n} < t_\alpha(n-1)\right\} = 1 - \alpha。$$

所以μ的置信水平为$1-\alpha$的单侧置信区间是

$$\left(\overline{X} - \frac{S}{\sqrt{n}}t_\alpha(n-1), +\infty\right)。 \tag{7.31}$$

由题意得$n=12, \alpha=0.10, \overline{x}=69.25, s=9.9556$，查表得$t_\alpha(n-1) = t_{0.10}(11) = 1.3634$，于是$\overline{x} - \frac{S}{\sqrt{n}}t_\alpha(n-1) = 69.25 - \frac{9.9556}{\sqrt{12}} \times 1.3634 = 65.3317$。故$\mu$的置信水平为 0.90 的单侧置信下限为 65.3317。

习 题 7

1. 设来自总体$X \sim B(1,p)$的一组样本观测值为 0,1,0,1,1，求未知参数p的矩估计值。

2. 设总体X服从$[0,\theta]$上的均匀分布，其中$\theta > 0$为未知参数，若样本观测值为 0.2, 0.3,0.5,0.1,0.6,0.3,0.2,0.2，求θ的矩估计值。

3. 某糖厂用自动打包机装糖，现从糖包中随机地取 4 包，测得质量(单位：kg)为 99.3,98.7,100.5,101.2，用矩估计法估计这批糖包的平均质量和离散度。

4. 设$X_1, X_2, \cdots, X_n$是来自正态总体$X \sim N(\mu, \sigma^2)$的样本，$x_1, x_2, \cdots, x_n$是样本观测值，且$\overline{x} = 9, \frac{1}{n}\sum_{i=1}^{n} x_i^2 = 109.8$。求未知参数$\mu$和$\sigma^2$的极大似然估计值。

5. 设总体X服从几何分布

$$P(X=k) = p \cdot (1-p)^{k-1} \quad (k=1,2,\cdots),$$

$p(0<p<1)$ 为未知参数,$X_1,X_2,\cdots,X_n$ 是来自总体 X 的一个样本,$x_1,x_2,\cdots,x_n$ 是样本观测值。求参数 p 的极大似然估计量。

6. 设总体 X 的概率密度为
$$f(x;\theta)=\frac{1}{2}e^{-|x-\theta|} \quad (-\infty<x<+\infty),$$
θ 为未知参数,$X_1,X_2,\cdots,X_n$ 是来自总体 X 的样本,$x_1,x_2,\cdots,x_n$ 是样本观测值。求 θ 的矩估计量。

7. 设总体 X 的概率密度为
$$f(x;\theta)=\begin{cases}\dfrac{2}{\theta^2}(\theta-x), & 0<x\leqslant\theta,\\ 0, & \text{其他}\end{cases},$$
$\theta>0$ 且为未知参数,$X_1,X_2,\cdots,X_n$ 是来自总体 X 的样本。求 θ 的矩估计量。

8. 设总体 X 的分布函数为
$$F(x;\theta)=\begin{cases}1-e^{-\frac{x}{\theta}}, & x>0,\\ 0, & x\leqslant 0\end{cases}$$
$\theta>0$ 且为未知参数,$X_1,X_2,\cdots,X_n$ 是来自总体 X 的样本,$x_1,x_2,\cdots,x_n$ 是样本观测值。求 θ 的矩估计量和极大似然估计量。

9. 设总体 X 的概率密度为
$$\varphi(x;\theta,\alpha)=\begin{cases}\dfrac{1}{\theta}e^{-\frac{x-\alpha}{\theta}}, & x\geqslant\alpha,\\ 0, & x<\alpha\end{cases},$$
其中,θ,α 均为未知参数,且 $\theta>0$,$-\infty<\alpha<+\infty$,$X_1,X_2,\cdots,X_n$ 是来自总体 X 的样本,$x_1,x_2,\cdots,x_n$ 是样本观测值。求 θ,α 的极大似然估计量。

10. 设总体 X 的分布律如表 7.3 所示。

表 7.3

X	1	2	3
P	θ^2	$2\theta(1-\theta)$	$(1-\theta)^2$

其中,θ 为未知参数 $(0<\theta<1)$。已知抽样取得了样本值 $x_1=1,x_2=2,x_3=1$,试求 θ 的矩估计值和极大似然估计值。

11. 设 $X_1,X_2,\cdots,X_n$ 是来自正态总体 $X\sim N(\theta+3,1)$ 的样本,其中 θ 为未知参数,求 θ 的矩估计量和极大似然估计量。

12. 设总体 X 的概率密度为
$$f(x;\theta)=\begin{cases}\dfrac{1}{2\theta}, & 0<x<\theta\\ \dfrac{1}{2(1-\theta)}, & \theta\leqslant x<1,\\ 0, & \text{其他}\end{cases}$$

其中，$\theta(0<\theta<1)$ 为未知参数，$X_1, X_2, \cdots, X_n$ 是来自 X 的样本。

(1) 求参数 θ 的矩估计量；

(2) 判断 $4\overline{X}^2$ 是否为 θ^2 的无偏估计量，并说明理由。

13. 设总体 $X \sim N(\mu, \sigma^2)$，X_1, X_2, X_3 是来自总体 X 的一个样本。试证明下列统计量都是未知参数 μ 的无偏估计量，并指出它们中哪个最有效：

$$\hat{\mu}_1 = \frac{1}{5}X_1 + \frac{3}{10}X_2 + \frac{1}{2}X_3; \quad \hat{\mu}_2 = \frac{1}{3}X_1 + \frac{1}{3}X_2 + \frac{1}{3}X_3; \quad \hat{\mu}_3 = \frac{1}{3}X_1 + \frac{1}{6}X_2 + \frac{1}{2}X_3.$$

14. 设总体 $X \sim N(\mu, \sigma^2)$，$X_1, X_2, \cdots, X_n$ 是来自 X 的样本。试确定常数 c，使 $c\sum_{i=1}^{n-1}(X_{i+1}-X_i)^2$ 为 σ^2 的无偏估计量。

15. 设总体 X 服从参数为 λ 的泊松分布，$X_1, X_2, \cdots, X_n$ 是来自 X 的样本，$\overline{X}$ 和 S^2 分别为样本均值和样本方差，若 $\hat{\lambda} = a\overline{X} + (2-3a)S^2$ 为 λ 的无偏估计量，求 a。

16. 设总体 $X \sim N(\mu, \sigma^2)$，$X_1, X_2, \cdots, X_n (n>2)$ 是来自 X 的样本，$\overline{X} = \frac{1}{n}\sum_{i=1}^{n}X_i$。求常数 k，使 $k\sum_{i=1}^{n}|X_i - \overline{X}|$ 为 σ 的无偏估计量。

17. 设 $\hat{\theta}_1, \hat{\theta}_2$ 是参数 θ 的两个相互独立的无偏估计量，且 $D(\hat{\theta}_1) = 2D(\hat{\theta}_2)$。试求参数 k_1, k_2，使 $k_1\hat{\theta}_1 + k_2\hat{\theta}_2$ 也是 θ 的无偏估计量，且使它在所有这样的估计量中的方差最小。

18. 已知 $X_1, X_2, \cdots, X_{2n}$ 是取自总体 $X \sim N(\mu, \sigma^2)$ 的样本，$\overline{X} = \frac{1}{2n}\sum_{i=1}^{2n}X_i$，$Y = \frac{1}{2(n-1)}\sum_{i=1}^{n}(X_i + X_{n+i} - 2\overline{X})^2$。证明 Y 是 σ^2 的无偏估计量。

19. 设总体 X 的概率密度为

$$f(x;\theta) = \begin{cases} \dfrac{3}{\theta^3}x^2, & 0 \leqslant x \leqslant \theta, \\ 0, & \text{其他} \end{cases},$$

$\theta > 0$ 且为未知参数，$X_1, X_2, \cdots, X_n (n \geqslant 2)$ 是来自 X 的样本，$Y_n = \max\{X_1, \cdots, X_n\}$。

(1) 证明 $\dfrac{4}{3}\overline{X}, \dfrac{3n+1}{3n}Y_n$ 都是 θ 的无偏估计量；

(2) 比较这两个估计量哪一个更有效。

20. 设 $X_1, X_2, \cdots, X_n$ 是来自 X 的样本，$X \sim U[0, \theta]$，求 θ 的矩估计量 $\hat{\theta}_1 = 2\overline{X}$ 和极大似然估计量 $\hat{\theta}_2 = \max\{X_1, \cdots, X_n\}$。试问：

(1) $\hat{\theta}_1, \hat{\theta}_2$ 是否为 θ 的无偏估计量？

(2) $\hat{\theta}_1$ 与 $\dfrac{n+1}{n}\hat{\theta}_2$ 能否比较有效性，哪一个更有效？

21. 设 $x_1, x_2, \cdots, x_{15}$ 是来自总体 $X \sim N(\mu, \sigma^2)$ 的样本值，$\sum_{i=1}^{15}x_i = 8.7$，$\sum_{i=1}^{15}x_i^2 = 25.05$。试分别求 μ 和 σ^2 的置信水平为 0.95 的置信区间。

22. 一批保险丝的熔化时间 T（单位：h）服从正态分布 $N(\mu,\sigma^2)$，从中随机抽取 12 根，测得其熔化时间为 65,75,78,68,72,80,81,54,53,78,69,58，求 μ 的置信水平为 0.95 的置信区间。

23. 设工厂生产的螺钉长度（单位：mm）$X \sim N(\mu,\sigma^2)$，现从一大批螺钉中任取 6 根，测得长度（单位：mm）分别为 55,54,54,53,54,54，试求方差 σ^2 的置信水平为 0.90 的置信区间。

24. 某种零件的长度 $X \sim N(\mu,\sigma^2)$，从该种零件中随机地抽取 9 件，测得长度值（单位：mm）为 49.7,50.6,51.8,52.4,48.8,51.1,51.2,51.0,51.5。

在下列两种情况下求这批零件的平均长度 μ 的置信水平为 0.95 的置信区间。

(1) $\sigma^2=1.5^2$；(2) σ^2 未知。

25. 设总体 $X \sim N(\mu,3^2)$，如果要求 μ 的置信水平为 0.99 的置信区间的长度不超过 2，求抽取的样本容量 n 的最小值。

26. 人的每百次脉搏跳动所用时间 T（单位：s）服从正态分布 $N(\mu,\sigma^2)$，某学生在相同的条件下独立地测试 10 次，测得每百次脉搏跳动所用时间为 74.89,74.94,73.81,74.10,73.33,75.84,75.48,75.88,77.91,77.42。求该学生每百次脉搏所用时间 T 的均值 μ 及方差 σ^2 的置信水平为 0.95 的置信区间。

27. 从某批电阻中随机地取出 12 件样品，测得阻值（单位：Ω）分别为 9.83,9.92,10.16,9.76,9.82,9.80,10.17,9.83,9.90,9.87,10.18,9.87。假设电阻的阻值 R 服从正态分布 $N(\mu,\sigma^2)$，试求 μ 及标准差 σ 的置信水平为 0.95 的置信区间。

28. 随机地、独立地从 A 批导线中抽取 4 根，从 B 批导线中抽取 5 根，测得电阻（单位：Ω）数据如下。

A 批：0.143,0.142,0.143,0.137。

B 批：0.140,0.142,0.136,0.138,0.140。

假设两批导线电阻的测试数据分别服从正态分布 $N(\mu_1,\sigma^2)$ 与 $N(\mu_2,\sigma^2)$，其中 σ^2 未知。试求 $\mu_1-\mu_2$ 的置信水平为 0.95 的置信区间。

29. 设有两个相互独立的正态总体 $X \sim N(\mu_1,\sigma_1^2)$，$Y \sim N(\mu_2,\sigma_2^2)$，其中参数均未知。现从中分别取容量为 25 与 16 的两个样本，由抽样观察值算得样本方差分别为 $S_1^2=6.38$ 与 $S_2^2=5.15$，试求方差比的置信水平为 0.90 的置信区间。

30. 机床厂某日从两台机器所加工的同一种零件中分别抽取 11 个和 9 个测量尺寸（单位：mm），数据如下。

甲机器：6.2,5.7,6.5,6.0,6.3,5.8,5.7,6.0,6.0,5.8,6.0。

乙机器：5.6,5.9,5.6,5.7,5.8,6.0,5.5,5.7,5.5。

假设甲机器加工的零件尺寸 $X \sim N(\mu_1,\sigma_1^2)$，乙机器加工的零件尺寸 $Y \sim N(\mu_2,\sigma_2^2)$。求甲、乙两台机器加工的零件尺寸均值差 $\mu_1-\mu_2$ 和标准差比 $\dfrac{\sigma_1}{\sigma_2}$ 的置信水平为 0.95 的置信区间。

习题 7 答案

第8章 假设检验

假设检验是统计推断的又一类重要问题,它与参数估计类似,但是角度不同。在总体的分布函数完全未知,或者只知其分布类型、不知其分布参数的情况下,提出关于总体分布类型或者分布参数的假设,然后根据所得的样本数据运用统计分析方法来检验这种假设是否正确,最后作出接受或者拒绝假设的决定。检验对参数所做的假设称为参数检验,检验对总体的分布类型或者总体分布的某些特性所做的假设称为非参数检验。

本章主要介绍正态总体均值和方差的假设检验、非参数假设检验以及假设检验问题的 p 值法。

8.1 假设检验的基本思想与概念

8.1.1 问题的提出

下面通过几个例子说明假设检验所研究的问题。

例 8.1.1 一种零件的生产标准是直径应为 10cm。根据生产经验知,加工机床生产的零件直径服从正态分布,其标准差为 $\sigma=0.25$cm。为检验加工机床是否正常工作,从某天生产的零件中随机地抽取 9 个,测得其直径(单位:cm)分别为 10.2,10.5,9.3,9.9,10.4,10.1,9.9,9.8,10.5,10.2。问该加工机床的工作是否正常?

解 设该天加工机床生产的零件直径为 X,则 X 为随机变量,且 $X \sim N(\mu, 0.25^2)$。如果加工机床的工作正常,即使零件直径有波动,也应该在生产标准 10cm 附近波动,即 $\mu=10$;否则,认为加工机床的工作不正常。问题转化为检验"$\mu=10$"是否成立。

例 8.1.2 在针织品的漂白工艺过程中,要考虑温度对针织品断裂强力的影响。为比较 70℃和 80℃的影响有无差别,在这两个温度下,分别重复做了 10 次试验,得到数据如下(单位:kg)。

70℃时的断裂强力:20.5,18.8,19.8,20.9,21.5,19.5,21.0,21.2,21.4,19.4。
80℃时的断裂强力:17.8,20.3,19.6,21.0,20.5,18.3,19.9,20.8,19.8,20.0。

设断裂强力服从正态分布,且方差不变。问 70℃和 80℃时的断裂强力有没有显著差异?

解 设 70℃和 80℃时的断裂强力分别为 X 和 Y,则 $X \sim N(\mu_1, \sigma^2)$,$Y \sim N(\mu_2, \sigma^2)$。要考察 70℃和 80℃时的断裂强力有没有显著差异,只需要看这两个温度下断裂强力的数学期望是否相等。问题转化为检验"$\mu_1=\mu_2$"是否成立。

例 8.1.3 检查一本书的 100 页,记录各页中出现印刷错误的个数,结果如表 8.1 所示。

表 8.1

错误个数 f_i	0	1	2	3	4	5	6	7个及以上
含 f_i 个错误的页数	36	40	19	2	0	2	1	0

问能否认为一页出现的印刷错误个数服从泊松分布？

解 设一页出现的印刷错误个数为 X，则问题转化为判断 $X \sim P(\lambda)$ 是否成立。

例 8.1.1 至例 8.1.3 都是假设检验问题，其特点是先对总体分布的参数或者总体分布的类型作出某种假设，然后根据样本观测值作出接受或拒绝所作假设的结论。

8.1.2 假设检验的基本思想

下面结合实例来说明假设检验的基本思想。

例 8.1.4 由统计资料知，某品种煤正常的发热量（单位：kJ/kg）服从均值为 29300、标准差为 400 的正态分布。现从购入的一批该品种煤中随机取 8 个试样，测得其发热量为 29060,28751,29998,29056,27554,29465,29022,28998。如果方差没有改变，问这批煤的发热量是否正常？

解 设这批煤的发热量 $X \sim N(\mu, 400^2)$。如果这批煤的发热量正常，应有 $\mu = 29300$。先提出假设 $H_0 : \mu = \mu_0 = 29300$，表示这批煤的发热量正常。

接下来的任务是根据样本对假设作出判断。尽管样本均值 $\overline{X} = \frac{1}{n}\sum_{i=1}^{n} X_i$ 是总体均值 $EX = \mu$ 的无偏估计，但是由于抽样的随机性，即使煤的发热量正常（H_0 为真），$\overline{X}$ 的观测值 $\overline{x}$ 不一定恰好等于 μ_0，这就要看 $\overline{x}$ 与 μ_0 的差异是否显著。如果差异显著，则认为这批煤的发热量不正常；否则，认为这批煤的发热量正常。

用数理统计的语言描述：如果 $|\overline{x} - \mu_0| < k$（其中 k 是某一适当的数），则接受 H_0，认为这批煤的发热量正常；如果 $|\overline{x} - \mu_0| \geq k$，则拒绝 H_0，认为这批煤的发热量不正常。

在 H_0 成立的条件下，

$$\overline{X} \sim N(29300, 400^2), \quad U = \frac{\overline{X} - 29300}{400/\sqrt{8}} \sim N(0,1)。$$

给定小概率 α，若取 $\alpha = 0.05$，查表可知 $u_{\frac{\alpha}{2}} = 1.96$，使

$$P\left\{\left|\frac{\overline{X} - 29300}{400/\sqrt{8}}\right| \geq 1.96\right\} = 0.05,$$

即

$$P\{|\overline{X} - 29300| \geq 1.96 \times 400/\sqrt{8}\} = 0.05,$$

$k = 1.96 \times \frac{400}{\sqrt{8}} = 277.2277$，也就是说，事件 $\{|\overline{X} - 29300| \geq 277.2277\}$ 发生的概率为 0.05，即事件 $\{|\overline{X} - 29300| \geq 277.2277\}$ 为小概率事件。

由样本值计算得，$\overline{x} = 28998$，

$$|\overline{x} - 29300| = 302 > 277.2277。$$

这说明,只进行了一次试验,小概率事件就发生了,这显然是不正常的。其原因在于原假设 H_0 有问题,因此,拒绝 H_0,认为这批煤的发热量不正常。

上述过程有以下两个特点。

(1) 应用了反证法的思想。为了检验 H_0 是否成立,首先假设 H_0 是正确的,再看由此产生的结果。如果导致了不合理的结果出现,则表明"H_0 不应成立",拒绝 H_0;如果没有导致不合理的结果出现,则表明"H_0 应该成立",接受 H_0。

(2) 应用了小概率原理。上面所说的不合理,是基于人们在实践中普遍采用的小概率原理,即可以认为小概率事件在一次试验中不会发生。如果小概率事件在一次试验中发生了,则认为这是不合理现象。

可以概括假设检验的基本思想:先对预检对象作一个假设 H_0,假定 H_0 是正确的。在此假定下,构造一个小概率事件 A。如果经过一次试验,事件 A 就发生了,则拒绝 H_0,否则接受 H_0。

构造小概率事件用的统计量称为**检验统计量**。如果当统计量的观测值取某个区域 W 中的值时,拒绝 H_0,则称这个区域 W 为**拒绝域**,拒绝域的边界点称为**临界点**。在检验中确立小概率事件的数 α,称为**显著性水平**或**水平**。所提的假设用 H_0 表示,称 H_0 为**原假设**或**零假设**,把原假设的对立假设用 H_1 表示,称 H_1 为**备择假设**(指原假设被拒绝后可供选择的假设)。

8.1.3 两类错误

假设检验是根据一次抽样所得的样本作出拒绝或者接受假设的,由于样本的随机性和局限性,难免会导致作出错误的推断。错误的推断主要有以下两类。

(1) 假设 H_0 正确时,检验结果拒绝 H_0,称这类错误为**第一类错误**或"弃真"。显然犯这类错误的概率为 α,即

$$P\{拒绝 H_0 \mid H_0 为真\} = \alpha,$$

这里 α 是显著性水平。

(2) 假设 H_0 错误时,检验结果接受 H_0,称这类错误为**第二类错误**或"取伪"。犯这类错误的概率记为 β,即

$$P\{接受 H_0 \mid H_0 不真\} = \beta。$$

决策结果可归纳为四种情况,如表 8.2 所示。

表 8.2

接受或拒绝 H_0	H_0 为真	H_0 不真
拒绝 H_0	第一类错误(α)	正确
接受 H_0	正确	第二类错误(β)

在进行假设检验时,自然希望犯这两类错误的概率越小越好。然而,当样本容量 n 固定时,犯这两类错误的概率是相互制约的:减小 α 时,β 会增大;减小 β 时,α 会增大。要使 α、β 同时减小,必须增加样本容量 n,这在实际问题中很难办到,如图 8.1 所示。

一般来说,发生哪一类错误的后果更为严重,就要首先控制哪类错误发生的概率。但

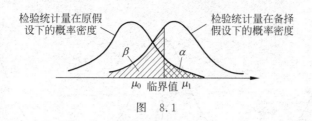

图 8.1

由于犯第一类错误的概率可以由研究者控制,因此在假设检验中,人们往往先控制第一类错误发生的概率。这样的假设检验问题称为**显著性检验问题**,本书所研究的假设检验均为显著性检验。

至于显著性水平 α 取多大,应视实际情况而定,这主要取决于犯第一类错误的后果。如果犯第一类错误的后果严重,则 α 取小些;反之,应取大些。

8.1.4 假设检验的基本步骤

假设检验的基本步骤可归纳如下。
(1) 根据实际问题的要求,提出原假设 H_0 和备择假设 H_1。
(2) 选取适当的检验统计量,并在 H_0 成立的条件下确定统计量的分布。
(3) 确定适当的显著性水平 α,计算出相应的临界值,确定拒绝域。
(4) 根据样本观测值计算出检验统计量的值,并将其与临界值比较。
(5) 给出结论,若统计量的值落在拒绝域内,拒绝 H_0;否则,接受 H_0。

关于原假设和备择假设再做以下几点说明。
(1) 建立假设时,通常是先确定备择假设,然后再确定原假设。其原因是备择假设是所关心的,是想予以支持或证实的,容易确定。由于原假设与备择假设是对立的,只要确定了备择假设,原假设就确定了。
(2) 在假设检验中,等号总是放在原假设上。
(3) 尽管已经给出了原假设和备择假设的定义,但其本质上带有一定的主观色彩。所以,在面对实际问题时,由于研究目的不同,即使对于同一问题也可能提出截然相反的原假设和备择假设。
(4) 备择假设具有特定的方向性,并含有符号">"或"<"的假设检验,称为单侧检验。采用双侧检验还是单侧检验,应视所研究的问题的性质而定,如表 8.3 所示。

表 8.3

假 设	双 侧 检 验	单 侧 检 验	
		左侧检验	右侧检验
原假设	$H_0:\mu=\mu_0$	$H_0:\mu\geqslant\mu_0$	$H_0:\mu\leqslant\mu_0$
备择假设	$H_1:\mu\neq\mu_0$	$H_1:\mu<\mu_0$	$H_1:\mu>\mu_0$

(5) 对于同一个显著性水平 α,选择不同的检验统计量,得到的临界值是不同的;对于同一个显著性水平 α 和同一个统计量,双侧检验和单侧检验的临界值也是不同的,如图 8.2 所示。

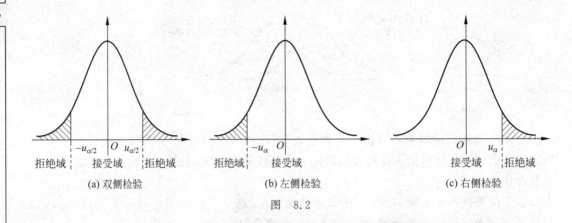

图 8.2

8.2 正态总体参数的假设检验

8.2.1 单正态总体参数的假设检验

设 $X_1, X_2, \cdots, X_n$ 是正态总体 $N(\mu, \sigma^2)$ 的样本,$\overline{X}$ 与 S^2 分别为样本均值与样本方差,μ_0, σ_0^2 是已知常数,$\sigma_0 > 0$,α 是显著性水平。下面讨论关于 μ_0, σ_0^2 的假设检验问题。

1. 总体均值的检验

(1) σ^2 已知时。

① 双侧检验。

$$H_0: \mu = \mu_0; \quad H_1: \mu \neq \mu_0。 \tag{8.1}$$

选取统计量

$$U = \frac{\overline{X} - \mu_0}{\sigma/\sqrt{n}}。 \tag{8.2}$$

在 H_0 成立时,$U \sim N(0,1)$,对给定的 α,查表得临界值 $u_{\frac{\alpha}{2}}$,使

$$P\left\{|U| \geqslant u_{\frac{\alpha}{2}}\right\} = \alpha。$$

于是,检验假设(8.1)的拒绝域为

$$W = \left\{U \mid |U| \geqslant u_{\frac{\alpha}{2}}\right\}。 \tag{8.3}$$

该检验法称为 U 检验法。

通过样本观测值计算 U 的值 u,若 $u \in W$,则拒绝 H_0;否则接受 H_0。

② 单侧检验。

以右侧检验为例推导其拒绝域,左侧检验法则可以类似获得。

$$H_0: \mu \leqslant \mu_0; \quad H_1: \mu > \mu_0。 \tag{8.4}$$

选取统计量

$$U = \frac{\overline{X} - \mu_0}{\sigma/\sqrt{n}}。$$

在 H_0 成立时,$U \sim N(0,1)$,且对给定的 α,查表得临界值 u_α,使
$$P\{U \geqslant u_\alpha\} = \alpha。$$
于是,检验假设(8.4)的拒绝域为
$$W = \{U \mid U \geqslant u_\alpha\}。 \tag{8.5}$$
通过样本观测值计算 U 的值 u,若 $u \in W$,则拒绝 H_0;否则接受 H_0。

(2) σ^2 未知时。

① 双侧检验。
$$H_0: \mu = \mu_0; \quad H_1: \mu \neq \mu_0。 \tag{8.6}$$
选取统计量
$$T = \frac{\overline{X} - \mu_0}{S/\sqrt{n}}。 \tag{8.7}$$
在 H_0 成立时,$T \sim t(n-1)$,对给定的 α,查表得临界值 $t_{\frac{\alpha}{2}}(n-1)$,使
$$P\{|T| \geqslant t_{\frac{\alpha}{2}}(n-1)\} = \alpha。$$
于是,检验假设(8.6)的拒绝域为
$$W = \left\{T \mid |T| \geqslant t_{\frac{\alpha}{2}}(n-1)\right\}。 \tag{8.8}$$
该检验法称为 t 检验法。

通过样本观测值计算 T 的值 t,若 $t \in W$,则拒绝 H_0;否则接受 H_0。

② 单侧检验。

以左侧检验为例推导其拒绝域,右侧检验法则可以类似获得。
$$H_0: \mu \geqslant \mu_0; \quad H_1: \mu < \mu_0。 \tag{8.9}$$
选取统计量
$$T = \frac{\overline{X} - \mu_0}{S/\sqrt{n}}。$$
在 H_0 成立时,$T \sim t(n-1)$,对给定的 α,查表得临界值 $t_\alpha(n-1)$,使
$$P\{T \leqslant -t_\alpha(n-1)\} = \alpha。$$
于是,检验假设(8.9)的拒绝域为
$$W = \{T \mid T \leqslant -t_\alpha(n-1)\}。 \tag{8.10}$$
通过样本观测值计算 T 的值 t,若 $t \in W$,则拒绝 H_0;否则接受 H_0。

2. 总体方差的检验

(1) 双侧检验。
$$H_0: \sigma^2 = \sigma_0^2; \quad H_1: \sigma^2 \neq \sigma_0^2。 \tag{8.11}$$
选取统计量
$$\chi^2 = \frac{(n-1)S^2}{\sigma^2}。 \tag{8.12}$$
在 H_0 成立时,$\chi^2 \sim \chi^2(n-1)$,对给定的 α,查表得临界值 $\chi^2_{\frac{\alpha}{2}}(n-1)$ 和 $\chi^2_{1-\frac{\alpha}{2}}(n-1)$,使
$$P\left\{\chi^2 \geqslant \chi^2_{\frac{\alpha}{2}}(n-1)\right\} = \frac{\alpha}{2}, \quad P\left\{\chi^2 \leqslant \chi^2_{1-\frac{\alpha}{2}}(n-1)\right\} = \frac{\alpha}{2}。$$

于是,检验假设(8.11)的拒绝域为
$$W = \left\{ \chi^2 \mid \chi^2 \leqslant \chi^2_{1-\frac{\alpha}{2}}(n-1) \right\} \cup \left\{ \chi^2 \mid \chi^2 \geqslant \chi^2_{\frac{\alpha}{2}}(n-1) \right\}. \tag{8.13}$$

该检验法称为 χ^2 检验法。

通过样本观测值计算 χ^2 的值 χ^2_0,若 $\chi^2_0 \in W$,则拒绝 H_0;否则接受 H_0。

(2) 单侧检验。

以右侧检验为例推导其拒绝域,左侧检验法则可以类似获得。
$$H_0: \sigma^2 \leqslant \sigma_0^2; \quad H_1: \sigma^2 > \sigma_0^2. \tag{8.14}$$

选取统计量
$$\chi^2 = \frac{(n-1)S^2}{\sigma^2}. \tag{8.15}$$

在 H_0 成立时,$\chi^2 \sim \chi^2(n-1)$,对给定的 α,查表得临界值 $\chi^2_\alpha(n-1)$,使
$$P\{\chi^2 \geqslant \chi^2_\alpha(n-1)\} = \alpha.$$

于是,检验假设(8.14)的拒绝域为
$$W = \{\chi^2 \mid \chi^2 \geqslant \chi^2_\alpha(n-1)\}. \tag{8.16}$$

通过样本观测值计算 χ^2 的值 χ^2_0,若 $\chi^2_0 \in W$,则拒绝 H_0;否则接受 H_0。

例 8.2.1 某企业通过长期实践得知,其产品直径 X 服从正态分布 $N(10.0, \sigma^2)$。从某日生产的产品中随机抽取 10 件,测得其直径分别为(单位:cm)9.8, 10.3, 10.1, 10.5, 9.7, 10.3, 10.4, 10.3, 10.5, 10.1。

(1) 若 $\sigma = 0.2$,判断该日生产产品的直径是否符合质量标准($\alpha = 0.05$)?

(2) 若 σ 未知,判断该日生产产品的直径是否符合质量标准($\alpha = 0.05$)?

解 (1) 由题意检验假设
$$H_0: \mu = 10.0; \quad H_1: \mu \neq 10.0.$$

选取统计量
$$U = \frac{\bar{X} - 10.0}{\sigma / \sqrt{n}}.$$

对于 $\alpha = 0.05$,查表得 $u_{0.025} = 1.96$。根据所给数据,计算得 $\bar{x} = 10.2$。

于是,统计量 U 的值为
$$u = \frac{10.2 - 10.0}{0.2 / \sqrt{10}} = 3.162.$$

因为 $u = 3.162 > 1.96$,故拒绝 H_0,认为该日生产产品的直径不符合质量标准。

(2) 由题意检验假设
$$H_0: \mu = 10.0; \quad H_1: \mu \neq 10.0.$$

选取统计量
$$T = \frac{\bar{X} - 10.0}{S / \sqrt{n}}.$$

对于 $\alpha = 0.05$,查表得 $t_{0.025}(9) = 2.2622$。

由(1)知 $\bar{x} = 10.2$,进而 $s = 0.2749$。

于是,统计量 T 的值为

$$t = \frac{10.2 - 10.0}{0.2749/\sqrt{10}} = 2.3005。$$

因为 $t = 2.3005 > 2.2622$,故拒绝 H_0,认为该日生产产品的直径不符合质量标准。

例 8.2.2 某企业员工上月的平均奖金为 2020 元,本月随机抽取 50 人来调查,其平均奖金为 2100 元。现假定企业员工奖金收入服从正态分布 $N(\mu, 400^2)$,能否认为该企业员工的平均奖金本月比上月有明显提高($\alpha = 0.05$)?

解 由题意检验假设

$$H_0: \mu \leqslant 2020; \quad H_1: \mu > 2020。$$

选取统计量

$$U = \frac{\overline{X} - 2020}{\sigma/\sqrt{n}}。$$

对于 $\alpha = 0.05$,查表得 $u_{0.05} = 1.645$,又 $\bar{x} = 2100$,于是,统计量 U 的值为

$$u = \frac{2100 - 2020}{400/\sqrt{50}} = 1.4142。$$

因为 $u = 1.4142 < 1.645$,故接受 H_0,认为该企业员工的平均奖金本月比上月无明显提高。

例 8.2.3 根据设计要求,某零件的内径标准差不得超过 0.30(单位:cm),现从该产品中随意抽检 25 件,测得样本标准差为 0.36,问检验结果是否说明该产品的标准差明显增大(显著性水平为 0.05)?

解 由题意检验假设

$$H_0: \sigma^2 \leqslant 0.30^2; \quad H_1: \sigma^2 > 0.30^2。$$

对于 $\alpha = 0.05$,查表得 $\chi^2_{0.05}(24) = 36.415$,又 $s = 0.36$,于是,统计量 χ^2 的值为

$$\chi^2_0 = \frac{(25-1) \times 0.36^2}{0.30^2} = 34.56。$$

因为 $\chi^2_0 = 34.56 < 36.415$,故不能拒绝原假设 H_0,即没有理由认为该产品的标准差超过了 0.30 cm。

8.2.2 双正态总体参数的假设检验

设 $(X_1, X_2, \cdots, X_{n_1})$ 和 $(Y_1, Y_2, \cdots, Y_{n_2})$ 分别是总体 $X \sim N(\mu_1, \sigma_1^2)$ 和 $Y \sim N(\mu_2, \sigma_2^2)$ 的样本,且这两个样本相互独立,$\overline{X}, \overline{Y}$ 和 S_1^2, S_2^2 分别为两个样本的样本均值和样本方差,α 是显著性水平。下面分别对 μ_1 与 μ_2 及 σ_1^2 与 σ_2^2 的假设检验问题进行讨论。

1. 总体均值差的检验

考虑检验假设

$$H_0: \mu_1 - \mu_2 = \delta; \quad H_1: \mu_1 - \mu_2 \neq \delta。$$

其中,δ 为已知常数,较常见的是 $\delta = 0$,即检验两个正态总体的均值是否相等。下面分三种情况讨论。

(1) σ_1^2 与 σ_2^2 已知。

检验假设
$$H_0: \mu_1 = \mu_2; \quad H_1: \mu_1 \neq \mu_2. \tag{8.17}$$

选取统计量
$$U = \frac{\overline{X} - \overline{Y} - (\mu_1 - \mu_2)}{\sqrt{\frac{\sigma_1^2}{n_1} + \frac{\sigma_2^2}{n_2}}}. \tag{8.18}$$

在 H_0 成立时,$U \sim N(0,1)$,对给定的 α,查表得临界值 $u_{\frac{\alpha}{2}}$,使
$$P\{|U| \geq u_{\frac{\alpha}{2}}\} = \alpha.$$

于是,检验假设(8.17)的拒绝域为
$$W = \{U \mid |U| \geq u_{\frac{\alpha}{2}}\} \tag{8.19}$$

该检验法仍称为 U 检验法。

通过样本观测值计算 U 的值 u,若 $u \in W$,则拒绝 H_0;否则接受 H_0。

当拒绝原假设 H_0 时,若想进一步知道是 $\mu_1 > \mu_2$ 还是 $\mu_1 < \mu_2$,可作如下判断:若 U 的观测值 $u > u_{\frac{\alpha}{2}}$,则认为 $\mu_1 > \mu_2$;若 $u < -u_{\frac{\alpha}{2}}$,则认为 $\mu_1 < \mu_2$。

(2) σ_1^2 与 σ_2^2 未知但相等。

检验假设
$$H_0: \mu_1 = \mu_2; \quad H_1: \mu_1 \neq \mu_2. \tag{8.20}$$

选取统计量
$$T = \frac{(\overline{X} - \overline{Y}) - (\mu_1 - \mu_2)}{S_w \sqrt{\frac{1}{n_1} + \frac{1}{n_2}}}. \tag{8.21}$$

其中,$S_w = \sqrt{\frac{(n_1-1)S_1^2 + (n_2-1)S_2^2}{n_1 + n_2 - 2}}$。在 H_0 成立时,$T \sim t(n_1 + n_2 - 2)$,对给定的 α,查表得临界值 $t_{\frac{\alpha}{2}}(n_1 + n_2 - 2)$,使
$$P\{|T| \geq t_{\frac{\alpha}{2}}(n_1 + n_2 - 2)\} = \alpha.$$

于是,检验假设(8.20)的拒绝域为
$$W = \{T \mid |T| \geq t_{\frac{\alpha}{2}}(n_1 + n_2 - 2)\}. \tag{8.22}$$

通过样本观测值计算 T 的值 t,若 $t \in W$,则拒绝 H_0;否则接受 H_0。

该检验法仍称为 t 检验法。

(3) $\sigma_1^2 \neq \sigma_2^2$ 且都未知,但 $n_1 = n_2 = n$(配对问题)。

检验假设
$$H_0: \mu = \mu_0; \quad H_1: \mu \neq \mu_0. \tag{8.23}$$

令
$$Z_i = X_i - Y_i \quad (i = 1, 2, \cdots, n),$$

记
$$EZ_i = E(X_i - Y_i) = \mu_1 - \mu_2 = \delta,$$
$$DZ_i = D(X_i - Y_i) = DX_i + DY_i = \sigma_1^2 + \sigma_2^2 = \sigma^2,$$
则$(Z_1, Z_2, \cdots, Z_n)$是正态总体$Z \sim N(\delta, \sigma^2)$的样本。检验假设(8.23)等价于检验假设
$$H_0: \delta = 0; \quad H_1: \delta \neq 0. \tag{8.24}$$
采用t检验法,选取统计量
$$T = \frac{\bar{Z}}{S/\sqrt{n}}. \tag{8.25}$$
其中,$\bar{Z} = \frac{1}{n}\sum_{i=1}^n Z_i, S^2 = \frac{1}{n-1}\sum_{i=1}^n (Z_i - \bar{Z})^2$。$H_0$成立时,$T \sim t(n-1)$,对给定的$\alpha$,查表得临界值$t_{\frac{\alpha}{2}}(n-1)$,使
$$P\left\{|T| \geq t_{\frac{\alpha}{2}}(n-1)\right\} = \alpha.$$
于是,检验假设(8.24)的拒绝域为
$$W = \left\{T \mid |T| \geq t_{\frac{\alpha}{2}}(n-1)\right\}. \tag{8.26}$$
通过样本观测值计算T的值t,若$t \in W$,则拒绝H_0;否则接受H_0。

例 8.2.4 设某种羊毛的含脂率服从正态分布,且处理前后的方差均为36。处理前采10个样品,测得平均含脂率为27.3;处理后采8个样品,测得平均含脂率为13.75。问处理前后羊毛含脂率有无显著变化($\alpha = 0.05$)?

解 由题意检验假设
$$H_0: \mu_1 = \mu_2; \quad H_1: \mu_1 \neq \mu_2.$$
选取统计量
$$U = \frac{\bar{X} - \bar{Y}}{\sqrt{\frac{\sigma_1^2}{n_1} + \frac{\sigma_2^2}{n_2}}}.$$
对于$\alpha = 0.05$,查表得$u_{0.025} = 1.96$。

于是,统计量U的值为
$$u = \frac{27.3 - 13.75}{\sqrt{\frac{36}{10} + \frac{36}{8}}} = 4.76.$$

因为$u = 4.76 > 1.96$,故拒绝H_0,即认为处理前后羊毛含脂率有显著变化。

例 8.2.5 欲测定两种不同的塑料材料的耐磨程度,从甲种塑料中取容量为12的随机样本,测得平均磨损深度$\bar{x} = 85$个单位,标准差$s_1 = 4$;从乙种塑料中取容量为10的随机样本,测得平均磨损深度$\bar{y} = 81$个单位,标准差$s_2 = 5$。

假设两种塑料材料的耐磨程度分别服从正态分布$N(\mu_1, \sigma_1^2)$与$N(\mu_2, \sigma_2^2)$,问两种塑料的耐磨程度有无显著性差异($\alpha = 0.05$)?

解 由题意检验假设
$$H_0: \mu_1 = \mu_2; \quad H_1: \mu_1 \neq \mu_2.$$

选取统计量

$$T = \frac{(\bar{X} - \bar{Y}) - (\mu_1 - \mu_2)}{S_w \sqrt{\frac{1}{n_1} + \frac{1}{n_2}}}。$$

对于 $\alpha = 0.05$，查表得 $t_{\alpha/2}(n_1 + n_2 - 2) = t_{0.025}(20) = 2.0860$。

由所给样本均值和样本标准差计算统计量 T 的值为

$$t = \frac{85 - 81}{4.4777 \times \sqrt{\frac{1}{12} + \frac{1}{10}}} = 2.0863。$$

因为 $t = 2.0863 > 2.0860$，故拒绝 H_0，即认为两种塑料的耐磨程度有显著性差异。

例 8.2.6 为估计两种方法组装产品所需时间的差异，分别对两种不同的组装方法各随机安排 10 名工人，每名工人组装一件产品所需的时间（单位：min）如表 8.4 所示。

表 8.4

方法 $1(x)$	28.3	30.1	29.0	37.6	32.1	28.8	36.0	37.2	38.5	34.4
方法 $2(y)$	27.6	22.2	31.0	33.8	20.2	30.2	31.7	26.0	32.0	31.2
$d = x - y$	0.7	7.9	-2	3.8	12.1	-1.4	4.3	11.2	6.5	3.2

假设两种方法组装产品所需时间服从正态分布，但是方差未知且不相等。取显著性水平 $\alpha = 0.05$，能否认为方法 1 组装产品的平均时间显著地长于方法 2？

解 由题意检验假设

$$H_0: \mu_1 \leqslant \mu_2; \quad H_1: \mu_1 > \mu_2。$$

令 $Z_i = X_i - Y_i (i = 1, 2, \cdots, 10)$，则 $Z_1, Z_2, \cdots, Z_n$ 是正态总体 $Z \sim N(\delta, \sigma^2)$ 的样本。

问题等价于检验假设

$$H_0: \delta \leqslant 0; \quad H_1: \delta > 0。$$

选取统计量

$$T = \frac{\bar{Z}}{S/\sqrt{n}}。$$

对于 $\alpha = 0.05$，查表得 $t_\alpha(n-1) = t_{0.05}(9) = 1.8331$。

计算得 $\bar{z} = 4.63, s^2 = 23.529, s = 4.851$。因此统计量 T 的值为

$$t = \frac{4.63}{4.851/\sqrt{10}} = 3.0184。$$

因为 $t = 3.0184 > 1.8331$，故拒绝 H_0，即认为方法 1 组装产品的平均时间显著地长于方法 2。

2. 总体方差差异的检验

(1) 双侧检验。

$$H_0: \sigma_1^2 = \sigma_2^2; \quad H_1: \sigma_1^2 \neq \sigma_2^2。 \tag{8.27}$$

选取统计量
$$F = \frac{S_1^2/\sigma_1^2}{S_2^2/\sigma_2^2}。 \tag{8.28}$$

在 H_0 成立时，$F \sim F(n_1-1, n_2-1)$，且对给定的 α，查表得临界值 $F_{\alpha/2}(n_1-1, n_2-1)$ 和 $F_{1-\alpha/2}(n_1-1, n_2-1)$，使
$$P\{[F \geqslant F_{\alpha/2}(n_1-1, n_2-1)] \cup [F \leqslant F_{1-\alpha/2}(n_1-1, n_2-1)]\} = \alpha。$$
于是，检验假设(8.27)的拒绝域为
$$W = \{F \mid F \geqslant F_{\alpha/2}(n_1-1, n_2-1)\} \cup \{F \mid F \leqslant F_{1-\alpha/2}(n_1-1, n_2-1)\}。 \tag{8.29}$$
该检验法称为 F 检验法。

通过样本观测值计算 F 的值 F_0，若 $F_0 \in W$，则拒绝 H_0；否则接受 H_0。

(2) 单侧检验。

以右侧检验为例推导其拒绝域，左侧检验法则可以类似获得。
$$H_0: \sigma_1^2 \leqslant \sigma_2^2; \quad H_1: \sigma_1^2 > \sigma_2^2。 \tag{8.30}$$

选取统计量
$$F = \frac{S_1^2/\sigma_1^2}{S_2^2/\sigma_2^2}。$$

在 H_0 成立时，$F \sim F(n_1-1, n_2-1)$，且对给定的 α，查表得临界值 $F_\alpha(n_1-1, n_2-1)$，使
$$P\{F \geqslant F_\alpha(n_1-1, n_2-1)\} = \alpha。$$
于是，检验假设(8.30)的拒绝域为
$$W = \{F \mid F \geqslant F_\alpha(n_1-1, n_2-1)\}。 \tag{8.31}$$
通过样本观测值计算 F 的值 F_0，若 $F_0 \in W$，则拒绝 H_0；否则接受 H_0。

例 8.2.7 机床厂从两台机器所加工的同种零件中分别抽取若干件测量其尺寸（单位：cm），数据如表 8.5 所示。

表 8.5

| 机器 1 | 6.2 | 5.7 | 6.5 | 6.0 | 6.3 | 5.8 | 5.9 | 6.0 | 6.2 | 5.8 | 6.0 |
| 机器 2 | 5.6 | 5.8 | 5.6 | 5.7 | 5.8 | 6.0 | 5.5 | 5.7 | 5.5 | | |

假设零件尺寸服从正态分布，取显著性水平 $\alpha = 0.05$，能否认为两台机器所加工零件尺寸的方差有显著差异？

解 由题意检验假设
$$H_0: \sigma_1^2 = \sigma_2^2; \quad H_1: \sigma_1^2 \neq \sigma_2^2。$$
选取统计量
$$F = \frac{S_1^2/\sigma_1^2}{S_2^2/\sigma_2^2}。$$
对于 $\alpha = 0.05$，查表得
$$F_{\alpha/2}(n_1-1, n_2-1) = F_{0.025}(10, 8) = 4.30,$$
$$F_{1-\alpha/2}(n_1-1, n_2-1) = F_{0.975}(10, 8) = \frac{1}{F_{0.025}(8, 10)} = \frac{1}{3.85} = 0.2597。$$

计算得 $s_1^2=0.0585, s_2^2=0.0650$。因此统计量 F 的值为

$$F_0 = \frac{s_1^2}{s_2^2} = 0.9007。$$

因为 $F_{0.025}(10,8) < F_0 < F_{0.975}(10,8)$，故接受 H_0，即认为两台机器所加工零件尺寸的方差无显著差异。

正态总体均值、方差的检验法如表 8.6 所示。

表 8.6　正态总体均值、方差的检验法（显著性水平为 α）

原假设 H_0	检验统计量	备择假设 H_1	拒绝域
$\mu \leqslant \mu_0$ $\mu \geqslant \mu_0$ $\mu = \mu_0$ （σ^2 已知）	$U = \dfrac{\overline{X} - \mu_0}{\sigma/\sqrt{n}}$	$\mu > \mu_0$ $\mu < \mu_0$ $\mu \neq \mu_0$	$U \geqslant u_\alpha$ $U \leqslant -u_\alpha$ $\|U\| \geqslant u_{\frac{\alpha}{2}}$
$\mu \leqslant \mu_0$ $\mu \geqslant \mu_0$ $\mu = \mu_0$ （σ^2 未知）	$T = \dfrac{\overline{X} - \mu_0}{S/\sqrt{n}}$	$\mu > \mu_0$ $\mu < \mu_0$ $\mu \neq \mu_0$	$T \geqslant t_\alpha(n-1)$ $T \leqslant -t_\alpha(n-1)$ $\|T\| \geqslant t_{\frac{\alpha}{2}}(n-1)$
$\mu_1 - \mu_2 \leqslant \delta$ $\mu_1 - \mu_2 \geqslant \delta$ $\mu_1 - \mu_2 = \delta$ （σ_1^2 与 σ_2^2 已知）	$U = \dfrac{\overline{X} - \overline{Y} - (\mu_1 - \mu_2)}{\sqrt{\dfrac{\sigma_1^2}{n_1} + \dfrac{\sigma_2^2}{n_2}}}$	$\mu_1 - \mu_2 > \delta$ $\mu_1 - \mu_2 < \delta$ $\mu_1 - \mu_2 \neq \delta$	$U \geqslant u_\alpha$ $U \leqslant -u_\alpha$ $\|U\| \geqslant u_{\frac{\alpha}{2}}$
$\mu_1 - \mu_2 \leqslant \delta$ $\mu_1 - \mu_2 \geqslant \delta$ $\mu_1 - \mu_2 = \delta$ （$\sigma_1^2 = \sigma_2^2 = \sigma^2$ 未知）	$T = \dfrac{(\overline{X} - \overline{Y}) - (\mu_1 - \mu_2)}{S_w \sqrt{\dfrac{1}{n_1} + \dfrac{1}{n_2}}}$ $S_w = \sqrt{\dfrac{(n_1-1)S_1^2 + (n_2-1)S_2^2}{n_1 + n_2 - 2}}$	$\mu_1 - \mu_2 > \delta$ $\mu_1 - \mu_2 < \delta$ $\mu_1 - \mu_2 \neq \delta$	$T \geqslant t_\alpha(n_1+n_2-2)$ $T \leqslant -t_\alpha(n_1+n_2-2)$ $\|T\| \geqslant t_{\frac{\alpha}{2}}(n_1+n_2-2)$
$\sigma^2 \leqslant \sigma_0^2$ $\sigma^2 \geqslant \sigma_0^2$ $\sigma^2 = \sigma_0^2$ （μ 未知）	$\chi^2 = \dfrac{(n-1)S^2}{\sigma^2}$	$\sigma^2 > \sigma_0^2$ $\sigma^2 < \sigma_0^2$ $\sigma^2 \neq \sigma_0^2$	$\chi^2 \geqslant \chi_\alpha^2(n-1)$ $\chi^2 \leqslant \chi_\alpha^2(n-1)$ $\chi^2 \leqslant \chi_{1-\frac{\alpha}{2}}^2(n-1)$ 或 $\chi^2 \geqslant \chi_{\frac{\alpha}{2}}^2(n-1)$
$\sigma^2 \leqslant \sigma_0^2$ $\sigma^2 \geqslant \sigma_0^2$ $\sigma^2 = \sigma_0^2$ （μ_1 与 μ_2 未知）	$F = \dfrac{S_1^2}{S_2^2}$	$\sigma^2 > \sigma_0^2$ $\sigma^2 < \sigma_0^2$ $\sigma^2 \neq \sigma_0^2$	$F \geqslant F_\alpha(n_1-1, n_2-1)$ $F \leqslant F_{1-\alpha}(n_1-1, n_2-1)$ $F \geqslant F_{\frac{\alpha}{2}}(n_1-1, n_2-1)$ 或 $F \leqslant F_{1-\frac{\alpha}{2}}(n_1-1, n_2-1)$
$\mu_D \leqslant 0$ $\mu_D \geqslant 0$ $\mu_D = 0$ （成对数据）	$T = \dfrac{\overline{D} - 0}{S_D/\sqrt{n}}$	$\mu_D > 0$ $\mu_D < 0$ $\mu_D \neq 0$	$T \geqslant t_\alpha(n-1)$ $T \leqslant -t_\alpha(n-1)$ $\|T\| \geqslant t_{\frac{\alpha}{2}}(n-1)$

8.2.3 置信区间与假设检验的关系

置信区间与假设检验有明显的联系,先考察置信区间与双侧检验之间的对应关系。假设 $X_1, X_2, \cdots, X_n$ 是总体 X 的样本,$x_1, x_2, \cdots, x_n$ 相应的样本观测值。
设 $(\hat{\theta}_1(X_1, X_2, \cdots, X_n), \hat{\theta}_2(X_1, X_2, \cdots, X_n))$ 为 θ 的置信水平为 $1-\alpha$ 的置信区间,即
$$P\{\hat{\theta}_1(X_1, X_2, \cdots, X_n) < \theta < \hat{\theta}_2(X_1, X_2, \cdots, X_n)\} = 1-\alpha. \tag{8.32}$$
考虑显著性水平为 α 的双侧检验。
$$H_0: \theta = \theta_0; \quad H_1: \theta \neq \theta_0. \tag{8.33}$$
由式(8.32)知
$$P\{[\theta \leqslant \hat{\theta}_1(X_1, X_2, \cdots, X_n)] \cup [\theta \geqslant \hat{\theta}_2(X_1, X_2, \cdots, X_n)]\} = \alpha.$$
按照显著性水平为 α 的假设检验的拒绝域的定义,检验假设(8.33)的拒绝域为
$$\theta \leqslant \hat{\theta}_1(X_1, X_2, \cdots, X_n) \quad \text{或} \quad \theta \geqslant \hat{\theta}_2(X_1, X_2, \cdots, X_n),$$
其接受域为
$$\hat{\theta}_1(X_1, X_2, \cdots, X_n) < \theta < \hat{\theta}_2(X_1, X_2, \cdots, X_n).$$
可见,要检验假设(8.33)时,先求出 θ 的置信水平为 $1-\alpha$ 的置信区间 $(\hat{\theta}_1, \hat{\theta}_2)$,然后考查该区间是否包含 θ_0。若 $\theta_0 \in (\hat{\theta}_1, \hat{\theta}_2)$,则接受 H_0;若 $\theta_0 \notin (\hat{\theta}_1, \hat{\theta}_2)$,则拒绝 H_0。

反之,考虑显著性水平为 α 的双侧检验问题。
$$H_0: \theta = \theta_0; \quad H_1: \theta \neq \theta_0.$$
假设它的接受域为
$$\hat{\theta}_1(X_1, X_2, \cdots, X_n) < \theta < \hat{\theta}_2(X_1, X_2, \cdots, X_n),$$
即
$$P\{\hat{\theta}_1(X_1, X_2, \cdots, X_n) < \theta < \hat{\theta}_2(X_1, X_2, \cdots, X_n)\} = 1-\alpha.$$
因此,$(\hat{\theta}_1(X_1, X_2, \cdots, X_n), \hat{\theta}_2(X_1, X_2, \cdots, X_n))$ 为 θ 的置信水平为 $1-\alpha$ 的置信区间。
可见,为求出参数 θ 的置信水平为 $1-\alpha$ 的置信区间,先求出显著性水平为 α 的假设检验问题 $H_0: \theta = \theta_0; H_1: \theta \neq \theta_0$ 的接受域 $(\hat{\theta}_1(X_1, X_2, \cdots, X_n), \hat{\theta}_2(X_1, X_2, \cdots, X_n))$,则 $(\hat{\theta}_1(X_1, X_2, \cdots, X_n), \hat{\theta}_2(X_1, X_2, \cdots, X_n))$ 就是参数 θ 的置信水平为 $1-\alpha$ 的置信区间。
类似的,可以讨论单侧检验和单侧置信区间的问题。

8.3 0-1 分布参数的假设检验

前文已经介绍了正态总体参数的假设检验问题。在实际应用中,有时需要知道总体中具有某种特征的项目所占的比例,如一定的数量、一定的厚度、一定的规格等数值型,或者男女性别、学历等级、职称高低等品质型,即需要对 0-1 分布总体的参数 p 进行假设检验。
设 $X_1, X_2, \cdots, X_n$ 是总体 $B(1, p)$ 的样本,$0 < p < 1$,且 p 未知,$\bar{X}$ 是样本均值,α 是显

著性水平。下面讨论关于 p 的假设检验问题。

总体的分布律为

$$P(X=k)=p^k(1-p)^{1-k} \quad (k=0,1)。 \tag{8.34}$$

1. 双侧检验

$$H_0: p=p_0; \quad H_1: p \neq p_0。 \tag{8.35}$$

在 H_0 成立时，由中心极限定理可知，当样本容量 n 充分大时，统计量

$$U=\frac{\overline{X}-p_0}{\sqrt{p_0(1-p_0)/n}} \tag{8.36}$$

近似服从标准正态分布 $N(0,1)$。从而可以用 U 检验法，对给定的 α，查表得临界值 $u_{\frac{\alpha}{2}}$，使

$$P\left\{|U| \geqslant u_{\frac{\alpha}{2}}\right\}=\alpha。$$

于是，检验假设(8.35)的拒绝域为

$$W=\left\{U \big| |U| \geqslant u_{\frac{\alpha}{2}}\right\}。 \tag{8.37}$$

通过样本观测值计算 U 的值 u，若 $u \in W$，则拒绝 H_0；否则接受 H_0。

2. 单侧检验

以右侧检验为例推导其拒绝域，左侧检验法则可以类似获得。

$$H_0: p \leqslant p_0; \quad H_1: p > p_0。 \tag{8.38}$$

选取统计量

$$U=\frac{\overline{X}-p_0}{\sqrt{p_0(1-p_0)/n}}。$$

对给定的 α，查表得临界值 u_α，使

$$P\{U \geqslant u_\alpha\}=\alpha。$$

于是，检验假设(8.38)的拒绝域为

$$W=\{U \mid U \geqslant u_\alpha\}。 \tag{8.39}$$

通过样本观测值计算 U 的值 u，若 $u \in W$，则拒绝 H_0；否则接受 H_0。

例 8.3.1 某电子杂志声称其读者群中有 80% 为女性。为验证这一说法是否属实，某研究部门随机抽取了 200 名读者，发现有 148 名女性经常阅读该杂志。

取显著性水平 $\alpha=0.05$，能否认为该杂志的读者群中女性的比例为 80%？若取 $\alpha=0.01$，检验结果是否有变化？

解 由题意检验假设

$$H_0: p=p_0; \quad H_1: p \neq p_0。$$

选取统计量

$$U=\frac{\overline{X}-p_0}{\sqrt{p_0(1-p_0)/n}}。$$

对于 $\alpha=0.05$，查表得 $u_{0.025}=1.96$。根据所给数据，计算得 $\bar{p}=\frac{148}{200}=0.74$。

于是，统计量 U 的值为
$$u = \frac{0.74 - 0.8}{\sqrt{0.8 \times (1-0.8)/200}} = -2.1216。$$

因为 $u = -2.1216 < -1.96$，故拒绝 H_0，认为该杂志的说法不属实。

类似的，对于 $\alpha = 0.01$，查表得 $u_{0.005} = 2.575$。因为 $u = -2.1216 > -2.575$，故接受 H_0，不能推翻该杂志的说法。

8.4 非参数假设检验

在前文的假设检验中，总体的分布是已知的。但是在实际问题中，对总体的分布常常不能准确预知，这时需要根据经验和理论对总体的分布提出某种假设，然后根据样本观测值对假设进行检验，这就是分布的假设检验问题。分布的假设检验不是针对分布中的参数而是针对分布本身，所以也称为非参数假设检验。分布的假设检验方法有很多，在这里仅介绍常用的皮尔逊 χ^2 拟合检验法。

设总体 X 的分布函数为 $F(x)$，$X_1, X_2, \cdots, X_n$ 是总体 X 的样本，检验假设
$$H_0: F(x) = F_0(x)。 \tag{8.40}$$
其中，$F_0(x)$ 是某个已知的分布函数。备择假设通常不必写出。对 H_0 作显著性检验，通常称其为分布函数的拟合检验。

皮尔逊 χ^2 拟合检验法的步骤如下。

(1) 将总体 X 的全体可能值分成 m 个互不相交的区间 $(a_{i-1}, a_i]$，$i = 1, 2, \cdots, m$，使
$$a_0 < a_1 < a_2 < \cdots < a_{m-1} < a_m。$$
其中，a_0 可取至 $-\infty$，a_m 可取至 $+\infty$。计算样本观测值 $x_1, x_2, \cdots, x_n$ 出现在第 i 个小区间 $(a_{i-1}, a_i]$ 的频数 n_i 和频率 $\frac{n_i}{n}$，$i = 1, 2, \cdots, m$，称 n_i 为经验频数，$\frac{n_i}{n}$ 为经验频率。

(2) 求出当 H_0 成立时，总体 X 取值于第 i 个小区间 $(a_{i-1}, a_i]$ 的概率
$$p_i = P(a_{i-1} < X \leqslant a_i) = F_0(a_i) - F_0(a_{i-1}), \quad i = 1, 2, \cdots, m,$$
称 np_i 为理论频数，p_i 为理论频率。

选取皮尔逊统计量
$$\chi^2 = \sum_{i=1}^{m} \frac{(n_i - np_i)^2}{np_i} = \sum_{i=1}^{m} \frac{n_i^2}{np_i} - n。 \tag{8.41}$$

式(8.41)表明，当 $n_i = np_i$，$i = 1, 2, \cdots, m$，即经验频数与理论频数相等时，$\chi^2 = 0$；当 n_i 与 np_i 相差越大时，χ^2 也越大。χ^2 表示经验频数与理论频数的相对差异的总和，因此，χ^2 可以作为经验分布与总体分布间差异的一种度量。当 χ^2 的值大于某个临界值，即经验频数与由 H_0 确定的理论频数差异过大时，拒绝 H_0。为了确定临界值，要给出统计量 χ^2 的分布。

皮尔逊证明了如下定理。

定理 8.4.1 当 H_0 为真时，不论总体 X 服从什么分布，由式(8.41)给出的 χ^2 统计量的极限分布为 $\chi^2(m-1)$，即当 n 充分大时，χ^2 统计量渐近于自由度为 $m-1$ 的 χ^2 分布。

此时,对于给定的显著性水平 α,查表得临界值 $\chi_\alpha^2(m-1)$,使
$$P\{\chi^2 \geqslant \chi_\alpha^2(m-1)\} = \alpha。$$
于是,检验假设(8.40)的拒绝域为
$$W = \{\chi^2 \mid \chi^2 \geqslant \chi_\alpha^2(m-1)\}。$$

(3) 做判断。由样本观测值计算 χ^2 的值 χ_0^2,若 $\chi_0^2 \in W$,则拒绝 H_0;否则接受 H_0。

注:

(1) 当 H_0 中的 $F_0(x)$ 含有未知参数 $\theta_1, \theta_2, \cdots, \theta_r$ 时,必须先对未知参数进行估计才能计算 p_i。通常用极大似然估计法估计未知参数 $\theta_1, \theta_2, \cdots, \theta_r$,得到 $\hat{\theta}_1, \hat{\theta}_2, \cdots, \hat{\theta}_r$,然后计算
$$\hat{p}_i = F_0(a_i, \hat{\theta}_1, \hat{\theta}_2, \cdots, \hat{\theta}_r) - F_0(a_{i-1}, \hat{\theta}_1, \hat{\theta}_2, \cdots, \hat{\theta}_r) \quad (i = 1, 2, \cdots, m)。$$
可以证明统计量
$$\chi^2 = \sum_{i=1}^m \frac{(n_i - n\hat{p}_i)^2}{n\hat{p}_i}$$
渐近服从 $\chi^2(m-r-1)$ 分布。

(2) 由于皮尔逊 χ^2 拟合检验法是根据 χ^2 统计量的渐近分布得到的,因此使用时要求 $n \geqslant 50, np_i \geqslant 5$ 或者 $n\hat{p}_i \geqslant 5, i = 1, 2, \cdots, m$。否则,可以适当合并小区间以满足条件。

例 8.4.1 从某车间生产的滚珠中随机抽取 50 个产品,测得它们的直径(单位:mm)如下。

15.0	15.8	15.2	15.1	15.9	14.7	14.8	15.5	15.6	15.3
15.1	15.3	15.0	15.6	15.7	15.8	14.5	14.2	14.9	14.9
15.2	15.0	15.3	15.6	15.1	14.9	14.2	14.6	15.8	15.2
15.9	15.2	15.0	14.8	14.5	15.1	15.5	15.5	15.1	
15.1	15.0	15.3	14.7	14.5	15.5	15.0	14.7	14.6	14.2

试问:该车间生产的滚珠直径是否服从正态分布($\alpha = 0.05$)?

解 设滚珠直径为 X,要检验的假设为
$$H_0: X \sim N(\mu, \sigma^2)。$$
正态分布中有两个未知参数 $\mu, \sigma^2, r = 2, n = 50$。

首先,从数据出发求得 μ, σ^2 的极大似然估计值:
$$\hat{\mu} = \bar{x} = 15.098,$$
$$\hat{\sigma}^2 = \frac{1}{n} \sum_{i=1}^n (x_i - \bar{x})^2 = 0.1918。$$

其次,取 $m = 7, a = 14.05, b = 16.15$,将区间 $[a, b]$ 等分成 7 个小区间,取下限为 $-\infty$,上限为 $+\infty$,并利用下式求出 X 落在各区间的概率 $\hat{p}_i$,则
$$\hat{p}_i = P(a_{i-1} < X \leqslant a_i) = \Phi\left(\frac{a_i - 15.098}{0.4379}\right) - \Phi\left(\frac{a_{i-1} - 15.098}{0.4379}\right),$$
得到表 8.7。

表 8.7

区 间	n_i	$\hat{p}_i$	$n\hat{p}_i$	$\dfrac{(n_i-n\hat{p}_i)^2}{n\hat{p}_i}$
$-\infty\sim 14.35$	3	0.0352	1.76	0.9217
$14.35\sim 14.65$	5	0.1103	5.515	
$14.65\sim 14.95$	9	0.2130	10.65	0.2557
$14.95\sim 15.25$	16	0.2699	13.495	0.4650
$15.25\sim 15.55$	8	0.2117	10.585	0.6313
$15.55\sim 15.85$	7	0.1088	5.44	0.4477
$15.85\sim +\infty$	2	0.0405	2.025	
$\sum$	50	1	49.47	2.7213

在表 8.7 中,由于第 1 区间和第 7 区间 $n p_i$ 都小于 5,故将第 1、2 区间和第 6、7 区间合并。此时 $m=5, r=2, \alpha=0.05$,查表得

$$\chi_\alpha^2(m-r-1)=\chi_{0.05}^2(2)=5.991。$$

而 $\chi_0^2=2.7213<5.991$,故接受 H_0,认为该车间生产的滚珠直径服从正态分布。

例 8.4.2 在一次实验中观察每段长为 ts 的时间内某种铀所放射的到达计数器上的 α 粒子数 X,共观察 100 次,结果如表 8.8 所示。

表 8.8

粒子数	0	1	2	3	4	5	6	7	8	9	10	11	$\sum$
频数	1	5	16	17	26	11	9	9	2	1	2	1	100

试问:每段长为 ts 的时间内所放射的 α 粒子数 X 是否服从泊松分布($\alpha=0.05$)?

解 根据题意,要检验的假设为

$$H_0: X\sim P(\lambda)。$$

泊松分布中有一个未知参数 λ,因此从数据出发求得 λ 的极大似然估计值为

$$\hat{\lambda}=\bar{x}=4.2。$$

利用下式求出概率 $\hat{p}_i$,

$$\hat{p}_i=P(X=i)=\frac{4.2^i}{i!}e^{-4.2}\quad (i=0,1,2,\cdots)。$$

因为 X 是离散型随机变量,直接令 $A_i=\{X=i-1\}, i=1,2,\cdots,10, A_{11}=\{X\geqslant 11\}$ 得到表 8.9。

表 8.9

组	n_i	$n\hat{p}_i$	$\dfrac{(n_i-n\hat{p}_i)^2}{n\hat{p}_i}$
1	1	1.5	0.415
2	5	6.3	
3	16	13.2	0.594
4	17	18.5	0.122
5	26	19.4	2.245
6	11	16.3	1.723
7	9	11.4	0.505
8	9	6.9	0.639
9	2	3.6	0.019
10	1	1.7	
11	2	0.7	
12	1	0.3	
∑	100	99.8	6.262

在表 8.9 中,由于第 1、9、10、11、12 组 $n\hat{p}_i$ 都小于 5,故将第 1、2 组合并为第 1 组,将最后 4 组合并为一组。此时 $m=8, r=1, \alpha=0.05$,查表得
$$\chi_\alpha^2(m-r-1)=\chi_{0.05}^2(6)=12.592。$$
而 $\chi_0^2=6.262<12.592$,故接受 H_0,认为每段长为 t s 的时间内所放射的 α 粒子数 X 服从泊松分布,且 $\hat{\lambda}=4.2$。

8.5 假设检验问题的 p 值法

传统的检验方法是在检验之前确定显著性水平 α,这意味着事先确定了拒绝域。这样,不论检验统计量的值是大是小,只要它落入拒绝域就拒绝原假设 H_0,否则就不拒绝原假设。固定的显著性水平可以度量检验结果的可靠性,但是无法给出观测数据与原假设之间不一致程度的精确度量,也就是说,仅从显著性水平来比较,如果选择的 α 相同,则所有检验结论的可靠性都一样。本节介绍被称为 p 值法的检验方法,先从一个例题开始。

例 8.5.1 某厂生产一种元件,元件寿命 $X\sim N(\mu,200^2)$,从历史资料得 $\mu\leqslant 1500$(单位:h)。现采用新工艺进行生产,从产品中随机抽取 25 件测试,得平均寿命 $\bar{x}=1575$(单位:h)。能否认为采用新工艺后,元件的寿命有显著提高?

解 由题意检验假设
$$H_0:\mu\leqslant 1500;\quad H_1:\mu>1500。$$
选取统计量
$$U=\dfrac{\bar{X}-1500}{\sigma/\sqrt{n}}。$$

代入数据,得统计量 U 的值为

$$u_0 = \frac{1575-1500}{200/\sqrt{25}} = 1.875,$$

$$P(U \geqslant 1.875) = 1 - 0.9696 = 0.0304。$$

称此概率为 U 检验法的右侧检验的 p 值,记为

$$P(U \geqslant u_0) = p。$$

若显著性水平 $\alpha \geqslant p(0.0304)$,则对应的临界值 $u_\alpha \leqslant 1.875$,表示观测值 $u_0 = 1.875$ 落在拒绝域内,因此拒绝 H_0;若显著性水平 $\alpha < p$,则对应的临界值 $u_\alpha > 1.875$,表示观测值 $u_0 = 1.875$ 不落在拒绝域内,因此接受 H_0。

因此,$p = P(U \geqslant u_0) = 0.0304$ 是原假设 H_0 可被拒绝的最小显著性水平。

定义 8.5.1 假设检验的 p 值是由检验统计量的样本观测值得出的原假设可被拒绝的最小显著性水平。

例如,在正态总体均值的检验问题中,如果 σ 未知,可以选取检验统计量 $T = \frac{\overline{X}-\mu_0}{S/\sqrt{n}}$,记统计量的观测值为 t_0,则下列检验问题中的 p 值的计算过程如下,如图 8.3 所示。

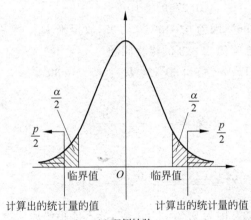

(a) 双侧检验

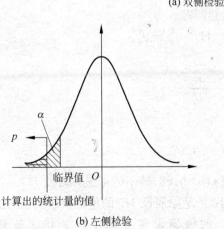

(b) 左侧检验

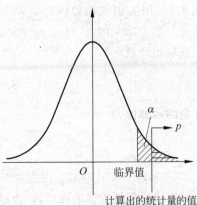

(c) 右侧检验

图 8.3

(1) 双侧检验。$H_0: \mu = \mu_0$；$H_1: \mu \neq \mu_0$。

① 当 $t_0 > 0$ 时，$p = P_{\mu_0}\{|T| \geqslant t_0\} = 2 \times (t_0$ 右侧尾部面积$)$。

② 当 $t_0 < 0$ 时，$p = P_{\mu_0}\{|T| \geqslant t_0\} = 2 \times (t_0$ 左侧尾部面积$)$。

因此，$p = P_{\mu_0}\{|T| \geqslant t_0\} = 2 \times ($由 t_0 界定的尾部面积$)$。

(2) 右侧检验。$H_0: \mu \leqslant \mu_0$；$H_1: \mu > \mu_0$。

$$p = P_{\mu_0}\{T \geqslant t_0\} = t_0 \text{ 右侧尾部面积}。$$

(3) 左侧检验。$H_0: \mu \geqslant \mu_0$；$H_1: \mu < \mu_0$。

$$p = P_{\mu_0}\{T \leqslant t_0\} = t_0 \text{ 左侧尾部面积}。$$

例 8.5.2 用 p 值法检验例 8.2.1(2) 的检验问题。

$$H_0: \mu = 10.0; \quad H_1: \mu \neq 10.0。$$

解 选取统计量

$$T = \frac{\bar{X} - 10.0}{S/\sqrt{n}}。$$

检验统计量的观测值为

$$t_0 = \frac{10.2 - 10.0}{0.2749/\sqrt{10}} = 2.3005。$$

$p = P_{\mu_0}\{|T| \geqslant t_0\} = 0.04696$。因为 $0.04696 < 0.05$，故拒绝 H_0。

例 8.5.3 用 p 值法检验例 8.2.3 的检验问题。

$$H_0: \sigma^2 \leqslant 0.30^2; \quad H_1: \sigma^2 > 0.30^2。$$

解 选取统计量

$$\chi_0^2 = \frac{(n-1) \times S^2}{\sigma^2}。$$

检验统计量的观测值为

$$\chi_0^2 = \frac{(25-1) \times 0.36^2}{0.30^2} = 34.56。$$

$p = P\{\chi^2 \geqslant 34.56\} = 0.0752$。因为 $0.0752 > 0.05$，故不能拒绝原假设 H_0。

例 8.5.4 用 p 值法检验例 8.2.7 的检验问题。

$$H_0: \sigma_1^2 = \sigma_2^2; \quad H_1: \sigma_1^2 \neq \sigma_2^2。$$

解 选取统计量

$$F = \frac{S_1^2/\sigma_1^2}{S_2^2/\sigma_2^2}。$$

检验统计量的观测值为

$$F_0 = \frac{s_1^2}{s_2^2} = 0.9007。$$

$p = P\{F \geqslant 0.9007\} = 0.207837$。因为 $0.207837 > 0.05$，故不能拒绝原假设 H_0。

p 表示拒绝原假设依据的强度，p 值越小，拒绝原假设 H_0 的依据就越强、越充分。

一般的，若 $p \leqslant 0.01$，称推断拒绝 H_0 的依据很强或称检验是高度显著的；若 $0.01 < p \leqslant 0.05$，称推断拒绝 H_0 的依据是强的或称检验是显著的；若 $0.05 < p \leqslant 0.1$，

称推断拒绝 H_0 的理由是弱的或称检验是不显著的；若 $p>0.1$，则没有理由拒绝 H_0。

p 值计算可以通过查表求得，但很麻烦，而计算机和统计软件的使用可使 p 值的计算十分容易。p 值的应用几乎取代了传统的统计量检验方法，它不仅能得到与统计量检验相同的结论，而且给出了统计量检验不能给出的信息。

习 题 8

1. 设总体 X 服从正态分布 $N(\mu,\sigma^2)$，μ 与 σ^2 均未知。现抽取容量为 25 的样本，测得样本均值 $\bar{x}=186$，样本标准差 $s=12$。

(1) 若允许犯第一类错误的概率为 10%，能否根据此样本认为 $\mu=190$？为什么？

(2) 求 μ 与 σ 的 95% 置信区间。

2. 设某次考试中，学生的成绩服从正态分布，从中随机抽取 36 位学生的成绩，算得平均成绩为 66.5 分，样本标准差为 15 分。问在显著性水平 $\alpha=0.05$ 下，是否可以认为这次考试的平均成绩为 70 分？

3. 某零件尺寸的方差为 $\sigma^2=1.21$，从一批零件中抽查 6 件，数据（单位：mm）如下：
32.56, 29.66, 31.64, 30.00, 31.87, 31.03。

若该种零件的尺寸服从正态分布，问在下列显著性水平下，是否可以认为这批零件的平均尺寸为 32.20mm？

(1) $\alpha=0.05$；(2) $\alpha=0.01$。

4. 有容量为 46 的取自正态总体的样本，$\bar{x}=\dfrac{1}{46}\sum\limits_{i=1}^{46}x_i=2.7$，$\sum\limits_{i=1}^{46}(x_i-\bar{x})^2=90$。在显著性水平为 $\alpha=0.01$ 时，检验 $H_0:\mu=3$；$H_1:\mu\neq 3$。

5. 正常人的脉搏平均为 72 次/min，某医生测得 10 例慢性中毒者的脉搏（单位：次/min）如下：54, 67, 68, 78, 70, 66, 67, 70, 65, 69。设中毒者的脉搏服从正态分布，问中毒者和正常人的脉搏有无显著差异（$\alpha=0.05$）？

6. 某种内服药有使病人血压增高的副作用，已知血压的增高服从均值为 $\mu_0=22$ 的正态分布。现研制出一种新药品，测试了 10 名服用新药病人的血压，记录血压增高的数据（单位：mmHg）如下：18, 27, 23, 15, 18, 15, 18, 20, 17, 18。问这些数据能否支持"新药副作用小"这一结论（$\alpha=0.05$）？

7. 用机器包装食盐，假设每袋盐的净重服从正态分布，规定每袋标准净重为 1kg，标准差不能超过 0.02kg。某天开工后，为检验包装机工作是否正常，从包装好的食盐中随机抽取 9 袋，测得其净重（单位：kg）如下：0.994, 1.014, 1.02, 0.95, 1.03, 0.968, 0.976, 1.048, 0.982。问这天包装机工作是否正常（$\alpha=0.05$）？

8. 某制药厂研制出一种新药品，声称服用该药品能在 8h 内解除一种过敏的效率为 90%。在这种过敏的人中抽取 200 人，服用该药品后有 160 人解除了过敏。试问在显著性水平 $\alpha=0.05$ 下，该厂的声称是否真实？

9. 一项调查结果声称某市老年人口的比重为 15.2%。老龄人口研究会为了检验该项调查结果是否可靠,随机抽取了 400 名居民,发现有 62 位老年人。当显著性水平 $\alpha=0.05$ 时,抽取结果是否支持该市老年人口的比重为 15.2% 的说法?

10. 某一小麦品种的平均产量为 5200kg/hm^2,一家研究机构对小麦品种进行了改良以期提高产量。为检验改良后的新品种产量是否有显著提高,随机抽取了 36 个地块进行试种,得到的平均产量为 5275kg/hm^2。试检验改良后的新品种产量是否有显著提高($\alpha=0.05$)?

11. 为监测空气质量,某城市环保部门每隔几周对空气烟尘质量进行一次随机测试,已知该城市过去每立方米空气中悬浮颗粒的平均值为 $82\mu g$。在最近一段时间的检测中,每立方米空气中悬浮颗粒的数值如下:

81.6	86.6	80.0	71.6	96.6	74.9	83.0	85.5
68.6	70.9	88.5	94.9	77.3	76.1	92.2	72.5
85.8	68.7	58.0	72.4	66.6	71.7	73.2	73.2
78.6	61.7	86.9	75.6	74.0	82.5	87.0	83.0

根据最近的测量数据,在显著性水平 $\alpha=0.01$ 下,能否认为该城市空气中悬浮颗粒的平均值显著低于过去的平均值?

12. 经验表明,一个矩形的宽与长之比为 0.618 时会给人们比较良好的感觉。某工艺品企业生产的矩形工艺品的宽与长要求也按这一比例设计,假设其总体服从正态分布。现随机抽取 20 个框架测得比值如下:

| 0.699 | 0.749 | 0.654 | 0.670 | 0.612 | 0.672 | 0.615 | 0.606 | 0.690 | 0.628 |
| 0.668 | 0.611 | 0.606 | 0.609 | 0.601 | 0.553 | 0.570 | 0.844 | 0.576 | 0.933 |

在显著性水平 $\alpha=0.05$ 下,能否认为该企业生产的矩形工艺品的宽与长的平均比例为 0.618?

13. 某生产线是按照两种操作平均装配时间差为 5min 而设计的,从两种装配操作的独立样本中获得资料如表 8.10 所示。

表 8.10   单位:min

操作 A	$n_1=100$	$\bar{x}_1=14.8$	$s_1=0.8$
操作 B	$n_2=50$	$\bar{x}_2=10.4$	$s_2=0.6$

在显著性水平 $\alpha=0.02$ 下,检验两种操作平均装配时间差是否为 5min。

14. 某市场研究机构用一组被调查者样本给某特定商品的潜在购买力打分,样本中每个人都分别在看过该产品的新的电视广告之前与之后打分。潜在购买力的分值为 0~10 分,分值越高表示潜在购买力越高。原假设认为"看后"平均得分小于或等于"看前"平均得分,拒绝该假设则表明广告提高了平均潜在购买力得分。在显著性水平 $\alpha=0.05$ 下,用表 8.11 中的数据检验该假设。

表 8.11

个体		1	2	3	4	5	6	7	8
购买力得分	看后	6	6	7	4	3	9	7	6
	看前	5	4	7	3	5	8	5	6

15. 生产工序中的方差是工序质量的一个重要测度,通常较大的方差意味着要通过寻找减小工序方差的途径来改进工序。表 8.12 给出了关于两部机器生产的袋茶重量的数据(单位:g),请进行检验以确定这两部机器生产的袋茶重量的方差是否存在显著差异($\alpha=0.05$)。

表 8.12

机器 I	2.95 3.45 3.50 3.75 3.48 3.26 3.33 3.20 3.16 3.20 3.22 3.38 3.90
	3.36 3.25 3.28 3.20 3.22 2.98 3.45 3.70 3.34 3.18 3.35 3.12
机器 II	3.22 3.30 3.34 3.28 3.29 3.25 3.30 3.27 3.38 3.34 3.35 3.19 3.35
	3.05 3.36 3.28 3.30 3.28 3.30 3.20 3.16 3.33

16. 某工厂甲、乙两个化验室同时从工厂的冷却水中随机抽样,测得水中含氯量(单位:%)如下。

甲化验室:1.15,1.86,0.75,1.82,1.14,1.65,1.90。

乙化验室:1.00,1.90,0.90,1.80,1.20,1.70,1.95。

假设冷却水的含氯量服从正态分布,问在显著性水平 $\alpha=0.05$ 下,两实验室测定结果之间有无显著差异?

17. 甲、乙两位化验员对一种变压器油的某种元素含量独立地用同一方法做分析,分别分析 5 次、7 次,得样本标准差分别为 0.023、0.025。设甲、乙化验员对该元素的分析值总体都服从正态分布,试在显著性水平 $\alpha=0.05$ 下检验两位化验员的分析值方差之间有无显著差异。

18. 从甲、乙两种香烟中分别抽取容量为 6 的烟叶标本,测量尼古丁的含量(单位:mg)数据如下。

甲:25,28,23,26,29,22。

乙:28,33,30,25,21,27。

假设尼古丁的含量分别服从正态分布 $N(\mu_1, \sigma^2)$ 和 $N(\mu_2, \sigma^2)$。试问在显著性水平 $\alpha=0.05$ 下,这两种香烟的尼古丁含量是否有显著差异?

19. 某厂生产的缆绳的抗拉强度 $X \sim N(10600, 82^2)$,先从改进工艺后生产的一批缆绳中随机抽取 10 根,测量其抗拉强度,得样本均值 $\bar{x}=10653$,样本方差 $s^2=6992$。当显著性水平 $\alpha=0.05$ 时,能否根据此样本认为:

(1) 新工艺生产的缆绳的抗拉强度较以往有显著提高?

(2) 新工艺生产的缆绳的抗拉强度的方差较以往有显著变化?

20. 一批学生到英语培训班学习,培训前后各进行了一次水平测试,从中随机抽取 9 名学生的测试成绩,如表 8.13 所示。

表 8.13

学生编号 i	1	2	3	4	5	6	7	8	9
培训前成绩 x_i	76	71	70	57	49	69	65	26	59
培训后成绩 y_i	81	85	70	52	52	63	83	33	62
$z_i = x_i - y_i$	-5	-14	0	5	-3	6	-18	-7	-3

假设测试成绩服从正态分布。问:在显著性水平 $\alpha=0.05$ 下,培训效果是否显著?

21. 在20世纪70年代后期,人们发现酿啤酒时,在麦芽干燥过程中形成致癌物质亚硝基二甲胺。到了20世纪80年代初期,开发了一种新的麦芽干燥过程。表8.14分别给出了在新老两种麦芽干燥过程中形成的亚硝基二甲胺含量(以100亿份中的份数计)。

表 8.14

老过程	4	6	5	5	6	5	5	6	4	6	7	4
新过程	2	1	2	2	1	0	2	1	0	1	3	

设两组样本值分别来自总体 $X \sim N(\mu_1, \sigma_1^2)$ 和 $Y \sim N(\mu_2, \sigma_2^2)$。

问:在显著性水平 $\alpha=0.05$ 下,μ_2 是否小于 $\mu_1 - 2$?

22. 在一批灯泡中随机抽取300只做寿命试验,结果如表8.15所示。

表 8.15

寿命 x/h	$x < 100$	$100 \leqslant x < 200$	$200 \leqslant x < 300$	$x \geqslant 300$
灯泡个数	121	78	43	58

试检验假设 H_0:灯泡寿命 $X \sim E(0.005)$,取 $\alpha=0.05$。

23. 测量100根人造纤维的长度(单位:mm),所得数据如表8.16所示。

表 8.16

长度	5.5~6.0	6.0~6.5	6.5~7.0	7.0~7.5	7.5~8.0	8.0~8.5
频数	2	7	6	17	17	14
长度	8.5~9.0	9.0~9.5	9.5~10.0	10.0~10.5	10.5~11.0	
频数	16	10	7	3	1	

问能认为人造纤维的长度服从正态分布($\alpha=0.05$)吗?

24. 做实验比较人对红光或绿光的反应时间(单位:s)。实验在点亮红光或绿光的同时启动计时器,要求受试者见到红光或绿光点亮时就按下按钮,切断计时器,以此测得反应时间。测量结果如表8.17所示。

表 8.17

红光 x	0.30	0.23	0.41	0.53	0.24	0.36	0.38	0.51
绿光 y	0.43	0.32	0.58	0.46	0.27	0.41	0.38	0.61
$d = x - y$	-0.13	-0.09	-0.17	0.07	-0.03	-0.05	0.00	-0.10

设 $D_i = X_i - Y_i (i=1,2,\cdots,8)$ 是来自正态总体 $N(\mu_D, \sigma_D^2)$ 的样本，μ_D, σ_D^2 均未知。用 p 值法检验假设（取显著性水平 $\alpha = 0.05$）。

$$H_0: \mu_D \geqslant 0; \quad H_1: \mu_D < 0.$$

25. 某农场10年前在鱼塘中按比例（尾）20∶15∶40∶25 投放了四种鱼：鲑鱼、鲈鱼、竹夹鱼和鲇鱼的鱼苗。现在从鱼塘里获得一个样本如表8.18所示。

表 8.18

序号	1	2	3	4
种类	鲑鱼	鲈鱼	竹夹鱼	鲇鱼
数量/尾	132	100	200	168

(1) 取显著性水平 $\alpha = 0.05$，检验各种鱼数量的比例较10年前是否有显著改变？
(2) 用 p 值法检验(1)。

习题8答案

第9章 方差分析及回归分析

方差分析与回归分析在本质上都是处理变量之间关系的统计方法,是数理统计的重要方法,被广泛地应用于心理学、生物学、工程与医药的试验数据。与第8章的假设检验相比较,方差分析与回归分析不仅可以提高检验的效率,同时由于它将所有的样本信息结合在一起,还增加了分析的可靠性。

本章主要介绍方差分析与回归分析的最基本内容,包括单因素方差分析、双因素方差分析、一元线性回归分析、可化为一元线性回归的曲线回归和多元线性回归。

9.1 单因素试验的方差分析

9.1.1 单因素试验

在生产生活实践和科学试验中,影响事物的因素往往很多。例如,风力发电机输出功率的大小会受到湍流、风机尾流、叶片污染的气动损失、风电机机组可利用率、风电场内线损失、气候等因素的影响。为了保证发电过程稳定高效地进行下去,有必要找出对风力发电机输出功率有显著影响的因素,方差分析就是鉴别各因素效应的一种有效的统计方法。

在试验中,称要考察的指标为**试验指标**,称影响试验指标的条件为**因素**。一般的,因素分为可控因素(如叶片污染的气动损失、风电机机组可利用率、风电场内线损失等)与不可控因素(如气候、测量误差等),本章所讲的因素都是可控因素。如果在试验中影响试验指标变化的因素仅有一个,则称该试验是**单因素试验**;如果在试验中影响试验指标变化的因素多于一个,则称该试验是**多因素试验**,称因素所处的状态为因素的**水平**。

例 9.1.1 为考察 1h 内不同电流强度下得到的电解铜的杂质率,对每种电流强度各做了五次试验,分别测得其含电解铜的杂质率数据如表 9.1 所示。

表 9.1

电流/A	杂质率/%				
$A_1(10)$	1.7	2.1	2.2	2.1	1.9
$A_2(15)$	2.1	2.2	2.0	2.2	2.1
$A_3(20)$	1.5	1.3	1.8	1.4	1.7
$A_4(25)$	1.9	1.9	2.2	2.3	2.0

试判断电流强度对电解铜的杂质率是否有显著影响?

这里,试验的指标为杂质率,因素是电流,不同的四个电流强度是因素的四个不同水平。假设除了电流这一因素外,杂质率的其他检测条件都相同。这是一个单因素试验,试验目的是考察电流强度对电解铜的杂质率有无显著影响。

例 9.1.2 有 5 个品牌的手机在 6 个区域销售。为分析手机的销售区域("区域"因素)和品牌("品牌"因素)对销售量的影响,收集各品牌手机在各区域的销售量数据如表 9.2 所示。

表 9.2

因素 B	因素 A	区域					
		A_1	A_2	A_3	A_4	A_5	A_6
品牌	B_1	365	380	343	340	348	387
	B_2	342	300	390	324	288	295
	B_3	358	280	342	321	300	267
	B_4	343	309	276	333	268	300
	B_5	280	290	308	332	290	300

试分析销售区域和品牌对手机的销售量是否有显著影响?

这里,试验的指标为销售量,因素是区域和品牌,它们分别有 6 个、5 个水平。这是一个双因素试验,试验目的是考察各因素(销售区域和品牌)对手机的销售量有无显著影响。

下面讨论单因素试验。

在例 9.1.1 中,表 9.1 所示的数据可以看成来自四个不同总体(每个水平对应一个总体)的样本值。将各个总体的均值依次记为 μ_1,μ_2,μ_3,μ_4,根据题意需检验假设

$$H_0: \mu_1 = \mu_2 = \mu_3 = \mu_4$$

是否成立。经检验,若拒绝 H_0,则认为不同的电流强度下对电解铜的杂质率有显著差异;若接受 H_0,则认为不同的电流强度下对电解铜的杂质率无显著差异,各电流强度下杂质率的差异是由随机误差引起的。进而假设各总体均为正态变量,且各总体的方差相等,但是参数均未知。问题即为检验同方差的多个正态总体均值是否相等的问题,而方差分析就是解决这类问题的一种有效方法。

设因素 A 有 s 个水平 $A_1, A_2, \cdots, A_s$,在水平 $A_j(j=1,2,\cdots,s)$下进行 $n_j(n_j \geq 2)$ 次独立试验,试验结果如表 9.3 所示。

表 9.3

观察结果	水平	A_1	A_2	$\cdots$	A_s
样本值		X_{11}	X_{12}	$\cdots$	X_{1s}
		X_{21}	X_{22}	$\cdots$	X_{2s}
		$\vdots$	$\vdots$		$\vdots$
		$X_{n_1 1}$	$X_{n_2 2}$	$\cdots$	$X_{n_s s}$
样本总和		$T_{.1}$	$T_{.2}$	$\cdots$	$T_{.s}$
样本均值		$\bar{X}_{.1}$	$\bar{X}_{.2}$	$\cdots$	$\bar{X}_{.s}$
总体均值		μ_1	μ_2	$\cdots$	μ_s

假定:各个水平 $A_j(j=1,2,\cdots,s)$下的样本 $X_{1j}, X_{2j}, \cdots, X_{n_j j}$ 来自正态总体 $N(\mu_j, \sigma^2)$,μ_j 与 σ^2 未知,且在不同水平 $A_j(j=1,2,\cdots,s)$下的样本之间相互独立。s 个总体的方差都相同,称为方差的**齐性**。方差齐性的假定是进行方差分析的前提。

由于 $X_{ij} \sim N(\mu_j, \sigma^2)$，所以 $X_{ij} - \mu_j \sim N(0, \sigma^2)$，故 $X_{ij} - \mu_j$ 可以看作随机误差。记 $\varepsilon_{ij} = X_{ij} - \mu_j$，则 X_{ij} 可以写成

$$\left.\begin{aligned} & X_{ij} = \mu_j + \varepsilon_{ij}, \\ & \varepsilon_{ij} \sim N(0, \sigma^2), \text{各 } \varepsilon_{ij} \text{ 相互独立}, \\ & i = 1, 2, \cdots, n_j; j = 1, 2, \cdots, s. \end{aligned}\right\} \quad (9.1)$$

其中，μ_j 与 σ^2 未知。式(9.1)称为单因素试验方差分析的数学模型。

对于模型(9.1)，方差分析的主要任务有两个。

(1) 检验 s 个总体 $N(\mu_j, \sigma^2)(j = 1, 2, \cdots, s)$ 的均值是否相等，即检验假设

$$H_0: \mu_1 = \mu_2 = \cdots = \mu_s; \quad H_1: \mu_1, \mu_2, \cdots, \mu_s \text{ 不全相等}. \quad (9.2)$$

(2) 对未知参数 $\mu_1, \mu_2, \cdots, \mu_s, \sigma^2$ 做出估计。

为了将检验假设(9.2)写成便于讨论的形式，记

$$\mu = \frac{1}{n} \sum_{j=1}^{s} n_j \mu_j. \quad (9.3)$$

其中，$n = \sum_{j=1}^{s} n_j$，μ 称为**总平均**。令

$$\delta_j = \mu_j - \mu \quad (j = 1, 2, \cdots, s). \quad (9.4)$$

其中，δ_j 表示水平 A_j 下的总体均值与总平均的差异，习惯上将 δ_j 称为水平 A_j 的**效应**。此时，有 $n_1 \delta_1 + n_2 \delta_2 + \cdots + n_s \delta_s = 0$。

利用上述记号，式(9.1)可以改写成

$$\left.\begin{aligned} & X_{ij} = \mu + \delta_j + \varepsilon_{ij}, \\ & \sum_{i=1}^{s} n_i \delta_i = 0, \\ & \varepsilon_{ij} \sim N(0, \sigma^2), \text{各 } \varepsilon_{ij} \text{ 相互独立}, \\ & i = 1, 2, \cdots, n_j; j = 1, 2, \cdots, s. \end{aligned}\right\} \quad (9.1)'$$

而检验假设(9.2)等价于

$$H_0: \delta_1 = \delta_2 = \cdots = \delta_s = 0; \quad H_1: \delta_1, \delta_2, \cdots, \delta_s \text{ 不全为零}. \quad (9.2)'$$

这是因为当且仅当 $\mu_1 = \mu_2 = \cdots = \mu_s$ 时，$\mu_j = \mu$，即 $\delta_j = 0 (j = 1, 2, \cdots, s)$。

9.1.2 平方和的分解

下面从平方和的分解出发，推导出(9.2)$'$ 的检验统计量。

首先分析引起 X_{ij} 波动的原因。当 H_0 为真时，X_{ij} 的波动完全是由随机因素引起的；当 H_0 不真时，X_{ij} 的波动不仅由随机因素引起，还与 μ_j 的不同有关系。因此，需要一个量来描述 X_{ij} 的总的波动，并能将上述两个原因引起的波动分解出来，这就是偏差平方和分解的方法。

记

$$\bar{X} = \frac{1}{n} \sum_{j=1}^{s} \sum_{i=1}^{n_j} X_{ij}, \quad (9.5)$$

$\bar{X}$ 是全部试验数据的**总平均**。

数据的总波动可以用各个数据关于总平均的偏差平方和

$$S_T = \sum_{j=1}^{s}\sum_{i=1}^{n_j}(X_{ij}-\overline{X})^2 \tag{9.6}$$

来衡量,称 S_T 为**总变差**。

又记水平 A_j 下的样本平均值为 $\overline{X}._j$,即

$$\overline{X}._j = \frac{1}{n_j}\sum_{i=1}^{n_j}X_{ij}。 \tag{9.7}$$

将总变差 S_T 作如下分解:

$$S_T = \sum_{j=1}^{s}\sum_{i=1}^{n_j}(X_{ij}-\overline{X})^2 = \sum_{j=1}^{s}\sum_{i=1}^{n_j}[(X_{ij}-\overline{X}._j)+(\overline{X}._j-\overline{X})]^2$$

$$= \sum_{j=1}^{s}\sum_{i=1}^{n_j}(X_{ij}-\overline{X}._j)^2 + \sum_{j=1}^{s}\sum_{i=1}^{n_j}(\overline{X}._j-\overline{X})^2 + 2\sum_{j=1}^{s}\sum_{i=1}^{n_j}(X_{ij}-\overline{X}._j)(\overline{X}._j-\overline{X})。$$

注意到上式第三项(交叉项)

$$2\sum_{j=1}^{s}\sum_{i=1}^{n_j}(X_{ij}-\overline{X}._j)(\overline{X}._j-\overline{X}) = 2\sum_{j=1}^{s}(\overline{X}._j-\overline{X})\left(\sum_{i=1}^{n_j}(X_{ij}-\overline{X}._j)\right)$$

$$= 2\sum_{j=1}^{s}(\overline{X}._j-\overline{X})\left(\sum_{i=1}^{n_j}X_{ij}-n_j\overline{X}._j\right) = 0。$$

于是,将 S_T 分解为

$$S_T = S_E + S_A。 \tag{9.8}$$

其中

$$S_E = \sum_{j=1}^{s}\sum_{i=1}^{n_j}(X_{ij}-\overline{X}._j)^2, \tag{9.9}$$

$$S_A = \sum_{j=1}^{s}\sum_{i=1}^{n_j}(\overline{X}._j-\overline{X})^2 = \sum_{j=1}^{s}n_j(\overline{X}._j-\overline{X})^2 = \sum_{j=1}^{s}n_j\overline{X}^2._j - n\overline{X}^2。 \tag{9.10}$$

上述 S_E 的各项 $(X_{ij}-\overline{X}._j)^2$ 表示在水平 A_j 下样本观测值与样本均值的差异,这是由随机误差引起的,称 S_E 为**误差平方和**。S_A 的各项 $n_j(\overline{X}._j-\overline{X})^2$ 表示水平 A_j 下的样本均值与数据总平均的差异,这是由水平 A_j 的效应的差异以及随机误差引起的,称 S_A 为**效应平方和**。式(9.8)就是**平方和分解式**。

9.1.3 S_A、S_E 的统计特征

先讨论 S_E 的统计特征。

$$S_E = \sum_{j=1}^{s}\sum_{i=1}^{n_j}(X_{ij}-\overline{X}._j)^2 = \sum_{i=1}^{n_1}(X_{i1}-\overline{X}._1)^2 + \sum_{i=1}^{n_2}(X_{i2}-\overline{X}._2)^2 + \cdots + \sum_{i=1}^{n_s}(X_{is}-\overline{X}._s)^2。$$

由于

$$\frac{\sum_{i=1}^{n_j}(X_{ij}-\overline{X}._j)^2}{\sigma^2} \sim \chi^2(n_j-1) \quad (j=1,2,\cdots,s),$$

又 X_{ij} 相互独立,故由 χ^2 分布的可加性得

$$\frac{S_E}{\sigma^2} = \frac{\sum_{i=1}^{n_1}(X_{i1}-\overline{X}_{\cdot 1})^2 + \sum_{i=1}^{n_2}(X_{i2}-\overline{X}_{\cdot 2})^2 + \cdots + \sum_{i=1}^{n_s}(X_{is}-\overline{X}_{\cdot s})^2}{\sigma^2} \sim \chi^2\left(\sum_{j=1}^{s}(n_j-1)\right),$$

即

$$\frac{S_E}{\sigma^2} \sim \chi^2(n-s)\text{。} \tag{9.11}$$

这里 $n = \sum_{j=1}^{s} n_j$。由 χ^2 分布的性质知

$$ES_E = (n-s)\sigma^2\text{。} \tag{9.12}$$

再讨论 S_A 的统计特征。

注意到 S_A 是 s 个变量 $\sqrt{n_j}(\overline{X}_{\cdot j}-\overline{X})(j=1,2,\cdots,s)$ 的平方和，它们之间存在一个线性约束条件

$$\sum_{j=1}^{s}\sqrt{n_j}\left(\sqrt{n_j}(\overline{X}_{\cdot j}-\overline{X})\right) = \sum_{j=1}^{s}n_j(\overline{X}_{\cdot j}-\overline{X}) = \sum_{j=1}^{s}n_j\overline{X}_{\cdot j} - n\overline{X} = 0\text{。}$$

因此，S_A 的自由度为 $s-1$。

再由式(9.3)、式(9.6)以及 X_{ij} 的独立性知

$$\overline{X} \sim N\left(\mu, \frac{\sigma^2}{n}\right), \tag{9.13}$$

$$ES_A = E\left(\sum_{j=1}^{s}n_j\overline{X}_{\cdot j}^2 - n\overline{X}^2\right) = \sum_{j=1}^{s}n_j E(\overline{X}_{\cdot j}^2) - nE(\overline{X}^2)$$

$$= \sum_{j=1}^{s}n_j\left(\frac{\sigma^2}{n_j} + (\mu+\delta_j)^2\right) - n\left(\frac{\sigma^2}{n} + \mu^2\right)$$

$$= (s-1)\sigma^2 + 2\mu\sum_{j=1}^{s}n_j\delta_j + n\mu^2 + \sum_{j=1}^{s}n_j\delta_j^2 - n\mu^2\text{。}$$

由式(9.1)′ $\sum_{j=1}^{s}n_j\delta_j = 0$，因此

$$ES_A = (s-1)\sigma^2 + \sum_{j=1}^{s}n_j\delta_j^2\text{。} \tag{9.14}$$

进一步可以证明，S_A 与 S_E 相互独立，且当 H_0 为真时

$$\frac{S_A}{\sigma^2} \sim \chi^2(s-1)\text{。} \tag{9.15}$$

9.1.4 假设检验问题的拒绝域

现在来确定假设检验问题(9.2)′的拒绝域。
由式(9.12)知，

$$E\left(\frac{S_E}{n-s}\right) = \sigma^2,$$

即不管 H_0 是否为真，$\dfrac{S_E}{n-s}$ 都是 σ^2 的无偏估计。

又由式(9.15)知,当 H_0 为真时,
$$E\left(\frac{S_A}{n-s}\right)=\sigma^2,$$
即 $\dfrac{S_A}{n-s}$ 是 σ^2 的无偏估计。

当 H_1 为真时,$\sum_{j=1}^{s}n_j\delta_j^2>0$,此时
$$E\left(\frac{S_A}{s-1}\right)=\sigma^2+\frac{1}{s-1}\sum_{j=1}^{s}n_j\delta_j^2>\sigma^2,$$
即 $\dfrac{S_A}{s-1}$ 的期望与水平效应有关而有偏大的趋势。因此,当 H_0 为真时,比值
$$F=\frac{\dfrac{S_A}{s-1}}{\dfrac{S_E}{n-s}}$$
不会太大,当 F 值过大时,就认为 H_0 不真。故检验问题(9.2)′的拒绝域具有形式
$$F=\frac{\dfrac{S_A}{s-1}}{\dfrac{S_E}{n-s}}\geqslant k。$$
其中,k 由事先给定的显著性水平 α 确定。

由式(9.11)、式(9.15)及 S_A 与 S_E 的独立性可知,当 H_0 成立时
$$F=\frac{\dfrac{S_A}{s-1}}{\dfrac{S_E}{n-s}}=\frac{\dfrac{S_A/\sigma^2}{s-1}}{\dfrac{S_E/\sigma^2}{n-s}}\sim F(s-1,n-s)。$$

进而检验问题(9.2)′的拒绝域为
$$F=\frac{\dfrac{S_A}{s-1}}{\dfrac{S_E}{n-s}}\geqslant F_\alpha(s-1,n-s)。\tag{9.16}$$

上述分析的结果常列成表 9.4 所示的形式,称为**单因素方差分析表**。

表 9.4

方差来源	平方和	自由度	均方	F 值
因素 A	S_A	$s-1$	$\overline{S}_A=\dfrac{S_A}{s-1}$	$F=\dfrac{\overline{S}_A}{\overline{S}_E}$
误差 E	S_E	$n-s$	$\overline{S}_E=\dfrac{S_E}{n-s}$	
总和	S_T	$n-1$		

表中的 $\bar S_A=\dfrac{S_A}{s-1}$，$\bar S_E=\dfrac{S_E}{n-s}$ 分别称为及 S_A，S_E 的**均方**。通常按照如下公式来计算平方和：

$$S_T=\sum_{j=1}^{s}\sum_{i=1}^{n_j}X_{ij}^2-\frac{1}{n}\Big(\sum_{j=1}^{s}\sum_{i=1}^{n_j}X_{ij}\Big)^2, \tag{9.17}$$

$$S_A=\sum_{j=1}^{s}\frac{1}{n_j}\Big(\sum_{i=1}^{n_j}X_{ij}\Big)^2-\frac{1}{n}\Big(\sum_{j=1}^{s}\sum_{i=1}^{n_j}X_{ij}\Big)^2, \tag{9.18}$$

$$S_E=S_T-S_A. \tag{9.19}$$

实际计算通常在表上进行。为了简化计算，可采用以下方法：

(1) 每一个数加（或减）同一个数，平方和不变；

(2) 每一个数乘（或除）同一非零数 d，相应的平方和增大（缩小）d^2 倍。

读者可以对例 9.1.1 进行单因素方差分析。

例 9.1.3 为寻求适应本地区的高产油菜品种，选取了 5 个不同品种进行试验，每个品种在 4 块试验田上试种。假设这 20 块试验田的条件都一样，得到的每一块田上的油菜籽亩产量（单位：kg）如表 9.5 所示。

表 9.5

田块＼品种	A_1	A_2	A_3	A_4	A_5
1	176	164	170	208	126
2	142	220	197	200	132
3	200	210	150	235	140
4	218	195	242	179	132

试问不同品种的油菜籽亩产量是否有显著性差异（$\alpha=0.05$）？

解 设 5 个品种的油菜籽亩产量的平均值分别为 $\mu_1,\mu_2,\mu_3,\mu_4,\mu_5$。检验假设

$$H_0: \mu_1=\mu_2=\mu_3=\mu_4=\mu_5,$$

$$H_1: \mu_1,\mu_2,\mu_3,\mu_4,\mu_5 \text{ 不全相等}。$$

这里 $s=5$，$n_j=4(j=1,2,3,4,5)$。将数据代入式(9.17)、式(9.18)、式(9.19)得

$$S_T=24687.2,\quad S_A=13195.7,\quad S_T=11491.5。$$

方差分析表如表 9.6 所示。

表 9.6

方差来源	平方和	自由度	均方	F 值
因素 A	13195.7	4	3298.925	4.31
误差 E	11491.5	15	766.1	
总和	24687.2	19	$F_{0.05}(4,15)=3.06$	

由于 $4.31>3.06$，所以在显著性水平 $\alpha=0.05$ 下，拒绝 H_0，认为不同品种的油菜籽亩产量有显著性差异。

9.1.5 未知参数的估计

不管 H_0 是否为真,$\hat{\sigma}^2 = \dfrac{S_E}{n-s}$ 都是 σ^2 的无偏估计。

又由式(9.13)、式(9.7)知

$$E(\overline{X}) = \mu, \quad E(\overline{X}_{\cdot j}) = \frac{1}{n_j}\sum_{i=1}^{n_j} E(X_{ij}) = \mu_j \quad (j=1,2,\cdots,s)。$$

故 $\hat{\mu} = \overline{X}, \hat{\mu}_j = \overline{X}_{\cdot j}$ 分别是 μ, μ_j 的无偏估计。

若拒绝 H_0,意味着各因素的水平效应 $\delta_1, \delta_2, \cdots, \delta_s$ 不全为零。由于

$$\delta_j = \mu_j - \mu \quad (j=1,2,\cdots,s),$$

故 $\hat{\delta}_j = \overline{X}_{\cdot j} - \overline{X}$ 是 δ_j 的无偏估计。

当拒绝 H_0 时,常常需要求出两总体 $N(\mu_j, \sigma^2)$ 和 $N(\mu_k, \sigma^2)(j \neq k)$ 的均值差 $\mu_j - \mu_k = \delta_j - \delta_k$ 的区间估计。其具体做法为

$$E(\overline{X}_{\cdot j} - \overline{X}_{\cdot k}) = \mu_j - \mu_k,$$

$$D(\overline{X}_{\cdot j} - \overline{X}_{\cdot k}) = \sigma^2\left(\frac{1}{n_j} + \frac{1}{n_k}\right)。$$

由 $\overline{X}_{\cdot j} - \overline{X}_{\cdot k}$ 与 $\hat{\sigma}^2 = \dfrac{S_E}{n-s}$ 相互独立可知

$$\frac{(\overline{X}_{\cdot j} - \overline{X}_{\cdot k}) - (\mu_j - \mu_k)}{\sqrt{S_E\left(\dfrac{1}{n_j} + \dfrac{1}{n_k}\right)}} \sim t(n-s)。$$

故 $\mu_j - \mu_k = \delta_j - \delta_k$ 的置信水平为 $1-\alpha$ 的置信区间为

$$\left(\overline{X}_{\cdot j} - \overline{X}_{\cdot k} - t_{\frac{\alpha}{2}}(n-s)\sqrt{S_E\left(\frac{1}{n_j}+\frac{1}{n_k}\right)}, \ \overline{X}_{\cdot j} - \overline{X}_{\cdot k} + t_{\frac{\alpha}{2}}(n-s)\sqrt{S_E\left(\frac{1}{n_j}+\frac{1}{n_k}\right)}\right)。$$

例 9.1.4 设有 3 台机器用来生产规格相同的铝合金薄板,取样测量薄板的厚度精确至千分之一厘米,结果如表 9.7 所示。

表 9.7

机器Ⅰ	0.263	0.238	0.248	0.245	0.243
机器Ⅱ	0.257	0.253	0.255	0.254	0.261
机器Ⅲ	0.258	0.264	0.259	0.267	0.262

求未知参数 $\sigma^2, \mu_j, \delta_j (j=1,2,3)$ 的点估计及各均值差的置信水平为 0.95 的置信区间。

解 设 3 台机器生产薄板的厚度的平均值分别为 μ_1, μ_2, μ_3。

这里 $s=3, n_j=5 (j=1,2,3)$。将数据代入式(9.17)、式(9.18)、式(9.19)得方差分析表,如表 9.8 所示。

表 9.8

方差来源	平方和	自由度	均方	F 值
因素 A	0.00105333	2	0.00052667	32.92
误差 E	0.000192	12	0.000016	
总和	0.00124533	14		

$$\hat{\sigma}^2 = \frac{S_E}{n-s} = 0.000016;$$

$$\hat{\mu}_1 = \bar{x}_{\cdot 1} = 0.242, \hat{\mu}_2 = \bar{x}_{\cdot 2} = 0.256, \hat{\mu}_3 = \bar{x}_{\cdot 3} = 0.262, \hat{\mu} = \bar{x} = 0.253;$$

$$\hat{\delta}_1 = \bar{x}_{\cdot 1} - \bar{x} = -0.011, \hat{\delta}_2 = \bar{x}_{\cdot 2} - \bar{x} = 0.003, \hat{\delta}_1 = \bar{x}_{\cdot 3} - \bar{x} = 0.009。$$

由于 $t_{\frac{\alpha}{2}}(n-s) = t_{0.025}(12) = 2.1788$,所以

$$t_{0.025}(12)\sqrt{S_E\left(\frac{1}{n_j} + \frac{1}{n_k}\right)} = 2.1788\sqrt{0.000016 \times \frac{2}{5}} = 0.006。$$

故 $\mu_1 - \mu_2, \mu_1 - \mu_3, \mu_2 - \mu_3$ 的置信水平为 0.95 的置信区间分别为

$$(0.242 - 0.256 - 0.006, 0.242 - 0.256 + 0.006) = (-0.020, -0.008),$$
$$(0.242 - 0.262 - 0.006, 0.242 - 0.262 + 0.006) = (-0.026, -0.014),$$
$$(0.256 - 0.262 - 0.006, 0.256 - 0.262 + 0.006) = (-0.012, 0)。$$

9.2 双因素试验的方差分析

本节介绍双因素试验的方差分析。

9.2.1 双因素等重复试验的方差分析

在双因素试验中,设因素 A 有 r 个水平 $A_1, A_2, \cdots, A_r$,因素 B 有 s 个水平 $B_1, B_2, \cdots, B_s$。现对因素 A, B 水平的每对组合 (A_i, B_j) $(i=1,2,\cdots,r; j=1,2,\cdots,s)$ 都作 $t(t \geq 2)$ 次试验(称为等重复试验),得到结果如表 9.9 所示。

表 9.9

因素A \ 因素B	B_1	B_2	$\cdots$	B_s
A_1	$X_{111}, X_{112}, \cdots, X_{11t}$	$X_{121}, X_{122}, \cdots, X_{12t}$	$\cdots$	$X_{1s1}, X_{1s2}, \cdots, X_{1st}$
A_2	$X_{211}, X_{212}, \cdots, X_{21t}$	$X_{221}, X_{222}, \cdots, X_{22t}$	$\cdots$	$X_{2s1}, X_{2s2}, \cdots, X_{2st}$
$\vdots$	$\vdots$	$\vdots$		$\vdots$
A_r	$X_{r11}, X_{r12}, \cdots, X_{r1t}$	$X_{r21}, X_{r22}, \cdots, X_{r2t}$	$\cdots$	$X_{rs1}, X_{rs2}, \cdots, X_{rst}$

设

$$X_{ijk} \sim N(\mu_{ij}, \sigma^2) \quad (i=1,2,\cdots,r; j=1,2,\cdots,s; k=1,2,\cdots,t),$$

各 X_{ijk} 相互独立,这里 μ_{ij} 与 σ^2 均为未知参数。或写成

$$\left.\begin{array}{l} X_{ijk} = \mu_{ij} + \varepsilon_{ijk}, \\ \varepsilon_{ijk} \sim N(0,\sigma^2),\text{各 } \varepsilon_{ijk} \text{ 相互独立}, \\ i=1,2,\cdots,r;\ j=1,2,\cdots,s; \\ k=1,2,\cdots,t. \end{array}\right\} \quad (9.20)$$

引入记号

$$\mu = \frac{1}{rs}\sum_{i=1}^{r}\sum_{j=1}^{s}\mu_{ij},$$

$$\mu_{i\cdot} = \frac{1}{s}\sum_{j=1}^{s}\mu_{ij} \quad (i=1,2,\cdots,r),$$

$$\mu_{\cdot j} = \frac{1}{r}\sum_{i=1}^{r}\mu_{ij} \quad (j=1,2,\cdots,s),$$

$$\alpha_i = \mu_{i\cdot} - \mu \quad (i=1,2,\cdots,r),$$

$$\beta_j = \mu_{\cdot j} - \mu \quad (j=1,2,\cdots,s).$$

可见,

$$\sum_{i=1}^{r}\alpha_i = 0, \quad \sum_{j=1}^{s}\beta_j = 0.$$

称 μ 为总平均,α_i 为水平 A_i 的效应,β_j 为水平 B_j 的效应。这样可以将 μ_{ij} 表示成

$$\mu_{ij} = \mu + \alpha_i + \beta_j + (\mu_{ij} - \mu_{i\cdot} - \mu_{\cdot j} + \mu) \quad (i=1,2,\cdots,r;\ j=1,2,\cdots,s). \quad (9.21)$$

记

$$\gamma_{ij} = \mu_{ij} - \mu_{i\cdot} - \mu_{\cdot j} + \mu \quad (i=1,2,\cdots,r;\ j=1,2,\cdots,s). \quad (9.22)$$

此时,

$$\mu_{ij} = \mu + \alpha_i - \beta_j + \gamma_{ij}. \quad (9.23)$$

γ_{ij} 称为水平 A_i 与水平 B_j 的**交互效应**,它是由 A_i 与 B_j 搭配起来联合作用而引起的。易见

$$\sum_{i=1}^{r}\gamma_{ij} = 0 \quad (j=1,2,\cdots,s),$$

$$\sum_{j=1}^{s}\gamma_{ij} = 0 \quad (i=1,2,\cdots,r).$$

此时,式(9.20)可以写成

$$\left.\begin{array}{l} X_{ijk} = \mu + \alpha_i + \beta_j + \gamma_{ij} + \varepsilon_{ijk}, \\ \varepsilon_{ijk} \sim N(0,\sigma^2),\text{各 } \varepsilon_{ijk} \text{ 相互独立}, \\ i=1,2,\cdots,r;\ j=1,2,\cdots,s; \\ k=1,2,\cdots,t, \\ \sum_{i=1}^{r}\alpha_i=0,\ \sum_{j=1}^{s}\beta_j=0,\ \sum_{i=1}^{r}\gamma_{ij}=0,\ \sum_{j=1}^{s}\gamma_{ij}=0. \end{array}\right\} \quad (9.24)$$

其中,$\mu,\alpha_i,\beta_j,\gamma_{ij}$ 及 σ^2 均为未知参数。

式(9.24)即为双因素试验方差分析的数学模型。对于这个模型,要检验以下3个假设。

$$H_{01}: \alpha_1=\alpha_2=\cdots=\alpha_r=0; \quad H_{11}: \alpha_1,\alpha_2,\cdots,\alpha_r \text{ 不全为零}. \quad (9.25)$$

$$H_{02}: \beta_1=\beta_2=\cdots=\beta_s=0; \quad H_{12}: \beta_1,\beta_2,\cdots,\beta_s \text{ 不全为零}. \quad (9.26)$$

$$H_{03}: \gamma_{11} = \gamma_{12} = \cdots = \gamma_{rs} = 0; \quad H_{13}: \gamma_{11}, \gamma_{12}, \cdots, \gamma_{rs} \text{ 不全为零}. \tag{9.27}$$

与单因素情况类似,对这些问题的检验方法也是建立在平方和分解上的。

记

$$\overline{X} = \frac{1}{rst} \sum_{i=1}^{r} \sum_{j=1}^{s} \sum_{k=1}^{t} X_{ijk},$$

$$\overline{X}_{ij \cdot} = \frac{1}{t} \sum_{k=1}^{t} X_{ijk} \quad (i=1,2,\cdots,r; j=1,2,\cdots,s),$$

$$\overline{X}_{i \cdot \cdot} = \frac{1}{st} \sum_{j=1}^{s} \sum_{k=1}^{t} X_{ijk} \quad (i=1,2,\cdots,r),$$

$$\overline{X}_{\cdot j \cdot} = \frac{1}{rt} \sum_{i=1}^{r} \sum_{k=1}^{t} X_{ijk} \quad (j=1,2,\cdots,s).$$

再引入**总偏差平方和(总变差)**

$$S_T = \sum_{i=1}^{r} \sum_{j=1}^{s} \sum_{k=1}^{t} (X_{ijk} - \overline{X})^2.$$

将 S_T 写成如下形式:

$$S_T = \sum_{i=1}^{r} \sum_{j=1}^{s} \sum_{k=1}^{t} (X_{ijk} - \overline{X})^2$$

$$= \sum_{i=1}^{r} \sum_{j=1}^{s} \sum_{k=1}^{t} [(X_{ijk} - \overline{X}_{ij \cdot}) + (\overline{X}_{i \cdot \cdot} - \overline{X}) + (\overline{X}_{\cdot j \cdot} - \overline{X}) + (\overline{X}_{ij \cdot} - \overline{X}_{i \cdot \cdot} - \overline{X}_{\cdot j \cdot} + \overline{X})]^2$$

$$= \sum_{i=1}^{r} \sum_{j=1}^{s} \sum_{k=1}^{t} (X_{ijk} - \overline{X}_{ij \cdot})^2 + st \sum_{i=1}^{r} (\overline{X}_{i \cdot \cdot} - \overline{X})^2 + rt \sum_{j=1}^{s} (\overline{X}_{\cdot j \cdot} - \overline{X})^2$$

$$+ t \sum_{i=1}^{r} \sum_{j=1}^{s} (\overline{X}_{ij \cdot} - \overline{X}_{i \cdot \cdot} - \overline{X}_{\cdot j \cdot} + \overline{X})^2.$$

即得平方和的分解式

$$S_T = S_E + S_A + S_B + S_{A \times B}. \tag{9.28}$$

其中,

$$S_E = \sum_{i=1}^{r} \sum_{j=1}^{s} \sum_{k=1}^{t} (X_{ijk} - \overline{X}_{ij \cdot})^2, \tag{9.29}$$

$$S_A = st \sum_{i=1}^{r} (\overline{X}_{i \cdot \cdot} - \overline{X})^2, \tag{9.30}$$

$$S_B = rt \sum_{j=1}^{s} (\overline{X}_{\cdot j \cdot} - \overline{X})^2, \tag{9.31}$$

$$S_{A \times B} = t \sum_{i=1}^{r} \sum_{j=1}^{s} (\overline{X}_{ij \cdot} - \overline{X}_{i \cdot \cdot} - \overline{X}_{\cdot j \cdot} + \overline{X})^2. \tag{9.32}$$

称 S_E 为**误差平方和**,S_A,S_B 分别为因素 A、因素 B 的**效应平方和**,$S_{A \times B}$ 为 A、B **交互效应平方和**。

可以证明,S_T,S_E,S_A,S_B,$S_{A \times B}$ 的自由度依次为 $rst-1$, $rs(t-1)$, $r-1$, $s-1$, $(r-1)(s-1)$,且有

$$E\left(\frac{S_E}{rs(t-1)}\right) = \sigma^2, \tag{9.33}$$

$$E\left(\frac{S_A}{r-1}\right) = \sigma^2 + \frac{st\sum_{i=1}^{r}\alpha_i^2}{r-1}, \tag{9.34}$$

$$E\left(\frac{S_B}{s-1}\right) = \sigma^2 + \frac{rt\sum_{j=1}^{s}\beta_j^2}{s-1}, \tag{9.35}$$

$$E\left(\frac{S_{A\times B}}{(r-1)(s-1)}\right) = \sigma^2 + \frac{t\sum_{i=1}^{r}\sum_{j=1}^{s}\gamma_{ij}^2}{(r-1)(s-1)}. \tag{9.36}$$

当 $H_{01}: \alpha_1 = \alpha_2 = \cdots = \alpha_r = 0$ 为真时,可以证明

$$F_A = \frac{\dfrac{S_A}{r-1}}{\dfrac{S_E}{rs(t-1)}} \sim F(r-1, rs(t-1))。 \tag{9.37}$$

取显著性水平 α,得假设 H_{01} 的拒绝域为

$$F_A = \frac{\dfrac{S_A}{r-1}}{\dfrac{S_E}{rs(t-1)}} \geqslant F_\alpha(r-1, rs(t-1))。 \tag{9.38}$$

类似的,在显著性水平 α 下,假设 H_{02} 的拒绝域为

$$F_B = \frac{\dfrac{S_B}{s-1}}{\dfrac{S_E}{rs(t-1)}} \geqslant F_\alpha(s-1, rs(t-1)), \tag{9.39}$$

假设 H_{03} 的拒绝域为

$$F_{A\times B} = \frac{\dfrac{S_{A\times B}}{(r-1)(s-1)}}{\dfrac{S_E}{rs(t-1)}} \geqslant F_\alpha((r-1)(s-1), rs(t-1))。 \tag{9.40}$$

将上述分析的结果列成表 9.10 所示的形式。

表 9.10

方差来源	平方和	自由度	均方	F 值
因素 A	S_A	$r-1$	$\bar{S}_A = \dfrac{S_A}{r-1}$	$F_A = \dfrac{\bar{S}_A}{\bar{S}_E}$
因素 B	S_B	$s-1$	$\bar{S}_B = \dfrac{S_B}{s-1}$	$F_B = \dfrac{\bar{S}_B}{\bar{S}_E}$
交互作用	$S_{A\times B}$	$(r-1)(s-1)$	$\bar{S}_{A\times B} = \dfrac{S_{A\times B}}{(r-1)(s-1)}$	$F_{A\times B} = \dfrac{\bar{S}_{A\times B}}{\bar{S}_E}$

方差来源	平方和	自由度	均方	F值
误差	S_E	$rs(t-1)$	$\bar{S}_E = \dfrac{S_E}{rs(t-1)}$	
总和	S_T	$rst-1$		

记

$$T_{\cdots} = \sum_{i=1}^{r}\sum_{j=1}^{s}\sum_{k=1}^{t} X_{ijk},$$

$$T_{ij\cdot} = \sum_{k=1}^{t} X_{ijk} \quad (i=1,2,\cdots,r;\ j=1,2,\cdots,s),$$

$$T_{i\cdot\cdot} = \sum_{j=1}^{s}\sum_{k=1}^{t} X_{ijk} \quad (i=1,2,\cdots,r),$$

$$T_{\cdot j\cdot} = \sum_{i=1}^{r}\sum_{k=1}^{t} X_{ijk} \quad (j=1,2,\cdots,s),$$

则平方和可以表示成

$$\left.\begin{aligned}
S_T &= \sum_{i=1}^{r}\sum_{j=1}^{s}\sum_{k=1}^{t} X_{ijk}^2 - \frac{T_{\cdots}^2}{rst}, \\
S_A &= \frac{1}{st}\sum_{i=1}^{r} T_{i\cdot\cdot}^2 - \frac{T_{\cdots}^2}{rst}, \\
S_B &= \frac{1}{rt}\sum_{j=1}^{s} T_{\cdot j\cdot}^2 - \frac{T_{\cdots}^2}{rst}, \\
S_{A\times B} &= \frac{1}{t}\sum_{i=1}^{r}\sum_{j=1}^{s} T_{ij\cdot}^2 - \frac{T_{\cdots}^2}{rst} - S_A - S_B, \\
S_E &= S_T - S_A - S_B - S_{A\times B}.
\end{aligned}\right\} \tag{9.41}$$

例 9.2.1 为了研究不同的路段和不同的时间段对行车时间的影响,城市道路交通管理部门让一名志愿者分别在两个路段和高峰期与非高峰期亲自驾车进行试验,获得 20 个行车时间的数据(单位:min),如表 9.11 所示。试分析路段、时段以及路段与时段的交互作用对行程时间的影响($\alpha=0.05$)。

表 9.11

时段 \ 路段		路段 B	
		路段 1	路段 2
时段 A	高峰期	21	14
		19	15
		22	18
		20	17
		20	16
	非高峰期	15	13
		12	12
		17	8
		16	11
		12	7

解 根据题意检验假设(9.25)、(9.26)、(9.27)。$T_{...}$、$T_{ij.}$、$T_{i..}$、$T_{.j.}$ 的计算如表 9.12 所示,表中括号内的数是 $T_{ij.}$,这里 $r=2, s=2, t=5$。

表 9.12

因素A \ 因素B	B_1	B_2	$T_{i..}$
A_1	21 19 22(102) 20 20	14 15 18(80) 17 16	182
A_2	15 12 17(72) 16 12	13 12 8(51) 11 7	123
$T_{.j.}$	174	131	305

$$S_T = (21^2 + 14^2 + \cdots + 7^2) - \frac{305^2}{20} = 329.75,$$

$$S_A = \frac{1}{10} \times (182^2 + 123^2) - \frac{305^2}{20} = 174.05,$$

$$S_B = \frac{1}{10} \times (174^2 + 131^2) - \frac{305^2}{20} = 92.45,$$

$$S_{A \times B} = \frac{1}{5}(102^2 + 80^2 + 72^2 + 51^2) - \frac{305^2}{20} - 174.05 - 92.45 = 0.05,$$

$$S_E = S_T - S_A - S_B - S_{A \times B} = 63.2。$$

得方差分析如表 9.13 所示。

表 9.13

方差来源	平方和	自由度	均方	F 值
因素 A	174.05	1	174.05	44.06329
因素 B	92.45	1	92.45	23.40506
交互作用	0.05	1	0.05	0.012658
误差	63.2	16	3.95	
总和	329.75	19		

查表得 $F_{0.05}(1,16) = 4.49$。

$F_A = 44.06329 > 4.49$,拒绝原假设 H_{01},认为时段对行车时间有显著影响。

$F_B = 23.40506 > 4.49$,拒绝原假设 H_{02},认为路段对行车时间有显著影响。

$F_{A \times B} = 0.012658 < 4.49$,不拒绝原假设 H_{03},没有证据表明时段和路段的交互作用对行车时间有显著影响。

9.2.2 双因素无重复试验的方差分析

在双因素试验中,如果知道因素之间的交互作用不存在,或者交互作用对试验指标的影响很小,则可以不考虑交互作用。此时,只需要对两因素的每一组合(A_i, B_j)做一次试验,就可以对因素A,B的效应进行分析。试验结果如表 9.14 所示。

表 9.14

因素A \ 因素B	B_1	B_2	...	B_s
A_1	X_{11}	X_{12}	...	X_{1s}
A_2	X_{21}	X_{22}	...	X_{2s}
⋮	⋮	⋮		⋮
A_r	X_{r1}	X_{r2}	...	X_{rs}

设

$$X_{ij} \sim N(\mu_{ij}, \sigma^2) \quad (i=1,2,\cdots,r; j=1,2,\cdots,s)。$$

各X_{ij}相互独立,这里μ_{ij}与σ^2均为未知参数。或写成

$$\left.\begin{array}{l} X_{ij} = \mu_{ij} + \varepsilon_{ij}, \\ \varepsilon_{ij} \sim N(0,\sigma^2), \text{各 } \varepsilon_{ij} \text{ 相互独立}, \\ i=1,2,\cdots,r; j=1,2,\cdots,s。 \end{array}\right\} \tag{9.42}$$

沿用之前的记号,由于不存在交互作用,此时$\gamma_{ij}=0$。于是式(9.42)可以写成如下形式。

$$\left.\begin{array}{l} X_{ij} = \mu + \alpha_i + \beta_j + \varepsilon_{ij}, \\ \varepsilon_{ij} \sim N(0,\sigma^2), \text{各 } \varepsilon_{ij} \text{ 相互独立}, \\ i=1,2,\cdots,r; j=1,2,\cdots,s, \\ \sum_{i=1}^{r} \alpha_i = 0, \sum_{j=1}^{s} \beta_j = 0。 \end{array}\right\} \tag{9.43}$$

这就是要研究的方差分析的数学模型。对于这个模型,要检验以下两个假设。

$$H_{01}: \alpha_1 = \alpha_2 = \cdots = \alpha_r = 0; H_{11}: \alpha_1, \alpha_2, \cdots, \alpha_r \text{ 不全为零}。 \tag{9.44}$$

$$H_{02}: \beta_1 = \beta_2 = \cdots = \beta_s = 0; H_{12}: \beta_1, \beta_2, \cdots, \beta_s \text{ 不全为零}。 \tag{9.45}$$

与 9.2.1 小节类似,得方差分析如表 9.15 所示。

表 9.15

方差来源	平方和	自由度	均方	F值
因素A	S_A	$r-1$	$\bar{S}_A = \dfrac{S_A}{r-1}$	$F_A = \dfrac{\bar{S}_A}{\bar{S}_E}$
因素B	S_B	$s-1$	$\bar{S}_B = \dfrac{S_B}{s-1}$	$F_B = \dfrac{\bar{S}_B}{\bar{S}_E}$
误差	S_E	$(r-1)(s-1)$	$\bar{S}_E = \dfrac{S_E}{(r-1)(s-1)}$	
总和	S_T	$rs-1$		

取显著性水平 α，得假设 H_{01} 的拒绝域为

$$F_A = \frac{\overline{S}_A}{\overline{S}_E} \geqslant F_\alpha(r-1, (r-1)(s-1))。$$

类似的，在显著性水平 α 下，假设 H_{02} 的拒绝域为

$$F_B = \frac{\overline{S}_B}{\overline{S}_E} \geqslant F_\alpha(s-1, (r-1)(s-1))。$$

表 9.15 中的平方和可按下式计算

$$\left.\begin{aligned} S_T &= \sum_{i=1}^{r}\sum_{j=1}^{s} X_{ij}^2 - \frac{T_{..}^2}{rs}, \\ S_A &= \frac{1}{s}\sum_{i=1}^{r} T_{i.}^2 - \frac{T_{..}^2}{rs}, \\ S_B &= \frac{1}{r}\sum_{j=1}^{s} T_{.j}^2 - \frac{T_{..}^2}{rs}, \\ S_E &= S_T - S_A - S_B。 \end{aligned}\right\} \quad (9.46)$$

其中，$T_{..} = \sum_{i=1}^{r}\sum_{j=1}^{s} X_{ij}$，$T_{i.} = \sum_{j=1}^{s} X_{ij}(i=1,2,\cdots,r)$，$T_{.j} = \sum_{i=1}^{r} X_{ij}(j=1,2,\cdots,s)$。

例 9.2.2 在例 9.1.3 中，选取 5 个不同品种进行试验，每个品种随机地在 4 块试验田上试种。试在显著性水平 $\alpha=0.05$ 下检验：不同试验田上的油菜籽亩产量均值有无显著差异，不同品种的油菜籽亩产量均值有无显著差异。

解 根据题意检验假设 (9.44)、(9.45)，$T_{i.}$、$T_{.j}$ 的计算如表 9.16 所示，这里 $r=4$，$s=5$，$t=5$。

表 9.16

因素A \ 因素B	B_1	B_2	B_3	B_4	B_5	$T_{i.}$
A_1	176	164	170	208	126	844
A_2	142	220	197	200	132	891
A_3	200	210	150	235	140	935
A_4	218	195	242	179	132	966
$T_{.j}$	736	789	759	822	530	3636

$$S_T = (176^2 + 164^2 + \cdots + 132^2) - \frac{3636^2}{20} = 24687.2,$$

$$S_A = \frac{1}{5} \times (844^2 + \cdots + 966^2) - \frac{3636^2}{20} = 1694.8,$$

$$S_B = \frac{1}{4} \times (736^2 + \cdots + 530^2) - \frac{3636^2}{20} = 13195.7,$$

$$S_E = S_T - S_A - S_B = 9796.7。$$

得方差分析如表 9.17 所示。

表 9.17

方差来源	平方和	自由度	均方	F 值
因素 A	1694.8	3	564.9333	0.691988
因素 B	13195.7	4	3298.925	4.040861
误差	9796.7	12	816.3917	
总和	24687.2	19		

查表得 $F_{0.05}(3,12)=3.49, F_{0.05}(4,12)=3.26$。

$F_A=0.0691988<3.49$,不拒绝原假设 H_{01},认为不同的试验田对油菜籽亩产量均值无显著影响。

$F_B=4.040861>3.26$,拒绝原假设 H_{02},认为不同的品种对油菜籽亩产量均值有显著影响。

通常,对于两个自变量而言,进行双因素方差分析要优于分别对这两个因素进行单因素方差分析。

9.3 一元线性回归

在处理数据的过程中,经常需要对变量之间的关系进行分析。变量之间的关系可分为两种,函数关系和相关关系。在相关关系中,一个变量的取值并不能由另一个变量唯一确定。例如,一个人的收入水平和他的受教育程度就是相关关系,也就是说,受教育程度相同的人,收入水平往往不同;同样,收入水平相同的人,他们受教育的程度可能不同。回归分析就是描述与研究这类变量之间关系及其规律的统计方法。回归分析主要解决以下几个问题:从一组样本数据出发,确定变量之间的数学关系式;对关系式的可信程度进行各种统计检验,并找出哪些变量的影响是显著的;利用所求的关系式,根据一个或几个变量的取值来估计或预测另一个特定变量的取值,并给出这种估计或预测的可靠程度。

9.3.1 一元线性回归模型

1. 一元线性回归模型概述

对于 x 取定一组不完全相同的值 $x_1, x_2, \cdots, x_n$,设 $Y_1, Y_2, \cdots, Y_n$ 分别是在 $x_1, x_2, \cdots, x_n$ 处对 Y 的独立观察结果,称

$$(x_1, Y_1), (x_2, Y_2), \cdots, (x_n, Y_n)$$

是一个样本,相应的样本值为

$$(x_1, y_1), (x_2, y_2), \cdots, (x_n, y_n)。$$

将每对观测值 (x_i, y_i) 在直角坐标系中描出它的相应的点,得到试验的**散点图**。

为利用样本估计 Y 关于 x 的回归函数 $\mu(x)$,首先要推测 $\mu(x)$ 的形式。当 $\mu(x)$ 为线

性函数 $\mu(x)=a+bx$ 时,估计 $\mu(x)$ 的问题称为求一元线性回归问题。

假设随机变量 $Y \sim N(\mu(x),\sigma^2)$,即
$$Y \sim N(a+bx,\sigma^2)。 \tag{9.47}$$

其中,a,b,σ^2 都是不依赖于 x 的未知参数,记 $\varepsilon=Y-a-bx$,式(9.47)可以写成
$$Y=a+bx+\varepsilon,\quad \varepsilon \sim N(0,\sigma^2)。 \tag{9.48}$$

其中,a,b,σ^2 都是不依赖于 x 的未知参数,称式(9.48)为**一元线性回归模型**。

如果由样本得到参数 a,b 的估计 $\hat{a},\hat{b}$,则对于给定的 $x,\hat{y}=\hat{a}+\hat{b}x$ 为 $\mu(x)=a+bx$ 的估计,方程
$$\hat{y}=\hat{a}+\hat{b}x$$

称为 y 关于 x 的**线性回归方程**或**回归方程**,其图像称为回归直线。

2. a,b,σ^2 的估计

(1) a,b 的估计。

取 x 的一组不完全相同的值 $x_1,x_2,\cdots,x_n$ 做独立试验,得到样本 $(x_1,Y_1),(x_2,Y_2),\cdots,(x_n,Y_n)$。由式(9.48)知
$$Y_i \sim N(a+bx_i,\sigma^2)$$

且 $Y_1,Y_2,\cdots,Y_n$ 相互独立,$Y_1,Y_2,\cdots,Y_n$ 的联合概率密度为
$$L=\prod_{i=1}^{n} \frac{1}{\sqrt{2\pi}\sigma} e^{-\frac{1}{2\sigma^2}(y_i-a-bx_i)^2} = \left(\frac{1}{\sqrt{2\pi}\sigma}\right)^n \exp\left[-\frac{1}{2\sigma^2}\sum_{i=1}^{n}(y_i-a-bx_i)^2\right]。 \tag{9.49}$$

如果用极大似然估计法估计未知参数 a,b,只需求使
$$Q(a,b)=\sum_{i=1}^{n}(y_i-a-bx_i)^2 \tag{9.50}$$

取最小值的 a,b。

如果 Y_i 不服从正态分布,则可以用最小二乘法求 a,b;如果 Y_i 服从正态分布,则用最小二乘法和极大似然估计法求 a,b 的结果是一致的。

取 Q 关于 a,b 的偏导数,并令它们分别等于零:
$$\begin{cases} \dfrac{\partial Q}{\partial a}=-2\sum_{i=1}^{n}(y_i-a-bx_i)=0, \\ \dfrac{\partial Q}{\partial b}=-2\sum_{i=1}^{n}(y_i-a-bx_i)x_i=0。 \end{cases} \tag{9.51}$$

整理后得
$$\begin{cases} na+n\bar{x}b=n\bar{y}, \\ n\bar{x}a+\left(\sum_{i=1}^{n}x_i^2\right)b=\sum_{i=1}^{n}x_iy_i。 \end{cases} \tag{9.52}$$

其中,$\bar{x}=\dfrac{1}{n}\sum_{i=1}^{n}x_i,\bar{y}=\dfrac{1}{n}\sum_{i=1}^{n}y_i$。称方程组(9.52)为**正规方程组**。

由于 $x_1,x_2,\cdots,x_n$ 不全相同,正规方程组的系数行列式

$$\begin{vmatrix} n & n\bar{x} \\ n\bar{x} & \sum_{i=1}^{n} x_i^2 \end{vmatrix} = n\left(\sum_{i=1}^{n} x_i^2 - n\bar{x}^2\right) = n\sum_{i=1}^{n}(x_i - \bar{x})^2 \neq 0.$$

方程组(9.52)有唯一解,进而 a,b 的极大似然估计为

$$\begin{cases} \hat{a} = \bar{y} - \hat{b}\bar{x}, \\ \hat{b} = \dfrac{\sum_{i=1}^{n}(x_i - \bar{x})(y_i - \bar{y})}{\sum_{i=1}^{n}(x_i - \bar{x})^2} \end{cases} \tag{9.53}$$

于是,所求的线性回归方程为

$$\hat{y} = \hat{a} + \hat{b}x. \tag{9.54}$$

若将 $a = \bar{y} - \hat{b}\bar{x}$ 代入式(9.54),则得线性回归方程的另一种形式:

$$\hat{y} = \bar{y} + \hat{b}(x - \bar{x}).$$

可见回归直线必通过散点图的几何中心 $(\bar{x}, \bar{y})$。

为了计算方便,引入以下记号:

$$\begin{cases} S_{xx} = \sum_{i=1}^{n}(x_i - \bar{x})^2 = \sum_{i=1}^{n} x_i^2 - \dfrac{1}{n}\left(\sum_{i=1}^{n} x_i\right)^2, \\ S_{yy} = \sum_{i=1}^{n}(y_i - \bar{y})^2 = \sum_{i=1}^{n} y_i^2 - \dfrac{1}{n}\left(\sum_{i=1}^{n} y_i\right)^2, \\ S_{xy} = \sum_{i=1}^{n}(x_i - \bar{x})(y_i - \bar{y}) = \sum_{i=1}^{n} x_i y_i - \dfrac{1}{n}\left(\sum_{i=1}^{n} x_i\right)\left(\sum_{i=1}^{n} y_i\right), \end{cases} \tag{9.55}$$

则 a,b 的极大似然估计可以写为

$$\begin{cases} \hat{a} = \bar{y} - \hat{b}\bar{x}, \\ \hat{b} = \dfrac{S_{xy}}{S_{xx}}. \end{cases} \tag{9.56}$$

例 9.3.1 在研究钢线含碳量对于电阻的影响中,得到数据如表 9.18 所示。

表 9.18

含碳量 $x/\%$	0.10	0.30	0.40	0.55	0.70	0.80	0.95
20℃时的电阻 $y/\mu\Omega$	15	18	19	21	22.6	23.8	26

求出线性回归方程 $\hat{y} = \hat{a} + \hat{b}x$。

解 $n = 7$,计算过程如表 9.19 所示。

因此,

$$S_{xx} = 2.595 - \frac{1}{7} \times 3.8^2 = 0.532143,$$

$$S_{xy} = 85.61 - \frac{1}{7} \times 3.8 \times 145.4 = 6.678571,$$

表 9.19

项目	X	y	x^2	y^2	xy
数值	0.10	15	0.01	225	1.5
	0.30	18	0.09	324	5.4
	0.40	19	0.16	361	7.6
	0.55	21	0.3025	441	11.55
	0.70	22.6	0.49	510.76	15.82
	0.80	23.8	0.64	566.44	19.04
	0.95	26	0.9025	676	24.7
$\sum$	3.8	145.4	2.595	3104.2	85.61

故得

$$\hat{b} = \frac{S_{xy}}{S_{xx}} = \frac{6.678571}{0.532143} = 12.55034,$$

$$\hat{a} = \frac{1}{7} \times 145.4 - \frac{1}{7} \times 3.8 \times 12.55034 = 13.95839.$$

于是,回归直线方程为

$$\hat{y} = 13.95839 + 12.55034 x.$$

(2) σ^2 的估计。

记 $\hat{y}_i = \hat{a} + \hat{b} x_i$, $Q_e = \sum_{i=1}^{n}(y_i - \hat{y}_i)^2 = \sum_{i=1}^{n}(y_i - \hat{a} - \hat{b} x_i)^2$, 称 Q_e 为**残差平方和**。

可以证明,残差平方和 Q_e 的相应的统计量$\Big($此时 $Q_e = \sum_{i=1}^{n}(Y_i - \hat{y}_i)^2 = \sum_{i=1}^{n}(Y_i - \hat{a} - \hat{b} x_i)^2$,不妨仍记为 $Q_e \Big)$ 满足

$$\frac{Q_e}{\sigma^2} \sim \chi^2(n-2).$$

因此,$E\left(\dfrac{Q_e}{\sigma^2}\right) = n-2$, $E\left(\dfrac{Q_e}{n-2}\right) = \sigma^2$, 即 σ^2 的一个无偏估计量为

$$\hat{\sigma}^2 = \frac{Q_e}{n-2}.$$

在实际计算中,Q_e 可以分解如下。

$$\begin{aligned} Q_e &= \sum_{i=1}^{n}(y_i - \hat{y}_i)^2 = \sum_{i=1}^{n}(y_i - \hat{a} - \hat{b} x_i)^2 = \sum_{i=1}^{n}[y_i - \bar{y} - \hat{b}(x_i - \bar{x})]^2 \\ &= \sum_{i=1}^{n}(y_i - \bar{y})^2 - 2\hat{b}\sum_{i=1}^{n}(x_i - \bar{x})(y_i - \bar{y}) + \hat{b}^2 \sum_{i=1}^{n}(x_i - \bar{x})^2 \\ &= S_{yy} - 2\hat{b} S_{xy} + \hat{b}^2 S_{xx} \\ &= S_{yy} - \hat{b} S_{xy}. \end{aligned}$$

相应的统计量为 $Q_e = S_{yy} - \hat{b} S_{xy}$。

于是,可以直接使用表 9.19 求 σ^2 的估计量。

例 9.3.2 求例 9.3.1 中 σ^2 的无偏估计。

解 由表 9.19 知,$S_{yy} = 3104.2 - \dfrac{1}{7} \times 145.4^2 = 84.03429$;又知 $S_{xy} = 6.678571, \hat{b} = 12.55034$,故 $Q_e = S_{yy} - \hat{b} S_{xy} = 0.215973$。$\sigma^2$ 的无偏估计为

$$\hat{\sigma}^2 = \frac{Q_e}{n-2} = \frac{0.215973}{5} = 0.043195。$$

3. 线性假设的显著性检验

在根据样本数据拟合回归方程时,实际上已经假定 Y 和 x 存在线性关系,但是它是否真实地反映了变量 Y 和 x 的关系,则需要通过检验才能证实。回归分析中的显著性检验主要包括线性关系的检验和回归系数的检验。

(1) F 检验法。

由式(9.48)知,若 Y 和 x 之间不存在线性关系,则 $b=0$,否则 $b \neq 0$。因此检验 Y 和 x 之间是否存在线性关系,就是检验假设

$$H_0: b = 0; \quad H_1: b \neq 0。 \tag{9.57}$$

接下来从数据 $y_i (i=1,2,\cdots,n)$ 的波动原因着手,检验 H_0 是否为真。记

$$S_T = \sum_{i=1}^{n} (y_i - \bar{y})^2 = S_{yy}, \tag{9.58}$$

$$U = \sum_{i=1}^{n} (\hat{y}_i - \bar{y})^2 = \sum_{i=1}^{n} \hat{b}^2 (x_i - \bar{x})^2 = \hat{b}^2 S_{xx} = \hat{b} S_{xy}, \tag{9.59}$$

$$Q_e = \sum_{i=1}^{n} (y_i - \hat{y}_i)^2。 \tag{9.60}$$

S_T 称为**总偏差平方和**,反映数据 y_i 总波动的大小;U 称为**回归平方和**,反映由于 x 的变化而引起数据 y_i 的波动的大小;Q_e 称为**剩余平方和**,反映观测值与回归直线间的偏离大小,是由随机因素造成的。因此

$$\begin{aligned} S_T &= \sum_{i=1}^{n} (y_i - \bar{y})^2 = \sum_{i=1}^{n} (y_i - \hat{y}_i + \hat{y}_i - \bar{y})^2 \\ &= \sum_{i=1}^{n} (y_i - \hat{y}_i)^2 + \sum_{i=1}^{n} (\hat{y}_i - \bar{y})^2 = Q_e + U。 \end{aligned} \tag{9.61}$$

称式(9.61)为**平方和分解式**。

在式(9.48)下,有以下结论:

① $\dfrac{Q_e}{\sigma^2} \sim \chi^2 (n-2)$;

② 在 H_0 成立下,$\dfrac{U}{\sigma^2} \sim \chi^2 (1)$;

③ Q_e 与 U 相互独立。

于是,当 H_0 为真时,统计量

$$F = \frac{U}{\frac{Q_e}{n-2}} \sim F(1, n-2)\text{。} \tag{9.62}$$

对于给定显著性水平 α，H_0 的拒绝域为
$$F > F_\alpha(1, n-2)\text{。}$$

称这种检验为 F 检验法或回归方程的方差分析。F 检验法通常用方差分析表（见表 9.20）。

表 9.20

方差来源	平方和	自由度	均方	F 值
回归	$U = \hat{b} S_{xy}$	1	$\overline{U} = U$	$F = \dfrac{\overline{U}}{\overline{Q_e}}$
剩余	$Q_e = S_T - U$	$n-2$	$\overline{Q_e} = \dfrac{Q_e}{n-2}$	
总和	$S_T = S_{yy}$	$n-1$		

(2) t 检验法。

下面采用 t 检验法来检验假设(9.57)，有以下结论：

$$\hat{b} \sim N\left(b, \frac{\sigma^2}{S_{xx}}\right), \tag{9.63}$$

$$\frac{(n-2)\hat{\sigma}^2}{\sigma^2} = \frac{Q_e}{\sigma^2} \sim \chi^2(n-2), \tag{9.64}$$

且与 $\hat{b}$ 相互独立，故

$$\frac{\hat{b} - b}{\sqrt{\dfrac{\sigma^2}{S_{xx}}}} \Bigg/ \sqrt{\frac{\dfrac{(n-2)\hat{\sigma}^2}{\sigma^2}}{n-2}} \sim t(n-2),$$

即

$$\frac{\hat{b} - b}{\hat{\sigma}} \sqrt{S_{xx}} \sim t(n-2)\text{。} \tag{9.65}$$

当 H_0 为真时，$b = 0$，此时检验统计量

$$t = \frac{\hat{b}}{\hat{\sigma}} \sqrt{S_{xx}} \sim t(n-2), \tag{9.66}$$

且 $E\hat{b} = 0$。对于给定显著性水平 α，H_0 的拒绝域为

$$|t| = \frac{|\hat{b}|}{\hat{\sigma}} \sqrt{S_{xx}} > t_{\frac{\alpha}{2}}(n-2)\text{。} \tag{9.67}$$

例 9.3.3 对例 9.3.1 分别用 F 检验法和 t 检验法检验回归方程的显著性（$\alpha = 0.05$）。

解 (1) 用 F 检验法检验回归方程的显著性。

列出方差分析表,如表 9.21 所示。

表 9.21

方差来源	平方和	自由度	均方	F 值
回归	83.81834	1	83.81834	1940.6593
剩余	0.21595	5	0.04319	
总和	84.03429	6		

由于 $F > F_{0.05}(1,5) = 6.61$,拒绝 H_0,回归方程在水平 $\alpha = 0.05$ 下是显著的。

(2) 用 t 检验法检验回归方程的显著性。

将之前的计算结果代入式(9.66),得

$$t = \frac{12.55034}{\sqrt{0.043195}} \times \sqrt{0.532143} = 44.05071。$$

由于 $t > t_{0.025}(5) = 2.5706$,拒绝 H_0,回归方程在水平 $\alpha = 0.05$ 下是显著的。

在一元线性回归分析中,自变量只有一个,F 检验法和 t 检验法是等价的。但是在多元线性回归分析中,这两种检验的意义是不同的。F 检验法只用于检验总体回归关系的显著性,t 检验法则是检验各个回归系数的显著性。

当回归效果显著,即 H_0 不成立时,还可以用式(9.65)求出 b 的置信区间,请读者自行完成。

4. 预测与控制

回归方程的一个重要应用是预测与控制。预测是指通过自变量 x 的取值来预测因变量 Y 的取值,控制则与预测相反,它是根据一个想要的 Y 值,求得所要求的 x 值。

设随机变量 Y 在 $x = x_0$ 处的观测值为 Y_0,由式(9.48)知,

$$Y_0 = a + bx_0 + \varepsilon_0, \quad \varepsilon_0 \sim N(0, \sigma^2),$$
$$Y_0 \sim N(a + bx_0, \sigma^2)。 \tag{9.68}$$

取 $x = x_0$ 处的回归值 $\hat{Y}_0 = \hat{a} + \hat{b}x_0$ 作为 $Y_0 = a + bx_0 + \varepsilon_0$ 的预测值,则

$$\hat{Y}_0 \sim N\left(a + bx_0, \left[\frac{1}{n} + \frac{(x_0 - \bar{x})^2}{S_{xx}}\right]\sigma^2\right)。 \tag{9.69}$$

由于 (x_0, Y_0) 是将要进行的一次独立试验的结果,故 $Y_0, Y_1, \cdots, Y_n$ 相互独立。又因为

$$\hat{b} = \frac{\sum_{i=1}^{n}(x_i - \bar{x})(Y_i - \bar{Y})}{\sum_{i=1}^{n}(x_i - \bar{x})^2} = \frac{\sum_{i=1}^{n}(x_i - \bar{x})Y_i - \sum_{i=1}^{n}(x_i - \bar{x})\bar{Y}}{\sum_{i=1}^{n}(x_i - \bar{x})^2} = \frac{\sum_{i=1}^{n}(x_i - \bar{x})Y_i}{\sum_{i=1}^{n}(x_i - \bar{x})^2},$$

$$\hat{a} = \bar{Y} - \hat{b}\bar{x},$$

故 $\hat{Y}_0 = \hat{a} + \hat{b}x_0$ 是 $Y_1, Y_2, \cdots, Y_n$ 的线性组合,因此 Y_0 与 $\hat{Y}_0$ 相互独立。进而

$$Y_0 - \hat{Y}_0 \sim N\left(0, \left[1 + \frac{1}{n} + \frac{(x_0 - \bar{x})^2}{S_{xx}}\right]\sigma^2\right),$$

又

$$\frac{(n-2)\hat{\sigma}^2}{\sigma^2} \sim \chi^2(n-2),$$

且 $Y_0, \hat{Y}_0, \sigma^2$ 相互独立。进而

$$\frac{Y_0 - \hat{Y}_0}{\hat{\sigma}\sqrt{1 + \frac{1}{n} + \frac{(x_0 - \bar{x})^2}{S_{xx}}}} \sim t(n-2)。$$

于是，对于给定的置信水平 $1-\alpha$，Y_0 的置信区间为

$$\left(\hat{y}_0 - t_{\frac{\alpha}{2}}(n-2)\hat{\sigma}\sqrt{1 + \frac{1}{n} + \frac{(x_0 - \bar{x})^2}{S_{xx}}}, \hat{y}_0 + t_{\frac{\alpha}{2}}(n-2)\hat{\sigma}\sqrt{1 + \frac{1}{n} + \frac{(x_0 - \bar{x})^2}{S_{xx}}} \right)。$$
(9.70)

称式(9.69)为 Y_0 的置信水平 $1-\alpha$ 的 **预测区间**。

记

$$\delta(x) = t_{\frac{\alpha}{2}}(n-2)\hat{\sigma}\sqrt{1 + \frac{1}{n} + \frac{(x_0 - \bar{x})^2}{S_{xx}}},$$

则预测区间为

$$(\hat{y}_0 - \delta(x), \hat{y}_0 + \delta(x))。$$

在实际问题中，样本容量 n 通常很大。若 x_0 在 $\bar{x}$ 附近，则式(9.69)中的根式近似等于 1，而 $t_{\frac{\alpha}{2}}(n-2) \approx u_{\frac{\alpha}{2}}$，此时 Y_0 的置信水平 $1-\alpha$ 的预测区间近似地等于

$$\left(\hat{y}_0 - u_{\frac{\alpha}{2}}\hat{\sigma}, \hat{y}_0 + u_{\frac{\alpha}{2}}\hat{\sigma} \right)。 \tag{9.71}$$

若对给定的样本观测值作曲线

$$\begin{cases} y_1(x) = \hat{y} - \delta(x), \\ y_2(x) = \hat{y} + \delta(x), \end{cases} \tag{9.72}$$

则夹在这两条曲线之间的部分就是 $Y = a + bx + \varepsilon$ 的置信水平为 $1-\alpha$ 的预测带，它以概率包含 Y 的值，且 x 越靠近 $\bar{x}$ 时，预测区间越窄，预测结果越精确，如图 9.1 所示。

下面讨论预测的反问题——控制问题。

假设已经求得回归方程为 $\hat{y} = \hat{a} + \hat{b}x$，如何求出区间 (x_1, x_2)，才能以概率 $1-\alpha$ 保证 $y \in (y_1, y_2)$。本书只简单地讨论 n 很大的情况。

由式(9.70)，令

$$\begin{cases} y_1(x) = \hat{y} - u_{\frac{\alpha}{2}}\hat{\sigma} = \hat{a} + \hat{b}x - u_{\frac{\alpha}{2}}\hat{\sigma}, \\ y_2(x) = \hat{y} + u_{\frac{\alpha}{2}}\hat{\sigma} = \hat{a} + \hat{b}x + u_{\frac{\alpha}{2}}\hat{\sigma}, \end{cases} \tag{9.73}$$

可以解得 x_1, x_2。

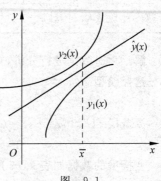

图 9.1

9.3.2 可化为一元线性回归的情况

随着数据的获取越来越容易,遇到的回归问题越来越复杂,而在某些情况下可以通过适当的变换将其转化为一元线性回归来处理。下面介绍几种常用的形式。

(1) $Y = \alpha e^{\beta x} \varepsilon$, $\ln \varepsilon \sim N(0, \sigma^2)$。

其中,$\alpha, \beta, \varepsilon$ 是与 x 无关的未知参数。将 $Y = \alpha e^{\beta x} \varepsilon$ 两边取对数,得
$$\ln Y = \ln \alpha + \beta x + \ln \varepsilon$$
令 $\ln Y = Y'$, $\ln \alpha = a$, $\beta = b$, $x = x'$, $\ln \varepsilon = \varepsilon'$,则将其转化为一元线性回归模型
$$Y' = a + bx' + \varepsilon', \quad \varepsilon' \sim N(0, \sigma^2)。$$

(2) $Y = \alpha x^{\beta} \varepsilon$, $\ln \varepsilon \sim N(0, \sigma^2)$。

其中,$\alpha, \beta, \varepsilon$ 是与 x 无关的未知参数。将 $Y = \alpha x^{\beta} \varepsilon$ 两边取对数,得
$$\ln Y = \ln \alpha + \beta \ln x + \ln \varepsilon。$$
令 $\ln Y = Y'$, $\ln \alpha = a$, $\beta = b$, $\ln x = x'$, $\ln \varepsilon = \varepsilon'$,则将其转化为一元线性回归模型
$$Y' = a + bx' + \varepsilon', \quad \varepsilon' \sim N(0, \sigma^2)。$$

(3) $Y = \alpha + \beta h(x) + \varepsilon$, $\varepsilon \sim N(0, \sigma^2)$。

其中,$\alpha, \beta, \varepsilon$ 是与 x 无关的未知参数,$h(x)$ 是 x 的已知函数。

令 $\alpha = a$, $\beta = b$, $h(x) = x'$,则将其转化为一元线性回归模型
$$Y' = a + bx' + \varepsilon, \quad \varepsilon \sim N(0, \sigma^2)。$$

(4) $Y = \dfrac{1}{\alpha + \beta e^{-x} + \varepsilon}$, $\varepsilon \sim N(0, \sigma^2)$。

其中,$\alpha, \beta, \varepsilon$ 是与 x 无关的未知参数。

令 $\dfrac{1}{Y} = Y'$, $e^{-x} = x'$, $\alpha = a$, $\beta = b$,则将其转化为一元线性回归模型
$$Y' = a + bx' + \varepsilon, \quad \varepsilon \sim N(0, \sigma^2)。$$

例 9.3.4 电容器充电后,电压达到 100V,然后开始放电。设在 t_i 时刻电压 U 的观测值为 u_i(单位:V),数据如表 9.22 所示,求 U 关于 t 的回归方程。

表 9.22

t	1	2	3	4	5	6	7	8	9	10
U	100	75	40	30	20	15	10	10	5	5

解 为对数据进行分析,首先描出数据的散点图,如图 9.2 所示。

选择模型
$$U = \alpha e^{\beta t} \varepsilon, \quad \ln \varepsilon \sim N(0, \sigma^2)。$$
令 $\ln U = U'$, $\ln \alpha = a$, $\beta = b$, $t = t'$, $\ln \varepsilon = \varepsilon'$,则将其转化为一元线性回归模型
$$Y' = a + bt' + \varepsilon', \quad \varepsilon' \sim N(0, \sigma^2)。$$
变换后的数据如表 9.23 所示。

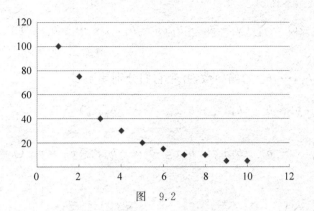

图 9.2

表 9.23

$t'=t$	1	2	3	4	5	6	7	8	9	10
$U'=\ln U$	4.6052	4.3175	3.6889	3.4012	2.9957	2.7081	2.3026	2.3026	1.6094	4.6052

经计算得，

$$\hat{a}=4.647981,\quad \hat{b}=-0.30798。$$

从而

$$\hat{Y'}=4.647981-0.30798t'。$$

代回原变量，得曲线回归方程

$$\hat{Y}=e^{\hat{Y'}}=104.374e^{-0.30798t'}。$$

一般来说，回归函数的形式选择是不唯一的。如果可由专业知识确定回归函数形式，则应尽可能利用专业知识。如果不能由专业知识确定函数形式，则可将散点图与一些常见的函数关系的图形进行比较，选择几个可能的函数形式，然后使用统计方法在这些函数形式之间进行比较，最后确定合适的曲线回归方程。

9.4 多元线性回归

在具体问题的处理过程中，随机变量 Y 往往与多个普通变量 $x_1,x_2,\cdots,x_p (p\geqslant 2)$ 有关。在这里，仅讨论下述多元线性回归模型。

$$Y=b_0+b_1x_1+b_2x_2+\cdots+b_px_p+\varepsilon,\quad \varepsilon\sim N(0,\sigma^2)。 \tag{9.74}$$

其中，$b_0,b_1,b_2,\cdots,b_p,\sigma^2$ 都是不依赖于 $x_1,x_2,\cdots,x_p$ 的未知参数，称式(9.74)为**多元线性回归模型**。

设 $(x_{11},x_{12},\cdots,x_{1p},y_1),\cdots,(x_{n1},x_{n2},\cdots,x_{np},y_n)$ 是一个样本。和一元线性回归类似，用极大似然估计法来估计未知参数，即取 $\hat{b}_0,\hat{b}_1,\cdots,\hat{b}_p$，使当 $\hat{b}_0=b_0,\hat{b}_1=b_1,\cdots,\hat{b}_p=b_p$ 时

$$Q = \sum_{i=1}^{n}(y_i - b_0 - b_1 x_{i1} - b_2 x_{i2} - \cdots - b_p x_{ip})^2 \quad (9.75)$$

取最小值。

求 Q 关于 $b_0, b_1, \cdots, b_p$ 的偏导数，并令它们分别等于零。

$$\begin{cases} \dfrac{\partial Q}{\partial b_0} = -2\sum_{i=1}^{n}(y_i - b_0 - b_1 x_{i1} - b_2 x_{i2} - \cdots - b_p x_{ip}) = 0, \\ \dfrac{\partial Q}{\partial b_j} = -2\sum_{i=1}^{n}(y_i - b_0 - b_1 x_{i1} - b_2 x_{i2} - \cdots - b_p x_{ip})x_{ij} = 0 \quad (j=1,2,\cdots,p). \end{cases} \quad (9.76)$$

化简得

$$\begin{cases} b_0 n + b_1 \sum_{i=1}^{n} x_{i1} + b_2 \sum_{i=1}^{n} x_{i2} + \cdots + b_p \sum_{i=1}^{n} x_{ip} = \sum_{i=1}^{n} y_i, \\ b_0 \sum_{i=1}^{n} x_{i1} + b_1 \sum_{i=1}^{n} x_{i1}^2 + b_2 \sum_{i=1}^{n} x_{i1} x_{i2} + \cdots + b_p \sum_{i=1}^{n} x_{i1} x_{ip} = \sum_{i=1}^{n} x_{i1} y_i, \\ \vdots \\ b_0 \sum_{i=1}^{n} x_{ip} + b_1 \sum_{i=1}^{n} x_{ip} x_{i1} + b_2 \sum_{i=1}^{n} x_{ip} x_{i2} + \cdots + b_p \sum_{i=1}^{n} x_{ip}^2 = \sum_{i=1}^{n} x_{ip} y_i. \end{cases} \quad (9.77)$$

称方程组(9.77)为**正规方程组**。为了求解的方便，引入矩阵

$$X = \begin{bmatrix} 1 & x_{11} & x_{12} & \cdots & x_{1p} \\ 1 & x_{21} & x_{22} & \cdots & x_{2p} \\ \vdots & \vdots & \vdots & & \vdots \\ 1 & x_{n1} & x_{n2} & \cdots & x_{np} \end{bmatrix}, \quad Y = \begin{bmatrix} y_1 \\ y_2 \\ \vdots \\ y_n \end{bmatrix}, \quad B = \begin{bmatrix} b_0 \\ b_1 \\ \vdots \\ b_p \end{bmatrix},$$

则方程组(9.77)可以写成

$$X^{\mathrm{T}} X B = X^{\mathrm{T}} Y. \quad (9.78)$$

称方程组(9.78)为正规方程组的矩阵形式。假设 $(X^{\mathrm{T}} X)^{-1}$ 存在，则方程组(9.78)的解为

$$\hat{B} = \begin{bmatrix} \hat{b}_0 \\ \hat{b}_1 \\ \vdots \\ \hat{b}_p \end{bmatrix} = (X^{\mathrm{T}} X)^{-1} X^{\mathrm{T}} Y. \quad (9.79)$$

这就是求未知参数 $b_0, b_1, \cdots, b_p$ 的极大似然估计。于是，所求的线性回归方程为

$$Y = \hat{b}_0 + \hat{b}_1 x_1 + \hat{b}_2 x_2 + \cdots + \hat{b}_p x_p. \quad (9.80)$$

可以验证，参数估计 $\hat{B}$ 满足：① $\hat{b}_0, \hat{b}_1, \cdots, \hat{b}_p$ 均服从正态分布；② $\hat{B}$ 是 B 的无偏估计。

在实际应用中，与 Y 有关的因素往往较多，因此，求解多元线性回归问题的计算量是相当大的，必须借助计算机进行。

习 题 9

1. 考察温度变化对某一化工产品得率的影响。选择了 5 种不同的温度，在同一温度下做了 3 次试验，测得的得率如表 9.24 所示。

表 9.24

温度/℃	60	65	70	75	80
得率	90	91	96	84	84
	92	93	96	83	86
	88	92	93	88	83

试问温度对得率是否有显著影响（$\alpha = 0.05$）？

2. 工厂用不同的配料方案制成的灯丝生产了 4 批灯泡，从中抽样进行寿命试验，测得的数据（单位：h）如表 9.25 所示。

表 9.25

方案	A_1	A_2	A_3	A_4
使用寿命	1600	1850	1460	1510
	1610	1640	1550	1520
	1650	1640	1610	1530
	1680	1700	1610	1570
	1700	1750	1640	1600
	1720		1660	1680
	1800		1740	
			1820	

试问 4 种配料方案对灯泡使用寿命是否有显著影响（$\alpha = 0.05$）？

3. 有 12 根输电导线，从这 12 根输电导线中各截取 5 段，测得每段输电导线抗张强度（单位：kg），如表 9.26 所示。设每根输电导线的抗张强度 $X_i \sim N(\mu_i, \sigma^2)$（$i = 1, 2, \cdots, 12$），问在显著性水平 $\alpha = 0.05$ 下，这 12 根输电导线的抗张强度是否来自于同一正态总体？

表 9.26

方案		A_1	A_2	A_3	A_4	A_5	A_6	A_7	A_8	A_9	A_{10}	A_{11}	A_{12}
试验号	1	347	341	345	340	350	346	345	342	340	339	330	338
	2	341	340	335	336	340	340	342	345	341	338	346	347
	3	339	340	342	341	336	342	347	345	341	340	336	342
	4	339	340	347	345	350	343	341	342	337	346	340	345
	5	342	346	347	348	355	351	333	347	350	347	348	341

4. 考察实验室 1h 内在 4 种不同电流强度下的电解铜的杂质。对每种电流强度各做了 5 次试验,分别测得其杂质率(单位:%),如表 9.27 所示。

表 9.27

电流/A		$A_1(10)$	$A_2(15)$	$A_3(20)$	$A_4(25)$
试验号	1	1.7	2.1	1.5	1.9
	2	2.1	2.2	1.3	1.9
	3	2.2	2.0	1.8	2.2
	4	2.1	2.2	1.4	2.3
	5	1.9	2.1	1.7	2.0

设在第 i 种电流强度下电解铜的杂质 $X_i \sim N(\mu_i, \sigma^2)(i=1,2,3,4)$。

(1) 试判断电流强度对电解铜的杂质是否有显著性影响($\alpha=0.01$);

(2) 求 $\mu_i(i=1,2,3,4)$ 及 σ^2 的点估计;

(3) 求 $\mu_1-\mu_2, \mu_2-\mu_3, \mu_3-\mu_4$ 的置信水平为 99% 的置信区间。

5. 对某种产品表面进行腐蚀刻线试验,得腐蚀深度 Y 与腐蚀时间 x 对应的数据,如表 9.28 所示。

表 9.28

时间 x_i/s	5	5	10	20	30	40	50	60	65	90	120
深度 $y_i/\mu m$	6	6	8	13	16	17	19	25	25	29	46

试求 Y 关于 x 的线性回归方程并进行显著性检验($\alpha=0.01$)。

6. 假设变量 Y 与 x 满足线性回归模型,在试验中观测数据如表 9.29 所示。

表 9.29

x_i	0.7	−1.7	−1.6	0	1.3	1.4	0.6	−2.0
y_i	3.8	−3.9	−2.1	−0.2	6.9	7.2	−0.5	−6.1

试求参数 a, b, σ^2 的无偏估计,并在显著性水平 $\alpha=0.05$ 下检验 b 是否为零。

7. 炼铝厂测得铝的抗拉强度 Y 与铝的某项指标 x 的数据如表 9.30 所示。

表 9.30

x_i	68	53	70	84	60	72	51	83	70	64
y_i	288	293	349	343	290	354	283	324	340	286

(1) 试求 Y 关于 x 的线性回归方程 $\hat{y}=\hat{a}+\hat{b}x$;

(2) 在显著性水平 $\alpha=0.05$ 下检验回归方程的显著性;

(3) 求 Y 在 $x=65$ 处的置信水平为 95% 的预测区间。

8. 表 9.31 列出了 15 名女子的手长 Y(单位:英寸)与脚长 x(单位:英寸)的样本值。

求：(1) Y 关于 x 的线性回归方程 $\hat{y}=\hat{a}+\hat{b}x$；
(2) b 的置信水平为 95% 的置信区间。

表 9.31

x_i	9.00	8.50	9.25	9.75	9.00	10.00	9.50	9.00
y_i	6.50	6.25	7.25	7.00	6.75	7.00	6.50	7.00
x_i	9.25	9.50	9.25	10.00	10.00	9.75	9.50	
y_i	7.00	7.00	7.00	7.50	7.25	7.25	7.25	

9. 表 9.32 列出了 1957 年美国旧轿车价格的调查资料，以 x 表示轿车使用的年数，Y（单位：美元）表示相应的平均价格。试求 Y 关于 x 的回归方程。

表 9.32

x_i	1	2	3	4	5	6	7	8	9	10
y_i	2651	1943	1494	1087	765	538	484	290	226	204

10. 炼钢厂出钢水时用的钢包，在使用过程中由于钢水及炉渣对耐火材料的侵蚀，其容积（单位：m^3）不断增大，试验数据如表 9.33 所示。试找出使用次数 x 与增大容积 Y 的定量关系表达式。

表 9.33

使用次数 x_i	2	3	4	5	6	7	8	9
增大容积 y_i	6.42	8.20	9.58	9.50	9.70	10.00	9.93	9.99
使用次数 x_i	10	11	12	13	14	15	16	
增大容积 y_i	10.49	10.59	10.60	10.80	10.60	10.90	10.76	

试求 Y 关于 x 的线性回归方程并进行显著性检验（$\alpha=0.01$）。

习题 9 答案

第 10 章 Excel 在数理统计中的应用

目前,人类已经进入利用和开发信息资源的信息社会。传统的人工手段已无法实现海量信息数据的处理,更难以提高数据处理的速度和精度,无法适应社会、经济高速发展对统计提出的要求。此时,利用计算机技术对统计信息进行存储、检索,对统计资料进行分析、检验等,可以有效地解决统计工作的难题。

在概率论与数理统计课程的学习中,同样也需要借助计算机技术解决问题,进而提高研究问题的规模和分析计算的效率。本章简单介绍 Excel 在数理统计中的应用,给出描述性分析的箱线图,并针对假设检验、方差分析、回归分析等统计问题进行 Excel 求解。

10.1 应用 Excel 处理数理统计问题概述

10.1.1 在数理统计研究中应用 Excel

统计分析软件有 SAS(statistical analysis software)、SPSS 等,这些专业软件功能强大,但是系统庞大、结构复杂,以至于大多数非统计专业人员难以运用自如,而且软件价格昂贵,一般人难以承受。

Excel 是微软公司的办公软件 Microsoft Office 的组件之一,是常见的一款试算表软件。Excel 以其直观的界面、出色的计算功能和图表工具,再加上成功的市场营销,已经成为最流行的计算机数据处理软件。只要读者使用的计算机上安装了 Office,随之就有了 Excel,不需要另加投资,而 Excel 的使用是不难学会的。

Office 有不同的版本,如 Office 2003、Office 2007 和 Office 2010,Excel 也有不同的版本,如 Excel 2003、Excel 2007 和 Excel 2010,这些版本大同小异,相互之间兼容性好。后文中选取的版本为 Excel 2010。

10.1.2 Excel 的概率计算功能

对于二项分布、泊松分布、超几何分布、正态分布、指数分布、χ^2 分布、t 分布、F 分布等常用分布,Excel 提供了可以求它们的概率函数值[1]、分布函数值与分位数的函数,如表 10.1 所示。

---

[1] 概率函数是指离散型随机变量的分布律或连续型随机变量的密度函数。

表 10.1 常用分布的 Excel 函数

函数*	说 明
BINOMDIST(x,n,p,cumulative)	返回二项分布的概率值。x 为试验成功的次数,n 为独立试验的次数,p 为每次试验中成功的概率。cumulative 为逻辑值,取 FALSE,返回成功 k 次的概率;取 TRUE,返回至多成功 k 次的概率
POISSON(x,λ,cumulative)	返回泊松分布的概率值。x 为事件发生的次数,λ 为泊松参数。cumulative 为逻辑值,取 FALSE,返回恰好发生 x 次的概率;取 TRUE,返回发生次数在 0 到 x 之间的概率
NORMSDIST(z)	返回标准正态分布的函数值 $\Phi(z)$
NORMSINV(p)	返回标准正态分布函数的反函数值。p 为概率值,返回 z:$\Phi(z)=p$
NORMDIST(x,μ,σ,cumulative)	返回正态分布 $N(\mu,\sigma^2)$ 的函数值。μ,σ 为指定的期望与标准差,cumulative 为逻辑值,取 FALSE,返回密度函数值;取 TRUE,返回分布函数值
NORMINV(p,μ,σ)	返回正态分布函数的反函数值。μ,σ 为指定的期望与标准差,返回 x:NORMDIST(x,μ,σ,TRUE)=p
HYPGEOMDIST(x,n,M,N)	返回超几何分布的概率值。N 为总产品数,M 为总产品中的"次品数",n 为抽取的样品数,x 为样品数中的"次品数",返回取得 x 件"次品数"的概率
EXPONDIST	返回指数分布
CHIDIST(x,n)	返回 χ^2 分布的概率 $P\{\chi^2(n)>x\}$,n 为自由度值
CHIINV(p,n)	返回 χ^2 分布反函数值。p 为概率值,n 为自由度值。如果 p=CHIDIST(x,n),则返回 x:CHIINV(p,n)=x
TDIST(x,n,tail)	返回 t 分布的概率值。n 为自由度值;tails=1,返回概率 $P\{t(n)>x\}$;tails=2,返回概率 $P\{|t(n)|>x\}$
TINV(p,n)	返回 t 分布的反函数值。p 为概率值,返回 x:$P\{|t(n)|>x\}=p$
FDIST(x,n_1,n_2)	返回 F 分布的概率值。n_1 为分子的自由度,n_2 为分母的自由度,返回概率 $P\{F(n_1,n_2)>x\}$
FINV(p,n_1,n_2)	返回 F 分布的反函数值。p 为概率值,n_1 为分子的自由度,n_2 为分母的自由度。如果 p=FDIST(x,n_1,n_2),则返回 x:FINV(p,n_1,n_2)=x

注:* 是指这里函数中的分布参数均按习惯方式给出,它们与 Excel 函数中的参数一一对应。

这些常用函数的使用步骤如下。

(1) 先建立一个 Excel 工作表。

(2) 选中输出计算值单元格,然后单击表格上方的 f_x 按钮,如图 10.1 所示。

(3) 在弹出的"插入函数"对话框中选择所需函数,如图 10.2 所示。

例 10.1.1 设 $X \sim B(500,0.01)$,求 $P(X=5)$。

解 由题意知 X 服从二项分布,$n=500,p=0.01$。

选中输出计算值单元格,然后单击 f_x 按钮,在弹出的"插入函数"对话框中选中 BINOMDIST 函数,如图 10.2 所示。再在弹出的"函数参数"对话框中依次填入参数值 5,500,0.01,FALSE,最后按"确定"按钮,如图 10.3 所示。随后出现在所选单元格中的数即

图 10.1　插入函数按钮 f_x 截图

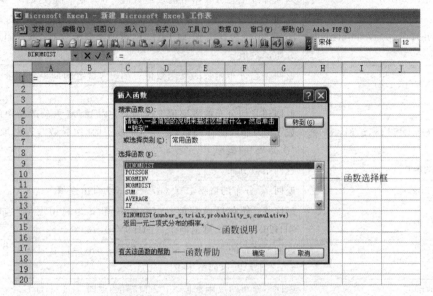

图 10.2　"插入函数"对话框截图

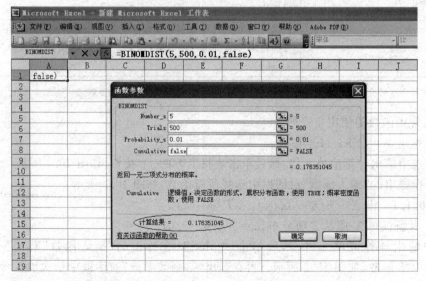

图 10.3　BINOMDIST 函数对话框截图

为所求：$P(X=5) \approx 0.1764$。

例 10.1.2 设 $X \sim N(5, 3^2)$，求：(1) $P(X \leqslant 3)$；(2) 使 $P(X \leqslant x)=0.95$ 成立的 x。

解 由题意知 X 服从期望为 5，标准差为 3 的正态分布。

(1) 选中 NORMDIST 函数，在弹出的对话框中依次填入参数值 3,5,3,TRUE，最后按"确定"按钮，如图 10.4 所示。随后出现在所选单元格中的数即为所求：$P(X \leqslant 3) \approx 0.252493$。

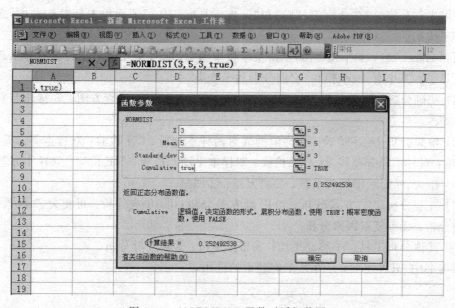

图 10.4 NORMDIST 函数对话框截图

(2) 与(1)中作法类似，这里选 NORMINV 函数，在"函数参数"对话框中依次填入参数值 0.95,5 和 3，如图 10.5 所示，最终得 $x \approx 9.934561$。

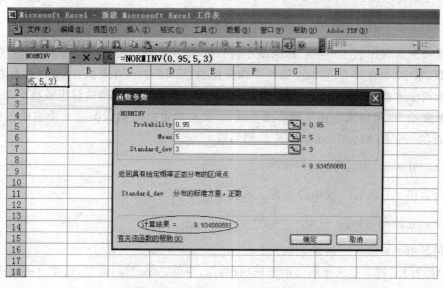

图 10.5 NORMINV 函数对话框截图

10.1.3　Excel 的分析工具库

打开 Excel 2010 操作表,单击菜单栏的"文件"按钮,在弹出的下拉菜单中找到"选项"。单击"选项"按钮,弹出 Excel 选项对话框,并找到"加载项"选项。

单击"加载项"按钮,进入到加载项的界面中,设置下方的管理,设置成"Excel 加载项"。单击"转到"按钮,出现加载宏设置框。

在可用加载宏处对"分析工具库"和"分析工具库-VBA"前面单击打对钩选中,之后单击"确定"按钮。

回到 Excel 2010 工作表界面,单击菜单栏中的"数据",在数据功能右侧就会出现数据分析工具了。其中有 19 个模块,它们分别属于 5 类。

(1) 基础分析。①随机数发生器;②抽样;③描述统计;④直方图;⑤排位与百分比排位。

(2) 检验分析。①t 检验:平均值的成对两样本分析;②t 检验:双样本等方差假设;③t 检验:双样本异方差假设;④Z 检验:双样本平均差检验;⑤F 检验:双样本方差。

(3) 相关、回归。①相关系数;②协方差;③回归。

(4) 方差分析。①方差分析:单因素方差分析;②方差分析:可重复双因素分析;③方差分析:无重复双因素分析。

(5) 其他分析工具。①移动平均;②指数平滑;③傅立叶分析。

在本书中,只讲述 Excel 在几个问题中的应用。

10.2　箱　线　图

利用 Excel 函数

QUARTILE(array,quart)

就能直接得到箱线图的 5 个点:Min(最小值),Q_1 第 1 个四分位数(第 25 个百分点值),Q_2 中分位数(第 50 个百分点值),Q_3 第 3 个四分位数(第 75 个百分点值),Max(最大值)。这个函数有两个参数 array 和 quart:参数 array 是要求得四分位数值的数组或数字型单元格区域;参数 quart 可以取 0 或 1 或 2 或 3 或 4,表示指定返回箱线图的 5 个点中的哪一个值。例如,array 取 A1:A10,quart 取 2,则函数

QUARTILE(A1:A10,2)

表示返回数组 A1 至 A10 的中分位数。函数

QUARTILE(A1:A10,4)

表示返回数组 A1 至 A10 的最大值。

例 10.2.1　以下是 8 个病人的血压(收缩压,单位:mmHg)数据,试作出箱线图。

102　110　116　118　121　124　130　145

解　打开 Excel 工作表，将 8 个病人的血压数据分别输入单元格 A1 至 A8，将 Min，Q_1，Q_2，Q_3，Max 分别输入单元格 B1 至 B5，在 C1 至 C5 单元格分别输入有关 Excel 函数式：

```
C1="QUARTILE(A1:A8,0)"
C2="QUARTILE(A1:A8,1)"
C3="QUARTILE(A1:A8,2)"
C4="QUARTILE(A1:A8,3)"
C5="QUARTILE(A1:A8,4)"
```

即得所需结果，由所得数据即可手工画出箱线图，也可以借助 Excel 的绘图工具栏，使用鼠标作出箱线图，如图 10.6 所示。

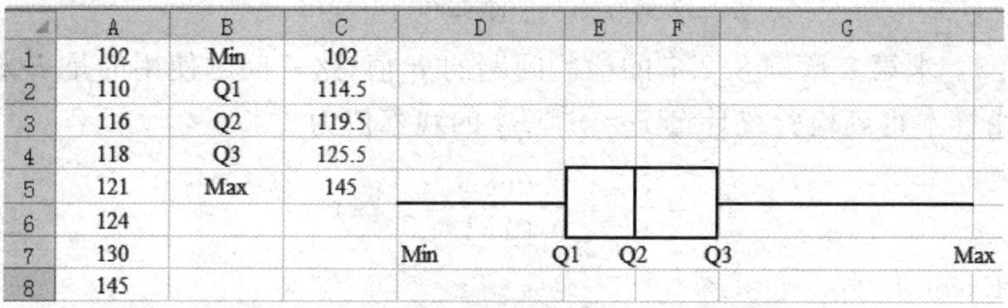

	A	B	C	D	E	F	G
1	102	Min	102				
2	110	Q1	114.5				
3	116	Q2	119.5				
4	118	Q3	125.5				
5	121	Max	145				
6	124						
7	130			Min	Q1	Q2　Q3	Max
8	145						

图 10.6　箱线图

10.3　数理统计问题的 Excel 求解

10.3.1　假设检验

1. 假设检验的 p 值法

例 10.3.1　求第 8 章例 8.2.1(2)的检验问题的 p 值，这一问题使用的是 t 检验法。样本容量为 $n=10$，是单侧检验。已由样本得到检验统计量 $t=\dfrac{\overline{X}-\mu_0}{\frac{S}{\sqrt{n}}}$ 的观察值为

$$t_0=\frac{10.2-10.0}{\frac{0.2749}{\sqrt{10}}}=2.3005。$$

下面用 Excel 求 p 值。

打开 Excel 工作表，单击表格上方的 f_x 按钮，对于弹出的窗口，搜索函数处输入 TDIST 进行搜索，然后单击选择该函数，在弹出的对话框中输入 $x=2.3005$，deg_freedom (自由度)=10，tails=1(代表单侧检验)，确定即得

TDIST(2.3005,10,1)=0.022108,

这就是所需求的 p 值。

例 10.3.2　求第 8 章例 8.2.3 的检验问题的 p 值，这一问题使用的是 χ^2 检验法。样本容量为 $n=25$，是双侧检验。已由样本得到检验统计量 $\chi^2=\dfrac{(n-1)S^2}{\sigma_0^2}$ 的观察值为

$$\chi_0^2 = \frac{(25-1) \times 0.36^2}{0.30^2} = 34.56。$$

下面用 Excel 求 p 值。

打开 Excel 工作表，单击表格上方的 f_x 按钮，对于弹出的窗口，搜索函数处输入 CHITDIST 进行搜索，然后单击选择该函数，在弹出的对话框中输入 $x=34.56$, deg_freedom$=24$，确定即得

CHITDIST$(34.56,24)=0.075197$,

这是单侧检验的 p。本题检验是双侧检验，故所求得的

$$p = 2 \times 0.075197 = 0.150394。$$

例 10.3.3 求第 8 章例 8.2.7 的检验问题的 p 值，这一问题使用的是 F 检验法，是单侧检验。已由样本得到检验统计量 $F=S_1^2/S_2^2$ 的观察值为

$$F_0 = \frac{S_1^2}{S_2^2} = \frac{0.0585}{0.0261} = 2.2414。$$

下面用 Excel 求 p。

打开 Excel 工作表，单击表格上方的 f_x 按钮，对于弹出的窗口，搜索函数处输入 FDIST 进行搜索，然后单击选择该函数，在弹出的对话框中输入 $x=2.2414$, deg_freedom1$=10$, deg_freedom2$=8$，确定即得

FDIST$(2.2414,10,8)=0.132639843$,

这就是所需求的 p。

2. 双正态总体均值差的假设检验

设 $X_1,X_2,\cdots,X_{n_1}$ 是来自正态总体 $N(\mu_1,\sigma^2)$ 的样本，$Y_1,Y_2,\cdots,Y_{n_2}$ 是来自正态总体 $N(\mu_2,\sigma^2)$ 的样本，两样本相互独立，μ_1,μ_2,σ^2 均未知，现用 Excel 求解假设检验问题

$$H_0: \mu_1 \leq \mu_2; \quad H_1: \mu_1 > \mu_2;$$
$$H_0: \mu_1 \geq \mu_2; \quad H_1: \mu_1 < \mu_2;$$
$$H_0: \mu_1 = \mu_2; \quad H_1: \mu_1 \neq \mu_2。$$

下面举例说明。

例 10.3.4 某工厂两化验室同时从工厂的冷却水中随机抽样，测得水中的含氯量（单位：%）如下。

甲化验室：$1.15,1.86,0.75,1.82,1.14,1.65,1.90$。

乙化验室：$1.00,1.90,0.90,1.80,1.20,1.70,1.95$。

假设甲、乙两化验室的冷却水含氯量分别服从 $N(\mu_1,\sigma^2), N(\mu_2,\sigma^2)$，$\mu_1,\mu_2,\sigma^2$ 均未知，两样本独立，试取 $\alpha=0.05$，检验假设

$$H_0: \mu_1 = \mu_2; \quad H_1: \mu_1 \neq \mu_2。$$

解 用 Excel 求解的具体操作步骤如下。

(1) 打开 Excel 工作表，将数据输入单元格 A1:A7 和 B1:B7。

(2) 依次单击"数据""数据分析""t-检验：双样本等方差假设""确定"，弹出对话框。

(3) 在弹出的对话框中输入变量 1 的范围 A1:A7,输入变量 2 的范围 B1:B7,在假定均值差空格中输入"0",单击"标志",确认 $\alpha=0.05$,单击"确定"按钮,弹出一个新的工作表,如图 10.7 所示。

	A	B	C
1	t-检验: 双样本等方差假设		
2		1.15	1
3	平均	1.52	1.575
4	方差	0.22084	0.18175
5	观测值	6	6
6	合并方差	0.201295	
7	假设平均差	0	
8	df	10	
9	t Stat	-0.212327782	
10	P(T<=t) 单尾	0.418058386	
11	t 单尾临界	1.812461123	
12	P(T<=t) 双尾	0.836116772	
13	t 双尾临界	2.228138852	

图 10.7 t-检验:双样本等方差假设

(4) 结果分析可以用两种方法来判断检验的结果。

① 临界值法。这是双侧检验,因此需将"t Stat"(t 统计量)与"t 双尾临界值"的大小进行比较。现在 t 统计量的值为 -0.212327782,它小于 t 双尾临界值 2.228138852,故以 $\alpha=0.05$ 的显著性水平接受 H_0。

② p 值法。由于双尾临界检验的 p 为 0.836116772,大于 0.05,故接受 H_0。

10.3.2 方差分析

1. 单因素试验的方差分析

方差分析(analysis of variance,ANOVA)是用于检验多个(特别是 3 个或 3 个以上)母群体间平均数是否相等。

而单因素方差分析(one-way ANOVA)是指只有一个自变量的方差分析,如想要探讨不同学校对学生成绩是否有影响。

例 10.3.5 已知 3 所学校在同一场考试中的部分学生成绩如表 10.2 所示。

表 10.2

一中	65	74	60	69	79	80	62
二中	49	57	68	32	55	60	64
三中	60	78	68	65	77	70	63

假设各样本分别来自于正态总体 $N(\mu_i,\sigma^2)(i=1,2,3)$,各样本相互独立,试取显著性水平 $\alpha=0.05$,检验 3 所学校的学生成绩有无差异性。

解 用 Excel 求解的具体操作步骤如下。

(1) 打开 Excel 工作表,将数据分别输入单元格 A1:A7,B1:B7 和 C1:C7。

(2) 依次单击"数据""数据分析""方差分析:单因素方差分析""确定",弹出对话框。

(3) 在弹出的对话框中的"输入区域"栏中输入想要检验的数据区域,接着选择一种分组方式，因为所选择的数据区域中包含标题，所以需勾选"标志位于第一行"，然后 $\alpha(A) = 0.05$。

(4) 在"输出选项区"中选择"新工作组表"，最后单击"确定"按钮。

显示结果有两张表，第 1 张表是 3 所学校学生成绩的均值、方差等的汇总，第 2 张表是本题的方差分析表，如图 10.8 所示。

图 10.8　方差分析：单因素方差分析

(5) 结果分析可以用两种方法来判断检验的结果。

① 临界值法。$F = 5.702611$ 大于 F crit（即 F 临界值）$= 3.554557$，故拒绝 H_0，认为各学校的学生成绩有显著差异。

② p 值法。$p = 0.0120679$ 远小于 $\alpha = 0.05$，故拒绝 H_0，且知差异是非常显著的。

2. 双因素无重复试验的方差分析

双因素方差分析（two-way ANOVA）是扩充单因素方差分析，让每一组数据都包含一个以上的样本，如想要探讨某一产品的包装设计和售价，对该产品的销售影响。

例 10.3.6　已知某糖果在不同包装形状与不同售价下的销售量如表 10.3 所示，检验假设 H_0：销售量与包装形状或售价无关。

表 10.3

单价/元	卡通人物	动物	几何图形
5	210	205	153
8	186	157	122
10	172	134	81

解　用 Excel 求解的具体操作步骤如下。

(1) 打开 Excel 工作表，将表 10.3 中的内容输入到工作表中。

(2) 依次单击"数据""数据分析""方差分析：无重复双因素方差分析""确定"，弹出对话框。

(3) 在弹出的对话框中的"输入区域"栏中输入想要检验的数据区域，勾选"标志"，然后令 $\alpha(A) = 0.05$。

(4) 在"输出选项区"中选择"新工作组表",最后单击"确定"按钮。

显示结果有两张表,第 1 张表是糖果销售的均值、方差等的汇总,第 2 张表是本题的方差分析表,如图 10.9 所示。

	A	B	C	D	E	F	G
1	方差分析:无重复双因素分析						
2							
3	SUMMARY	观测数	求和	平均	方差		
4	单价5元	3	568	189.3333333	996.3333333		
5	单价8元	3	465	155	1027		
6	单价10元	3	387	129	2089		
7							
8	卡通人物	3	568	189.3333333	369.3333333		
9	动物	3	496	165.3333333	1312.333333		
10	几何图形	3	356	118.6666667	1304.333333		
11							
12							
13	方差分析						
14	差异源	SS	df	MS	F	P-value	F crit
15	行	5494.888889	2	2747.444444	23.03400093	0.006382627	6.94427191
16	列	7747.555556	2	3873.777778	32.47694457	0.003365135	6.94427191
17	误差	477.1111111	4	119.2777778			
18							
19	总计	13719.55556	8				

图 10.9 方差分析:无重复双因素方差分析

(5) 结果分析。由方差统计表可知,行(单价)的 F=23.034001 大于 F crit(即 F 临界值)=0.0063826,列(形状)的 F=32.47694457 大于 F crit(即 F 临界值)=0.003365,且 p 值均远小于 $\alpha=0.05$,故拒绝 H_0 的假设,认为糖果的包装形状与售价都会影响销售量。

3. 双因素等重复试验的方差分析

"方差分析:无重复双因素方差分析"分析工具,分析的数据中只包含一个抽样数据,而当一组欲被分析的数据中包含多个抽样数据时,就必须使用"方差分析:可重复双因素方差分析"工具来进行方差分析。

例 10.3.7 已知某糖果的不同包装形状、不同售价以及交互作用下的销售量如表 10.4 所示,检验假设 H_0:销售量与包装形状、售价或交互作用无关。

表 10.4

单价/元	卡通人物	动 物	几何图形
5	210	205	153
	183	120	162
	157	193	196
	190	220	145
8	186	157	122
	167	163	142
	190	172	157
	174	185	181
10	172	134	81
	160	145	198
	155	171	156
	189	164	145

解 用 Excel 求解的具体操作步骤如下。

（1）打开 Excel 工作表,将表 10.4 中的内容输入到工作表中。

（2）依次单击"数据""数据分析""方差分析：可重复双因素方差分析""确定",弹出对话框。

（3）在弹出的对话框中的"输入区域"栏中输入想要检验的数据区域,在"每一样本的行数"栏中输入 4（即每个样本的抽样数据量）,然后令 $\alpha(A)=0.05$。

（4）在"输出选项区"中选择"新工作组表",最后单击"确定"按钮。显示结果有 5 张表,如图 10.10 所示。

	A	B	C	D	E	F	G
1		方差分析：可重复双因素分析					
2	SUMMARY	卡通人物	动物	几何图形	总计		
3	单价5元						
4	观测数	4	4	4	12		
5	求和	740	738	656	2134		
6	平均	185	184.5	164	177.8333333		
7	方差	479.3333333	1971	503.3333333	909.969697		
8							
9	单价8元						
10	观测数	4	4	4	12		
11	求和	717	677	602	1996		
12	平均	179.25	169.25	150.5	166.3333333		
13	方差	112.9166667	148.25	619	394.969697		
14							
15	单价10元						
16	观测数	4	4	4	12		
17	求和	676	614	580	1870		
18	平均	169	153.5	145	155.8333333		
19	方差	228.6666667	289.6666667	2342	887.7878788		
20							
21	总计						
22	观测数	12	12	12			
23	求和	2133	2029	1838			
24	平均	177.75	169.0833333	153.1666667			
25	方差	271.6590909	831.719697	1014.333333			
26							
27	方差分析						
28	差异源	SS	df	MS	F	P-value	F crit
29	样本	2906	2	1453	1.953491846	0.161304471	3.354130829
30	列	3731.166667	2	1865.583333	2.508191211	0.100204061	3.354130829
31	交互	306.3333333	4	76.58333333	0.102962779	0.980500304	2.727765306
32	内部	20082.5	27	743.7962963			
33	总计	27026	35				

图 10.10　方差分析：可重复双因素方差分析

（5）结果分析。由方差统计表可知,样本、列与交互的 F 统计值均小于 Fcrit 值（即 F 临界值）,且 p 值皆大于 $\alpha=0.05$,所以可以接受 H_0 的假设,得知糖果的销售量与包装形状、售价或交互作用无关。

10.3.3　一元线性回归

下面用例题来说明 Excel 求解一元线性回归问题的做法。

例 10.3.8　炼铝厂测得铝的抗拉强度 y 与铝的某项指标 x 的数据如表 10.5 所示。

表 10.5

x_i	68	53	70	84	60	72	51	83	70	64
y_i	288	293	349	343	290	354	283	324	340	286

假设题目符合回归模型所要求的条件。

(1) 求线性回归方程 $y=a+bx$。

(2) 检验假设 $H_0: b=0$；$H_1: b\neq 0$。

解 用 Excel 求解的具体操作步骤如下。

(1) 打开 Excel 工作表，将表 10.5 中的数据分别输入到工作表中，如图 10.11 所示。

(2) 依次单击"数据""数据分析""回归""确定"，弹出对话框。

(3) 在弹出的对话框中的"Y 值输入区域"栏中选定 B1:B11，"X 值输入区域"栏中选定 A1:A11，勾选"标志"及"置信度"，且"置信度"栏中输入 95，如图 10.12 所示。

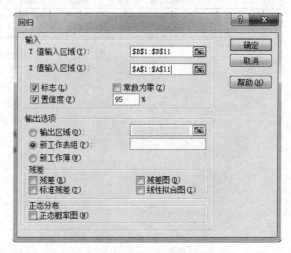

图 10.11 在工作表中输入数据 　　　图 10.12 回归设定

(4) 在"输出选项"中选择"新工作组表"，最后单击"确定"按钮。显示结果有 3 张表，如图 10.13 所示。

(5) 结果分析。

① 在图 10.13 所示的第 3 个表中可以看到，Coefficients 一栏中载有 Intercept：188.9876881，x：1.866849065，它们分别是 a, b 的估计，即 $a=188.9876881$，$b=1.866849065$，于是得 y 关于 x 的回归方程为

$$y=188.9876881+1.866849065x$$

② 表中 P value 一栏中载有 x：0.025138579，这是关于 b 的双边检验

$$H_0: b=0; \quad H_1: b\neq 0$$

的 p。由于 $0.025138579<\alpha=0.05$，故拒绝 H_0，认为回归效果是显著的。

③ 表中 95% 下限一栏中载有 x：0.300238474，95% 上限一栏中载有 x：3.433459656，这表示 b 的置信水平为 0.95 的置信区间为

$$(0.300238474, 3.433459656)。$$

	A	B	C	D	E	F	G	H	I
1	SUMMARY OUTPUT								
2									
3	回归统计								
4	Multiple R	0.696828907							
5	R Square	0.485570526							
6	Adjusted R Square	0.421266841							
7	标准误差	22.49599954							
8	观测值	10							
9									
10	方差分析								
11		df	SS	MS	F	Significance F			
12	回归分析	1	3821.440036	3821.440036	7.551208471	0.025138579			
13	残差	8	4048.559964	506.0699954					
14	总计	9	7870						
15									
16		Coefficients	标准误差	t Stat	P-value	Lower 95%	Upper 95%	下限 95.0%	上限 95.0%
17	Intercept	188.9876881	46.4054181	4.072534972	0.00357086	81.97660207	295.9987741	81.97660207	295.9987741
18	x	1.866849065	0.679361571	2.747946228	0.025138579	0.300238474	3.433459656	0.300238474	3.433459656

图 10.13　一元线性回归

附表1 泊松分布累计概率值表

$$\sum_{k=m}^{\infty} \frac{\lambda^k}{k!} e^{-\lambda}$$

m \ λ	0.1	0.2	0.3	0.4	0.5	0.6	0.7	0.8	0.9
0	1	1	1	1	1	1	1	1	1
1	0.09516	0.18127	0.25918	0.32968	0.39347	0.45119	0.50342	0.55067	0.59343
2	0.00468	0.01752	0.03694	0.06155	0.09020	0.12190	0.15581	0.19121	0.22752
3	0.00015	0.00115	0.00360	0.00793	0.01439	0.02312	0.03414	0.04742	0.06286
4		0.00006	0.00027	0.00078	0.00175	0.00336	0.00575	0.00908	0.01346
5			0.00002	0.00006	0.00017	0.00039	0.00079	0.00141	0.00234
6					0.00001	0.00004	0.00009	0.00018	0.00034
7							0.00001	0.00002	0.00004
8									0.00001

m \ λ	1	2	3	4	5	6	7	8	9
0	1	1	1	1	1	1	1	1	1
1	0.63212	0.86466	0.95021	0.98168	0.99326	0.99752	0.99909	0.99967	0.99988
2	0.26424	0.59399	0.80085	0.90842	0.95957	0.98265	0.99271	0.99698	0.99877
3	0.08030	0.32332	0.57681	0.76190	0.87535	0.93803	0.97036	0.98625	0.99377
4	0.01900	0.14288	0.35277	0.56653	0.73497	0.84880	0.91824	0.95762	0.97877
5	0.00366	0.05265	0.18474	0.37116	0.55951	0.71494	0.82701	0.90037	0.94504
6	0.00059	0.01656	0.08392	0.21487	0.38404	0.55432	0.69929	0.80876	0.88431
7	0.00008	0.00453	0.03351	0.11067	0.23782	0.39370	0.55029	0.68663	0.79322
8	0.00001	0.00110	0.01191	0.05113	0.13337	0.25602	0.40129	0.54704	0.67610
9		0.00024	0.00380	0.02136	0.06809	0.15276	0.27091	0.40745	0.54435
10		0.00005	0.00110	0.00813	0.03183	0.08392	0.16950	0.28338	0.41259
11		0.00001	0.00029	0.00284	0.01370	0.04262	0.09852	0.18411	0.29409
12			0.00007	0.00092	0.00545	0.02009	0.05335	0.11192	0.19699
13			0.00002	0.00027	0.00202	0.00883	0.02700	0.06380	0.12423
14				0.00008	0.00070	0.00363	0.01281	0.03418	0.07385
15					0.00023	0.00140	0.00572	0.01726	0.04147
16					0.00007	0.00051	0.00241	0.00823	0.02204
17					0.00002	0.00018	0.00096	0.00372	0.01111
18					0.00001	0.00006	0.00036	0.00159	0.00532
19						0.00002	0.00013	0.00065	0.00243

续表

m \ λ	1	2	3	4	5	6	7	8	9
20						0.00001	0.00004	0.00025	0.00106
21							0.00001	0.00009	0.00044
22							0.00001	0.00003	0.00018
23								0.00001	0.00007
24									0.00003
25									0.00001

附表 2 标准正态分布函数值表

$$\Phi(x)=\frac{1}{\sqrt{2\pi}}\int_{-\infty}^{x}e^{-\frac{t^2}{2}}dt=\int_{-\infty}^{x}\varphi(t)dt$$

x	0.00	0.01	0.02	0.03	0.04	0.05	0.06	0.07	0.08	0.09
0.0	0.5000	0.5040	0.5080	0.5120	0.5160	0.5199	0.5239	0.5279	0.5319	0.5359
0.1	0.5398	0.5438	0.5478	0.5517	0.5557	0.5596	0.5636	0.5675	0.5714	0.5753
0.2	0.5793	0.5832	0.5871	0.5910	0.5948	0.5987	0.6026	0.6064	0.6103	0.6141
0.3	0.6179	0.6217	0.6255	0.6293	0.6331	0.6368	0.6406	0.6443	0.6480	0.6517
0.4	0.6554	0.6591	0.6628	0.6664	0.6700	0.6736	0.6772	0.6808	0.6844	0.6879
0.5	0.6915	0.6950	0.6985	0.7019	0.7054	0.7088	0.7123	0.7157	0.7190	0.7224
0.6	0.7257	0.7291	0.7324	0.7357	0.7389	0.7422	0.7454	0.7486	0.7517	0.7549
0.7	0.7580	0.7611	0.7642	0.7673	0.7703	0.7734	0.7764	0.7794	0.7823	0.7852
0.8	0.7881	0.7910	0.7939	0.7967	0.7995	0.8023	0.8051	0.8078	0.8106	0.8133
0.9	0.8159	0.8186	0.8212	0.8238	0.8264	0.8289	0.8315	0.8340	0.8365	0.8389
1.0	0.8413	0.8438	0.8461	0.8485	0.8508	0.8531	0.8554	0.8577	0.8599	0.8621
1.1	0.8643	0.8665	0.8686	0.8708	0.8729	0.8749	0.8770	0.8790	0.8810	0.8830
1.2	0.8849	0.8869	0.8888	0.8907	0.8925	0.8944	0.8962	0.8980	0.8997	0.9015
1.3	0.9032	0.9049	0.9066	0.9082	0.9099	0.9115	0.9131	0.9147	0.9162	0.9177
1.4	0.9192	0.9207	0.9222	0.9236	0.9251	0.9265	0.9278	0.9292	0.9306	0.9319
1.5	0.9332	0.9345	0.9357	0.9370	0.9382	0.9394	0.9406	0.9418	0.9430	0.9441
1.6	0.9452	0.9463	0.9474	0.9484	0.9495	0.9505	0.9515	0.9525	0.9535	0.9545
1.7	0.9554	0.9564	0.9573	0.9582	0.9591	0.9599	0.9608	0.9616	0.9625	0.9633
1.8	0.9641	0.9648	0.9656	0.9664	0.9671	0.9678	0.9686	0.9693	0.9700	0.9706
1.9	0.9713	0.9719	0.9726	0.9732	0.9738	0.9744	0.9750	0.9756	0.9762	0.9767
2.0	0.9772	0.9778	0.9783	0.9788	0.9793	0.9798	0.9803	0.9808	0.9812	0.9817
2.1	0.9821	0.9826	0.9830	0.9834	0.9838	0.9842	0.9846	0.9850	0.9854	0.9857
2.2	0.9861	0.9864	0.9868	0.9871	0.9874	0.9878	0.9881	0.9884	0.9887	0.9890
2.3	0.9893	0.9896	0.9898	0.9901	0.9904	0.9906	0.9909	0.9911	0.9913	0.9916
2.4	0.9918	0.9920	0.9922	0.9925	0.9927	0.9929	0.9931	0.9932	0.9934	0.9936
2.5	0.9938	0.9940	0.9941	0.9943	0.9945	0.9946	0.9948	0.9949	0.9951	0.9952
2.6	0.9953	0.9955	0.9956	0.9957	0.9959	0.9960	0.9961	0.9962	0.9963	0.9964
2.7	0.9965	0.9966	0.9967	0.9968	0.9969	0.9970	0.9971	0.9972	0.9973	0.9974
2.8	0.9974	0.9975	0.9976	0.9977	0.9977	0.9978	0.9979	0.9979	0.9980	0.9981
2.9	0.9981	0.9982	0.9982	0.9983	0.9984	0.9984	0.9985	0.9985	0.9986	0.9986
3.0	0.9987	0.9990	0.9993	0.9995	0.9997	0.9998	0.9998	0.9999	0.9999	1.0000

注：本表最后一行自左至右依次是 $\Phi(3.0),\Phi(3.1),\cdots,\Phi(3.9)$ 的值。

附表3 χ^2 分布临界值表

$$P\{\chi^2(n) > \chi_\alpha^2(n)\} = \alpha$$

n \ α	0.995	0.99	0.975	0.95	0.90	0.75	0.25	0.10	0.05	0.025	0.01	0.005
1	—	—	0.001	0.004	0.016	0.102	1.323	2.706	3.841	5.024	6.635	7.879
2	0.010	0.020	0.051	0.103	0.211	0.575	2.773	4.605	5.991	7.378	9.210	10.597
3	0.072	0.115	0.216	0.352	0.584	1.213	4.108	6.251	7.815	9.348	11.345	12.838
4	0.207	0.297	0.484	0.711	1.064	1.923	5.385	7.779	9.488	11.143	13.277	14.860
5	0.412	0.554	0.831	1.145	1.610	2.675	6.626	9.236	11.071	12.833	15.086	16.750
6	0.676	0.872	1.237	1.635	2.204	3.455	7.841	10.645	12.592	14.449	16.812	18.548
7	0.989	1.239	1.690	2.167	2.833	4.255	9.037	12.017	14.067	16.013	18.475	20.278
8	1.344	1.646	2.180	2.733	3.490	5.071	10.219	13.362	15.507	17.535	20.090	21.955
9	1.735	2.088	2.700	3.325	4.168	5.899	11.389	14.684	16.919	19.023	21.666	23.589
10	2.156	2.558	3.247	3.940	4.865	6.737	12.549	15.987	18.307	20.483	23.209	25.188
11	2.603	3.053	3.816	4.575	5.578	7.584	13.701	17.275	19.675	21.920	24.725	26.757
12	3.074	3.571	4.404	5.226	6.304	8.438	14.845	18.549	21.026	23.337	26.217	28.299
13	3.565	4.107	5.009	5.892	7.042	9.299	15.984	19.812	22.362	24.736	27.688	29.819
14	4.075	4.660	5.629	6.571	7.790	10.165	17.117	21.064	23.685	26.119	29.141	31.319
15	4.601	5.229	6.262	7.261	8.547	11.037	18.245	22.307	24.966	27.488	30.578	32.801
16	5.142	5.812	6.908	7.962	9.312	11.912	19.369	23.542	26.296	28.845	32.000	34.267
17	5.697	6.408	7.564	8.672	10.085	12.792	20.489	24.769	27.587	30.191	33.409	35.718
18	6.265	7.015	8.231	9.390	10.865	13.675	21.605	25.989	28.869	31.526	34.805	37.156
19	6.844	7.633	8.907	10.117	11.651	14.562	22.718	27.204	30.144	32.852	36.191	38.582
20	7.434	8.260	9.591	10.851	12.443	15.452	23.828	28.412	31.410	34.170	37.566	39.997
21	8.034	8.897	10.283	11.591	13.240	16.344	24.935	29.615	32.671	35.479	38.932	41.401
22	8.643	9.542	10.982	12.338	14.042	17.240	26.039	30.813	33.924	36.781	40.289	42.796
23	9.260	10.196	11.689	13.091	14.848	18.137	27.141	32.007	35.172	38.076	41.638	44.181
24	9.886	10.856	12.401	13.848	15.659	19.037	28.241	33.196	36.415	39.364	42.980	45.559
25	10.520	11.524	13.120	14.611	16.473	19.939	29.339	34.382	37.652	40.646	44.314	46.928
26	11.160	12.198	13.844	15.379	17.292	20.843	30.435	35.563	38.885	41.923	45.642	48.290
27	11.808	12.879	14.573	16.151	18.114	21.749	31.528	36.741	40.113	43.194	46.963	49.645
28	12.461	13.565	15.308	16.928	18.939	22.657	32.620	37.916	41.337	44.461	48.278	50.993
29	13.121	14.257	16.047	17.708	19.768	23.567	33.711	39.087	42.557	45.722	49.588	52.336
30	13.787	14.954	16.791	18.493	20.599	24.478	34.800	40.256	43.773	46.979	50.892	53.672
31	14.458	15.655	17.539	19.281	21.434	25.390	35.887	41.422	44.985	48.232	52.191	55.003
32	15.134	16.362	18.291	20.072	22.271	26.304	36.973	42.585	46.194	49.480	53.486	56.328
33	15.815	17.074	19.047	20.867	23.110	27.219	38.058	43.745	47.400	50.725	54.776	57.648
34	16.501	17.789	19.806	21.664	23.952	28.136	39.141	44.903	48.602	51.966	56.061	58.964

n \ α	0.995	0.99	0.975	0.95	0.90	0.75	0.25	0.10	0.05	0.025	0.01	0.005
35	17.192	18.509	20.569	22.465	24.797	29.054	40.223	46.059	49.802	53.203	57.342	60.275
36	17.887	19.233	21.336	23.269	25.643	29.973	41.304	47.212	50.998	54.437	58.619	61.581
37	18.586	19.960	22.106	24.075	26.492	30.893	42.383	48.363	52.192	55.668	59.892	62.883
38	19.289	20.691	22.878	24.884	27.343	31.815	43.462	49.513	53.384	56.896	61.162	64.181
39	19.996	21.426	23.654	25.695	28.196	32.737	44.539	50.660	54.572	58.120	62.428	65.476
40	20.707	22.164	24.433	26.509	29.051	33.660	45.616	51.805	55.758	59.342	63.691	66.766
41	21.421	22.906	25.215	27.326	29.907	34.585	46.692	52.949	56.942	60.561	64.950	68.053
42	22.138	23.650	25.999	28.144	30.765	35.510	47.766	54.090	58.124	61.777	66.206	69.336
43	22.859	24.398	26.785	28.965	31.625	36.436	48.840	55.230	59.304	62.990	67.459	70.616
44	23.584	25.148	27.575	29.987	32.487	37.363	49.913	56.369	60.481	64.201	68.710	71.893
45	24.311	25.901	28.366	30.612	33.350	38.291	50.985	57.505	61.656	65.410	69.957	73.166

附表 4　t 分布临界值表

$$P\{t(n)>t_\alpha(n)\}=\alpha$$

n	0.25	0.10	0.05	0.025	0.01	0.005
1	1.0000	3.0777	6.3138	12.7062	31.8207	63.6574
2	0.8165	1.8856	2.9200	4.3207	6.9646	9.9248
3	0.7649	1.6377	2.3534	3.1824	4.5407	5.8409
4	0.7407	1.5332	2.1318	2.7764	3.7469	4.6041
5	0.7267	1.4759	2.0150	2.5706	3.3649	4.0322
6	0.7176	1.4398	1.9432	2.4469	3.1427	3.7074
7	0.7111	1.4149	1.8946	2.3646	2.9980	3.4995
8	0.7064	1.3968	1.8595	2.3060	2.8965	3.3554
9	0.7027	1.3830	1.8331	2.2622	2.8214	3.2498
10	0.6998	1.3722	1.8125	2.2281	2.7638	3.1693
11	0.6974	1.3634	1.7959	2.2010	2.7181	3.1058
12	0.6955	1.3562	1.7823	2.1788	2.6810	3.0545
13	0.6938	1.3502	1.7709	2.1604	2.6503	3.0123
14	0.6924	1.3450	1.7613	2.1448	2.6245	2.9768
15	0.6912	1.3406	1.7531	2.1315	2.6025	2.9467
16	0.6901	1.3368	1.7459	2.1199	2.5835	2.9028
17	0.6892	1.3334	1.7396	2.1098	2.5669	2.8982
18	0.6884	1.3304	1.7341	2.1009	2.5524	2.8784
19	0.6876	1.3277	1.7291	2.0930	2.5395	2.8609
20	0.6870	1.3253	1.7247	2.0860	2.5280	2.8453
21	0.6864	1.3232	1.7207	2.0796	2.5177	2.8314
22	0.6858	1.3212	1.7171	2.0739	2.5083	2.8188
23	0.6853	1.3195	1.7139	2.0687	2.4999	2.8073
24	0.6848	1.3178	1.7109	2.0639	2.4922	2.7969
25	0.6844	1.3163	1.7081	2.0595	2.4851	2.7874
26	0.6840	1.3150	1.7056	2.0555	2.4786	2.7787
27	0.6837	1.3137	1.7033	2.0518	2.4727	2.7707
28	0.6834	1.3125	1.7011	2.0484	2.4671	2.7633
29	0.6830	1.3114	1.6991	2.0452	2.4620	2.7564
30	0.6828	1.3104	1.6973	2.0423	2.4573	2.7500
31	0.6825	1.3095	1.6955	2.0395	2.4528	2.7440
32	0.6822	1.3086	1.6939	2.0368	2.4487	2.7385
33	0.6820	1.3077	1.6924	2.0345	2.4448	2.7333
34	0.6818	1.3070	1.6909	2.0322	2.4411	2.7284

n	0.25	0.10	0.05	0.025	0.01	0.005
35	0.6816	1.3062	1.6896	2.0301	2.4377	2.7238
36	0.6814	1.3055	1.6883	2.0281	2.4345	2.7195
37	0.6812	1.3049	1.6871	2.0262	2.4314	2.7154
38	0.6810	1.3042	1.6860	2.0244	2.4286	2.7116
39	0.6808	1.3036	1.6849	2.0227	2.4258	2.7079
40	0.6807	1.3031	1.6839	2.0211	2.4233	2.7045
41	0.6805	1.3025	1.6829	2.0195	2.4208	2.7012
42	0.6804	1.3020	1.6820	2.0181	2.4185	2.6981
43	0.6802	1.3016	1.6811	2.0167	2.4163	2.6951
44	0.6801	1.3011	1.6802	2.0154	2.4141	2.6923
45	0.6800	1.3006	1.6794	2.0141	2.4121	2.6896

附表5 F分布临界值表

$$P\{F(n_1,n_2) > F_\alpha(n_1,n_2)\} = \alpha$$

α＝0.10

n_2 \ n_1	1	2	3	4	5	6	7	8	9	10	12	15	20	24	30	40	60	120	∞
1	39.86	49.50	53.59	55.83	57.24	58.20	58.91	59.44	59.86	60.19	60.71	61.22	61.71	62.00	62.26	62.53	62.79	63.06	63.33
2	8.53	9.00	9.16	9.24	9.29	9.33	9.35	9.37	9.38	9.39	9.41	9.42	9.44	9.45	9.46	9.47	9.47	9.48	9.49
3	5.54	5.46	5.39	5.34	5.31	5.28	5.27	5.25	5.24	5.23	5.22	5.20	5.18	5.18	5.17	5.16	5.15	5.14	5.13
4	4.54	4.32	4.19	4.11	4.05	4.01	3.98	3.95	3.94	3.92	3.90	3.87	3.84	3.83	3.82	3.80	3.79	3.78	3.76
5	4.06	3.78	3.62	3.52	3.45	3.40	3.37	3.34	3.32	3.30	3.27	3.24	3.21	3.19	3.17	3.16	3.14	3.12	3.10
6	3.78	3.46	3.29	3.18	3.11	3.05	3.01	2.98	2.96	2.94	2.90	2.87	2.84	2.82	2.80	2.78	2.76	2.74	2.72
7	3.59	3.26	3.07	2.96	2.88	2.83	2.78	2.75	2.72	2.70	2.67	2.63	2.59	2.58	2.56	2.54	2.51	2.49	2.47
8	3.46	3.11	2.92	2.81	2.73	2.67	2.62	2.59	2.56	2.54	2.50	2.46	2.42	2.40	2.38	2.36	2.34	2.32	2.29
9	3.36	3.01	2.81	2.69	2.61	2.55	2.51	2.47	2.44	2.42	2.38	2.34	2.30	2.28	2.25	2.23	2.21	2.18	2.16
10	3.29	2.92	2.73	2.61	2.52	2.46	2.41	2.38	2.35	2.32	2.28	2.24	2.20	2.18	2.16	2.13	2.11	2.08	2.06
11	3.23	2.86	2.66	2.54	2.45	2.39	2.34	2.30	2.27	2.25	2.21	2.17	2.12	2.10	2.08	2.05	2.03	2.00	1.97
12	3.18	2.81	2.61	2.48	2.39	2.33	2.28	2.24	2.21	2.19	2.15	2.10	2.06	2.04	2.01	1.99	1.96	1.93	1.90
13	3.14	2.76	2.56	2.43	2.35	2.28	2.23	2.20	2.16	2.14	2.10	2.05	2.01	1.98	1.96	1.93	1.90	1.88	1.85
14	3.10	2.73	2.52	2.39	2.31	2.24	2.19	2.15	2.12	2.10	2.05	2.01	1.96	1.94	1.91	1.89	1.86	1.83	1.80
15	3.07	2.70	2.49	2.36	2.27	2.21	2.16	2.12	2.09	2.06	2.02	1.97	1.92	1.90	1.87	1.85	1.82	1.79	1.76
16	3.05	2.67	2.46	2.33	2.24	2.18	2.13	2.09	2.06	2.03	1.99	1.94	1.89	1.87	1.84	1.81	1.78	1.75	1.72
17	3.03	2.64	2.44	2.31	2.22	2.15	2.10	2.06	2.03	2.00	1.96	1.91	1.86	1.84	1.81	1.78	1.75	1.72	1.69
18	3.01	2.62	2.42	2.29	2.20	2.13	2.08	2.04	2.00	1.98	1.93	1.89	1.84	1.81	1.78	1.75	1.72	1.69	1.66
19	2.99	2.61	2.40	2.27	2.18	2.11	2.06	2.02	1.98	1.96	1.91	1.86	1.81	1.79	1.76	1.73	1.70	1.67	1.63
20	2.97	2.59	2.38	2.25	2.16	2.09	2.04	2.00	1.96	1.94	1.89	1.84	1.79	1.77	1.74	1.71	1.68	1.64	1.61
21	2.96	2.57	2.36	2.23	2.14	2.08	2.02	1.98	1.95	1.92	1.87	1.83	1.78	1.75	1.72	1.69	1.66	1.62	1.59
22	2.95	2.56	2.35	2.22	2.13	2.06	2.01	1.97	1.93	1.90	1.86	1.81	1.76	1.73	1.70	1.67	1.64	1.60	1.57
23	2.94	2.55	2.34	2.21	2.11	2.05	1.99	1.95	1.92	1.89	1.84	1.80	1.74	1.72	1.69	1.66	1.62	1.59	1.55
24	2.93	2.54	2.33	2.19	2.10	2.04	1.98	1.94	1.91	1.88	1.83	1.78	1.73	1.70	1.67	1.64	1.61	1.57	1.53
25	2.92	2.53	2.32	2.18	2.09	2.02	1.97	1.93	1.89	1.87	1.82	1.77	1.72	1.69	1.66	1.63	1.59	1.56	1.52
26	2.91	2.52	2.31	2.17	2.08	2.01	1.96	1.92	1.88	1.86	1.81	1.76	1.71	1.68	1.65	1.61	1.58	1.54	1.50
27	2.90	2.51	2.30	2.17	2.07	2.00	1.95	1.91	1.87	1.85	1.80	1.75	1.70	1.67	1.64	1.60	1.57	1.53	1.49
28	2.89	2.50	2.29	2.16	2.06	2.00	1.94	1.90	1.87	1.84	1.79	1.74	1.69	1.66	1.63	1.59	1.56	1.52	1.48
29	2.89	2.50	2.28	2.15	2.06	1.99	1.93	1.89	1.86	1.83	1.78	1.73	1.68	1.65	1.62	1.58	1.55	1.51	1.47
30	2.88	2.49	2.28	2.14	2.05	1.98	1.93	1.88	1.85	1.82	1.77	1.72	1.67	1.64	1.61	1.57	1.54	1.50	1.46
40	2.84	2.44	2.23	2.09	2.00	1.93	1.87	1.83	1.79	1.76	1.71	1.66	1.61	1.57	1.54	1.51	1.47	1.42	1.38
60	2.79	2.39	2.18	2.04	1.95	1.87	1.82	1.77	1.74	1.71	1.66	1.60	1.54	1.51	1.48	1.44	1.40	1.35	1.29
120	2.75	2.35	2.13	1.99	1.90	1.82	1.77	1.72	1.68	1.65	1.60	1.55	1.48	1.45	1.41	1.37	1.32	1.26	1.19
∞	2.71	2.30	2.08	1.94	1.85	1.77	1.72	1.67	1.63	1.60	1.55	1.49	1.42	1.38	1.34	1.30	1.24	1.17	1.00

注：* 表示要将所列数乘以100。

续表

$\alpha = 0.05$

n_1 \ n_2	1	2	3	4	5	6	7	8	9	10	12	15	20	24	30	40	60	120	∞
1	161.4	199.5	215.7	224.6	230.2	234.0	236.8	238.9	240.5	241.9	243.9	245.9	248.0	249.1	250.1	251.1	252.2	253.3	254.3
2	18.51	19.00	19.16	19.25	19.30	19.33	19.35	19.37	19.38	19.40	19.41	19.43	19.45	19.45	19.46	19.47	19.48	19.49	19.50
3	10.13	9.55	9.28	9.12	9.01	9.94	8.89	8.85	8.81	8.79	8.74	8.70	8.66	8.64	8.62	8.59	8.57	8.55	8.53
4	7.71	6.94	6.59	6.39	6.26	6.16	6.09	6.04	6.00	5.96	5.91	5.86	5.80	5.77	5.75	5.72	5.69	5.66	5.63
5	6.61	5.79	5.41	5.19	5.05	4.95	4.88	4.82	4.77	4.74	4.68	4.62	4.56	4.53	4.50	4.46	4.43	4.40	4.36
6	5.99	5.14	4.76	4.53	4.39	4.28	4.21	4.15	4.10	4.06	4.00	3.94	3.87	3.84	3.81	3.77	3.74	3.70	3.67
7	5.59	4.74	4.35	4.12	3.97	3.87	3.79	3.73	3.68	3.64	3.57	3.51	3.44	3.41	3.38	3.34	3.30	3.27	3.23
8	5.32	4.46	4.07	3.84	3.69	3.58	3.50	3.44	3.39	3.35	3.28	3.22	3.15	3.12	3.08	3.04	3.01	2.97	2.93
9	5.12	4.26	3.86	3.63	3.48	3.37	3.29	3.23	3.18	3.14	3.07	3.01	2.94	2.90	2.86	2.83	2.79	2.75	2.71
10	4.96	4.10	3.71	3.48	3.33	3.22	3.14	3.07	3.02	2.98	2.91	2.85	2.77	2.74	2.70	2.66	2.62	2.58	2.54
11	4.84	3.98	3.59	3.36	3.20	3.09	3.01	2.95	2.90	2.85	2.79	2.72	2.65	2.61	2.57	2.53	2.49	2.45	2.40
12	4.75	3.89	3.49	3.26	3.11	3.00	2.91	2.85	2.80	2.75	2.69	2.62	2.54	2.51	2.47	2.43	2.38	2.34	2.30
13	4.67	3.81	3.41	3.18	3.03	2.92	2.83	2.77	2.71	2.67	2.60	2.53	2.46	2.42	2.38	2.34	2.30	2.25	2.21
14	4.60	3.74	3.34	3.11	2.96	2.85	2.76	2.70	2.65	2.60	2.53	2.46	2.39	2.35	2.31	2.27	2.22	2.18	2.13
15	4.54	3.68	3.29	3.06	2.90	2.79	2.71	2.64	2.59	2.54	2.48	2.40	2.33	2.29	2.25	2.20	2.16	2.11	2.07
16	4.49	3.63	3.24	3.01	2.85	2.74	2.66	2.59	2.54	2.49	2.42	2.35	2.28	2.24	2.19	2.15	2.11	2.06	2.01
17	4.45	3.59	3.20	2.96	2.81	2.70	2.61	2.55	2.49	2.45	2.38	2.31	2.23	2.19	2.15	2.10	2.06	2.01	1.96
18	4.41	3.55	3.16	2.93	2.77	2.66	2.58	2.51	2.46	2.41	2.34	2.27	2.19	2.15	2.11	2.06	2.02	1.97	1.92
19	4.38	3.52	3.13	2.90	2.74	2.63	2.54	2.48	2.42	2.38	2.31	2.23	2.16	2.11	2.07	2.03	1.98	1.93	1.88
20	4.35	3.49	3.10	2.87	2.71	2.60	2.51	2.45	2.39	2.35	2.28	2.20	2.12	2.08	2.04	1.99	1.95	1.90	1.84
21	4.32	3.47	3.07	2.84	2.68	2.57	2.49	2.42	2.37	2.32	2.25	2.18	2.10	2.05	2.01	1.96	1.92	1.87	1.81
22	4.30	3.44	3.05	2.82	2.60	2.55	2.46	2.40	2.34	2.30	2.23	2.15	2.07	2.03	1.98	1.94	1.89	1.84	1.78
23	4.28	3.42	3.03	2.80	2.64	2.53	2.44	2.37	2.32	2.27	2.20	2.13	2.05	2.01	1.96	1.91	1.86	1.81	1.76
24	4.26	3.40	3.01	2.78	2.62	2.51	2.42	2.36	2.30	2.25	2.18	2.11	2.03	1.98	1.94	1.89	1.81	1.79	1.73
25	4.24	3.39	2.99	2.76	2.60	2.49	2.40	2.34	2.28	2.24	2.16	2.09	2.01	1.96	1.92	1.87	1.82	1.77	1.71
26	4.23	3.37	2.98	2.74	2.59	2.47	2.39	2.32	2.27	2.22	2.15	2.07	1.99	1.95	1.90	1.85	1.80	1.75	1.69
27	4.21	3.35	2.96	2.73	2.57	2.46	2.37	2.31	2.25	2.20	2.13	2.06	1.97	1.93	1.88	1.84	1.79	1.73	1.67
28	4.20	3.34	2.95	2.71	2.56	2.45	2.36	2.29	2.24	2.19	2.12	2.04	1.96	1.91	1.87	1.82	1.77	1.71	1.65
29	4.18	3.33	2.93	2.70	2.55	2.43	2.35	2.28	2.22	2.18	2.10	2.03	1.94	1.90	1.85	1.81	1.75	1.70	1.64
30	4.17	3.32	2.92	2.69	2.53	2.42	2.33	2.27	2.21	2.16	2.09	2.01	1.93	1.89	1.84	1.79	1.74	1.68	1.62
40	4.08	3.23	2.84	2.61	2.45	2.34	2.25	2.18	2.12	2.08	2.00	1.92	1.84	1.79	1.74	1.69	1.64	1.58	1.51
60	4.00	3.15	2.76	2.53	2.37	2.25	2.17	2.10	2.04	1.99	1.92	1.84	1.75	1.70	1.65	1.59	1.53	1.47	1.39
120	3.92	3.07	2.68	2.45	2.29	2.17	2.09	2.02	1.96	1.91	1.83	1.75	1.66	1.61	1.55	1.50	1.43	1.35	1.25
∞	3.84	3.00	2.60	2.37	2.21	2.10	2.01	1.94	1.88	1.83	1.75	1.67	1.57	1.52	1.47	1.39	1.32	1.22	1.00

附表 5 F 分布临界值表

续表

$\alpha = 0.025$

n_1 \ n_2	1	2	3	4	5	6	7	8	9	10	12	15	20	24	30	40	60	120	∞
1	647.8	799.5	864.2	899.6	921.8	937.1	948.2	956.7	963.3	968.6	976.7	984.9	993.1	997.2	1001	1006	1010	1014	1018
2	38.51	39.00	39.17	39.25	39.30	39.33	39.36	39.37	39.39	39.40	39.41	39.43	39.45	39.46	39.46	39.47	39.48	39.49	39.50
3	17.44	16.04	15.44	15.10	14.88	14.73	14.62	14.54	14.47	14.42	14.34	14.25	14.17	14.12	14.08	14.04	13.99	13.95	13.90
4	12.22	10.65	9.98	9.60	9.36	9.20	9.07	8.98	8.90	8.84	8.75	8.66	8.56	8.51	8.46	8.41	8.36	8.31	8.26
5	10.01	8.43	7.76	7.39	7.15	6.98	6.85	6.76	6.68	6.62	6.52	6.43	6.33	6.28	6.23	6.18	6.12	6.07	6.02
6	8.81	7.26	6.60	6.23	5.99	5.82	5.70	5.60	5.52	5.46	5.37	5.27	5.17	5.12	5.07	5.01	4.96	4.90	4.85
7	8.07	6.54	5.89	5.52	5.29	5.12	4.99	4.90	4.82	4.76	4.67	4.57	4.47	4.42	4.36	4.31	4.25	4.20	4.14
8	7.57	6.06	5.42	5.05	4.82	4.65	4.53	4.43	4.36	4.30	4.20	4.10	4.00	3.95	3.89	3.84	3.78	3.37	3.67
9	7.21	5.71	5.08	4.72	4.48	4.32	4.20	4.10	4.03	3.96	3.87	3.77	3.67	3.61	3.56	3.51	3.45	3.39	3.33
10	6.94	5.46	4.83	4.47	4.24	4.07	3.95	3.85	3.78	3.72	3.62	3.52	3.42	3.37	3.31	3.26	3.20	3.14	3.08
11	6.72	5.26	4.63	4.28	4.04	3.88	3.76	3.66	3.59	3.53	3.43	3.33	3.23	3.17	3.12	3.06	3.00	2.94	2.88
12	6.55	5.10	4.47	4.12	3.89	3.73	3.61	3.51	3.44	3.37	3.28	3.18	3.07	3.02	2.96	2.91	2.85	2.79	2.72
13	6.41	4.97	4.35	4.00	3.77	3.60	3.48	3.39	3.31	3.25	3.15	3.05	2.95	2.89	2.84	2.78	2.72	2.66	2.60
14	6.30	4.86	4.24	3.89	3.66	3.50	3.38	3.29	3.21	3.15	3.05	2.95	2.84	2.79	2.73	2.67	2.61	2.55	2.49
15	6.20	4.77	4.15	3.80	3.58	3.41	3.29	3.20	3.12	3.06	2.96	2.86	2.76	2.70	2.64	2.59	2.52	2.46	2.40
16	6.12	4.69	4.08	3.73	3.50	3.34	3.22	3.12	3.05	2.99	2.89	2.79	2.68	2.63	2.57	2.51	2.45	2.38	2.32
17	6.04	4.62	4.01	3.66	3.44	3.28	3.16	3.06	2.98	2.92	2.82	2.72	2.62	2.56	2.50	2.44	2.38	2.32	2.25
18	5.98	4.56	3.59	3.61	3.38	3.22	3.10	3.01	2.93	2.87	2.77	2.67	2.56	2.50	2.44	2.38	2.32	2.26	2.19
19	5.92	4.51	3.90	3.56	3.33	3.17	3.05	2.96	2.88	2.82	2.72	2.62	2.51	2.45	2.39	2.33	2.27	2.20	2.13
20	5.87	4.46	3.86	3.51	3.29	3.13	3.01	2.91	2.84	2.77	2.68	2.57	2.46	2.41	2.35	2.29	2.22	2.16	2.09
21	5.83	4.42	3.82	3.48	3.25	3.09	2.97	2.87	2.80	2.73	2.64	2.53	2.42	2.37	2.31	2.25	2.18	2.11	2.04
22	5.79	4.38	3.78	3.44	3.22	3.05	2.93	2.84	2.76	2.70	2.60	2.50	2.39	2.33	2.27	2.21	2.14	2.08	2.00
23	5.75	4.35	3.75	3.41	3.18	3.02	2.90	2.81	2.73	2.67	2.57	2.47	2.36	2.30	2.24	2.18	2.11	2.04	1.97
24	5.72	4.32	3.72	3.38	3.15	2.99	2.87	2.78	2.70	2.64	2.54	2.44	2.33	2.27	2.21	2.15	2.08	2.01	1.94
25	5.69	4.29	3.69	3.35	3.13	2.97	2.85	2.75	2.68	2.61	2.51	2.41	2.30	2.24	2.18	2.12	2.05	1.98	1.91
26	5.66	4.27	3.67	3.33	3.10	2.94	2.82	2.73	2.65	2.59	2.49	2.39	2.28	2.22	2.16	2.09	2.03	1.95	1.88
27	5.63	4.24	3.65	3.31	3.08	2.92	2.80	2.71	2.63	2.57	2.47	2.36	2.25	2.19	2.13	2.07	2.00	1.93	1.85
28	5.61	4.22	3.63	3.29	3.06	2.90	2.78	2.69	2.61	2.55	2.45	2.34	2.23	2.17	2.11	2.05	1.98	1.91	1.83
29	5.59	4.20	3.61	3.27	3.04	2.88	2.76	2.67	2.59	2.53	2.43	2.32	2.21	2.15	2.09	2.03	1.96	1.89	1.81
30	5.57	4.18	3.59	3.25	3.03	2.87	2.75	2.65	2.57	2.51	2.41	2.31	2.20	2.14	2.07	2.01	1.94	1.87	1.79
40	5.42	4.05	3.46	3.13	2.90	2.74	2.62	2.53	2.45	2.39	2.29	2.18	2.07	2.01	1.94	1.88	1.80	1.72	1.64
60	5.29	3.93	3.34	3.01	2.79	2.63	2.51	2.41	2.33	2.27	2.17	2.06	1.94	1.88	1.82	1.74	1.67	1.58	1.48
120	5.15	3.80	3.23	2.89	2.67	2.52	2.39	2.30	2.22	2.16	2.05	1.94	1.82	1.76	1.69	1.61	1.53	1.43	1.31
∞	5.02	3.69	3.12	2.79	2.57	2.41	2.29	2.19	2.11	2.05	1.94	1.83	1.71	1.64	1.57	1.48	1.39	1.27	1.00

续表

附表 5　F 分布临界值表

$\alpha = 0.01$

n_2 \ n_1	1	2	3	4	5	6	7	8	9	10	12	15	20	24	30	40	60	120	∞
1	4052	4999	5403	5625	5764	5859	5928	5982	6022	6056	6106	6157	6209	6235	6261	6287	6313	6339	6366
2	98.50	99.00	99.17	99.25	99.30	99.33	99.36	99.37	99.39	99.40	99.42	99.43	99.45	99.46	99.47	99.47	99.48	99.49	99.50
3	34.12	30.82	29.46	28.71	28.24	27.91	27.67	27.49	27.35	27.23	27.05	26.87	26.69	26.60	26.50	26.41	26.32	26.22	26.13
4	21.20	18.00	16.69	15.98	15.52	15.21	14.98	14.80	14.66	14.55	14.37	14.20	14.02	13.93	13.84	13.75	13.65	13.56	13.46
5	16.26	13.27	12.06	11.39	10.97	10.67	10.46	10.29	10.16	10.05	9.89	9.72	9.55	9.47	9.38	9.29	9.20	9.11	9.02
6	13.75	10.92	9.78	9.15	8.75	8.47	8.26	8.10	7.98	7.87	7.72	7.56	7.40	7.31	7.23	7.14	7.06	6.97	6.88
7	12.25	9.55	8.45	7.85	7.46	7.19	6.99	6.84	6.72	6.62	6.47	6.31	6.16	6.07	5.99	5.91	5.82	5.74	5.65
8	11.26	8.65	7.59	7.01	6.63	6.37	6.18	6.03	5.91	5.81	5.67	5.52	5.36	5.28	5.20	5.12	5.03	4.95	4.86
9	10.56	8.02	6.99	6.42	6.06	5.80	5.61	5.47	5.35	5.26	5.11	4.96	4.81	4.73	4.65	4.57	4.48	4.40	4.31
10	10.04	7.56	6.55	5.99	5.64	5.39	5.20	5.06	4.94	4.85	4.71	4.56	4.41	4.33	4.25	4.17	4.08	4.00	3.91
11	9.65	7.21	6.22	5.67	5.32	5.07	4.89	4.74	4.63	4.54	4.40	4.25	4.10	4.02	3.94	3.86	4.78	3.69	3.60
12	9.33	6.93	5.95	5.41	5.06	4.82	4.64	4.50	4.39	4.30	4.16	4.01	3.86	3.78	3.70	3.62	3.54	3.45	3.86
13	9.07	6.70	5.74	5.21	4.86	4.62	4.44	4.30	4.19	3.10	3.96	3.82	3.66	3.59	3.51	3.43	3.34	3.25	3.17
14	8.86	6.51	5.56	5.04	4.69	4.46	4.28	4.14	4.03	3.94	3.80	3.66	3.51	3.43	3.35	3.27	3.18	3.09	3.00
15	8.68	6.36	5.42	4.89	4.56	4.32	4.14	4.00	3.89	3.80	3.67	3.52	3.37	3.29	3.21	3.13	3.05	2.96	2.87
16	8.53	6.23	5.29	4.77	4.44	4.20	4.03	3.89	3.78	3.69	3.55	3.41	3.26	3.18	3.10	3.02	2.93	2.84	2.75
17	8.40	6.11	5.18	4.67	4.34	4.10	3.93	3.79	3.68	3.59	3.46	3.31	3.16	3.08	3.00	2.92	2.83	2.75	2.65
18	8.29	6.01	5.09	4.58	4.25	4.01	3.84	3.71	3.60	3.51	3.37	3.23	3.08	3.00	2.92	2.84	2.75	2.66	2.57
19	8.18	5.93	5.01	4.50	4.17	3.94	3.77	3.63	3.52	3.43	3.30	3.15	3.00	2.92	2.84	2.76	2.67	2.58	2.49
20	8.10	5.85	4.94	4.43	4.10	3.87	3.70	3.56	3.46	3.37	3.23	3.09	2.94	2.86	2.78	2.69	2.61	2.52	2.42
21	8.02	5.78	4.87	4.37	4.04	3.81	3.64	3.51	3.40	3.31	3.17	3.03	2.88	2.80	2.72	2.64	2.55	2.46	2.36
22	7.95	5.72	4.82	4.31	3.99	3.76	3.59	3.45	3.35	3.26	3.12	2.98	2.83	2.75	2.67	2.58	2.50	2.40	2.31
23	7.88	5.66	4.76	4.26	3.94	3.71	3.54	3.41	3.30	3.21	3.07	2.93	2.78	2.70	2.62	2.54	2.45	2.35	2.26
24	7.82	5.61	4.72	4.22	3.90	3.67	3.50	3.36	3.26	3.17	3.03	2.89	2.74	2.66	2.58	2.49	2.40	2.31	2.21
25	7.77	5.57	4.68	4.18	3.85	3.63	3.46	3.32	3.22	3.13	2.99	2.85	2.70	2.62	2.54	2.45	2.36	2.27	2.17
26	7.72	5.53	4.64	4.14	3.82	3.59	3.42	3.29	3.18	3.09	2.96	2.81	2.66	2.58	2.50	2.42	2.33	2.23	2.13
27	7.68	5.49	4.60	4.11	3.78	3.56	3.39	3.26	3.15	3.06	2.93	2.78	2.63	2.55	2.47	2.38	2.29	2.20	2.10
28	7.64	5.45	4.57	4.07	3.75	3.53	3.36	3.23	3.12	3.03	2.90	2.75	2.60	2.52	2.44	2.35	2.26	2.17	2.06
29	7.60	5.42	4.54	4.04	3.73	3.50	3.33	3.20	3.09	3.00	2.87	2.73	2.57	2.49	2.41	2.33	2.23	2.14	2.03
30	7.56	5.39	4.51	4.02	3.70	3.47	3.30	3.17	3.07	2.98	2.84	2.70	2.55	2.47	2.39	2.30	2.21	2.11	2.01
40	7.31	5.18	4.31	3.83	3.51	3.29	3.12	2.99	2.89	2.80	2.66	2.52	2.37	2.29	2.20	2.11	2.02	1.92	1.80
60	7.08	4.98	4.13	3.65	3.34	3.12	2.95	2.82	2.72	2.63	2.50	2.35	2.20	2.12	2.03	1.94	1.84	1.73	1.60
120	6.85	4.79	3.95	3.48	3.17	2.96	2.79	2.66	2.56	2.47	2.34	2.19	2.03	1.95	1.86	1.76	1.66	1.53	1.38
∞	6.63	4.61	3.78	3.32	3.02	2.80	2.64	2.51	2.41	2.32	2.18	2.04	1.88	1.79	1.70	1.59	1.47	1.32	1.00

$\alpha = 0.005$

n_1 \ n_2	1	2	3	4	5	6	7	8	9	10	12	15	20	24	30	40	60	120	∞
1	16211	20000	21615	22500	23056	23437	23715	23925	24091	24224	24426	24630	24836	24940	25044	25148	25253	25359	25465
2	198.5	199.0	199.2	199.2	199.3	199.3	199.4	199.4	199.4	199.4	199.4	199.4	199.4	199.5	199.5	199.5	199.5	199.5	199.5
3	55.55	49.80	47.47	46.19	45.39	44.84	44.43	44.13	43.88	43.69	43.39	43.08	42.78	42.62	42.47	42.31	42.15	41.99	41.83
4	31.33	26.28	24.26	23.15	22.46	21.97	21.62	21.35	21.14	20.97	20.70	20.44	20.17	20.03	19.89	19.75	19.61	19.47	19.32
5	22.78	18.31	16.53	15.56	14.94	14.51	14.20	13.96	13.77	13.62	13.38	13.15	12.90	12.78	12.66	12.53	12.40	12.27	12.41
6	18.63	14.54	12.92	12.03	11.46	11.07	10.79	10.57	10.39	10.25	10.03	9.81	9.59	9.47	9.36	9.24	9.12	9.00	8.88
7	16.24	12.40	10.88	10.05	9.52	9.16	8.89	8.68	8.51	8.38	8.18	7.97	7.75	7.65	7.53	7.42	7.31	7.19	7.08
8	14.69	11.04	9.60	8.81	8.30	7.95	7.69	7.50	7.34	7.21	7.01	6.81	6.61	6.50	6.40	6.29	6.18	6.06	5.95
9	13.61	10.11	8.72	7.96	7.47	7.13	6.88	6.69	6.54	6.42	6.23	6.03	5.83	5.73	5.62	5.52	5.41	5.30	5.19
10	12.83	9.43	8.08	7.34	6.87	6.54	6.30	6.12	5.97	5.85	5.66	5.47	5.27	5.17	5.07	4.97	4.86	4.75	4.64
11	12.23	8.91	7.60	6.88	6.42	6.10	5.86	5.68	5.54	5.42	5.24	5.05	4.86	4.70	4.65	4.55	4.44	4.34	4.23
12	11.75	8.51	7.23	6.52	6.07	5.76	5.52	5.35	5.20	5.09	4.91	4.72	4.53	4.43	4.33	4.23	4.12	4.01	3.90
13	11.37	8.19	6.93	6.23	5.79	5.48	5.25	5.08	4.94	4.82	4.64	4.46	4.27	4.17	4.07	3.97	3.87	3.76	3.65
14	11.06	7.92	6.68	6.00	5.56	5.26	5.03	4.86	4.72	4.60	4.43	4.25	4.06	3.96	3.86	3.76	3.66	3.55	3.44
15	10.80	7.70	6.48	5.80	5.37	5.07	4.85	4.67	4.54	4.42	4.25	4.07	3.88	3.79	3.69	3.48	3.48	3.37	3.26
16	10.58	7.51	6.30	5.64	5.21	4.91	4.69	4.52	4.38	4.27	4.10	3.92	3.73	3.64	3.54	3.44	3.33	3.22	3.11
17	10.38	7.35	6.16	5.50	5.07	4.78	4.56	4.39	4.25	4.14	3.97	3.79	3.61	3.51	3.41	3.31	3.21	3.10	2.98
18	10.22	7.21	6.03	5.37	4.96	4.66	4.44	4.28	4.14	4.03	3.86	3.68	3.50	3.40	3.30	3.20	3.10	2.99	2.87
19	10.07	7.09	5.92	5.27	4.85	4.56	4.34	4.18	4.04	3.93	3.76	3.59	3.40	3.31	3.21	3.11	3.00	2.89	2.78
20	9.94	6.99	5.82	5.17	4.76	4.47	4.26	4.09	3.96	3.85	3.68	3.50	3.32	3.22	3.12	3.02	2.92	2.81	2.69
21	9.83	6.89	5.73	5.09	4.68	4.39	4.18	4.01	3.88	3.77	3.60	3.43	3.24	3.15	3.05	2.95	2.84	2.73	2.61
22	9.73	6.81	5.65	5.02	4.61	4.32	4.11	3.94	3.81	3.70	3.54	3.36	3.18	3.08	2.98	2.88	2.77	2.66	2.55
23	9.63	6.73	5.58	4.95	4.54	4.26	4.05	3.88	3.75	3.64	3.47	3.30	3.12	3.02	2.92	2.82	2.71	2.60	2.48
24	9.55	6.66	5.52	4.89	4.49	4.20	3.99	3.83	3.69	3.59	3.42	3.25	3.06	2.97	2.87	2.77	2.66	2.55	2.43
25	9.48	6.60	5.46	4.84	4.43	4.15	3.94	3.78	3.64	3.54	3.37	3.20	3.01	2.92	2.82	2.72	2.61	2.50	2.38
26	9.41	6.54	5.41	4.79	4.38	4.10	3.89	3.73	3.60	3.49	3.33	3.15	2.97	2.87	2.77	2.67	2.56	2.45	2.33
27	9.34	6.49	5.36	4.74	4.34	4.06	3.85	3.69	3.56	3.45	3.28	3.11	2.93	2.83	2.73	2.63	2.52	2.41	2.29
28	9.28	6.44	5.32	4.70	4.30	4.02	3.81	3.65	3.52	3.41	3.25	3.07	2.89	2.79	2.69	2.59	2.48	2.37	2.25
29	9.23	6.40	5.28	4.66	4.26	3.98	3.77	3.61	3.48	3.38	3.21	3.04	2.86	2.76	2.66	2.56	2.45	2.33	2.21
30	9.18	6.35	5.24	4.62	4.23	3.95	3.74	3.58	3.45	3.34	3.18	3.01	2.82	2.73	2.63	2.52	2.42	2.30	2.18
40	8.83	6.07	4.98	4.37	3.99	3.71	3.51	3.35	3.22	3.12	2.95	2.78	2.60	2.50	2.40	2.30	2.18	2.06	1.93
60	8.49	5.79	4.73	4.14	3.76	3.49	3.29	3.13	3.01	2.90	2.74	2.57	2.39	2.29	2.19	2.08	1.96	1.83	1.69
120	8.18	5.54	4.50	3.92	3.55	3.28	3.09	2.93	2.81	2.71	2.54	2.37	2.19	2.09	1.98	1.87	1.75	1.61	1.43
∞	7.88	5.30	4.28	3.72	3.35	3.09	2.90	2.74	2.62	2.52	2.36	2.19	2.00	1.90	1.79	1.67	1.53	1.36	1.00

$\alpha = 0.001$

n_1 \ n_2	1	2	3	4	5	6	7	8	9	10	12	15	20	24	30	40	60	120	∞
1	4053*	5000*	5404*	5625*	5764*	5859*	5929*	5981*	6023*	6056*	6107*	6158*	6209*	6235*	6261*	6287*	6313*	6340*	6366*
2	998.5	999.0	999.2	999.2	999.3	999.3	999.4	999.4	999.4	999.4	999.4	999.4	999.4	999.5	999.5	999.5	999.5	999.5	999.5
3	167.0	148.5	141.1	137.1	134.6	132.8	131.6	130.6	129.9	129.2	128.3	127.4	126.4	125.9	125.4	125.0	124.5	124.0	123.5
4	74.14	61.25	56.18	53.44	51.71	50.53	49.66	49.00	48.47	48.05	47.41	46.76	46.10	45.77	45.43	45.09	44.75	44.40	44.05
5	47.18	37.12	33.20	31.09	29.75	28.84	28.16	27.64	27.24	26.92	26.42	25.91	25.39	25.14	24.87	24.60	24.33	24.06	23.79
6	35.51	27.00	23.70	21.92	20.81	20.03	19.46	19.03	18.69	18.41	17.99	17.56	17.12	16.89	16.67	16.44	16.21	15.99	15.75
7	29.25	21.69	18.77	17.19	16.21	15.52	15.02	14.63	14.33	14.08	13.71	13.32	12.93	12.73	12.53	12.33	12.12	11.91	11.70
8	25.42	18.49	15.83	14.39	13.49	12.86	12.40	12.04	11.77	11.54	11.19	10.84	10.48	10.30	10.11	9.92	9.73	9.53	9.33
9	22.86	16.39	13.90	12.56	11.71	11.13	10.70	10.37	10.11	9.89	9.57	9.24	8.90	8.72	8.55	8.37	8.19	8.00	7.81
10	21.04	14.91	12.55	11.28	10.48	9.92	9.52	9.20	8.96	8.75	8.45	8.13	7.80	7.64	7.47	7.30	7.12	6.94	6.76
11	19.69	13.81	11.56	10.35	9.58	9.05	8.66	8.35	8.12	7.92	7.63	7.32	7.01	6.85	6.68	6.52	6.35	6.17	6.00
12	18.64	12.97	10.80	9.63	8.89	8.38	8.00	7.71	7.48	7.29	7.00	6.71	6.40	6.25	6.09	5.93	5.76	5.59	5.42
13	17.81	12.31	10.21	9.07	8.35	7.86	7.49	7.21	6.98	6.80	6.52	6.23	5.93	5.78	5.63	5.47	5.30	5.14	4.97
14	17.14	11.78	9.73	8.62	7.92	7.43	7.08	6.80	6.58	6.40	6.13	5.85	5.56	5.41	5.25	5.10	4.94	4.77	4.60
15	16.59	11.34	9.34	8.25	7.57	7.09	6.74	6.47	6.26	6.08	5.81	5.54	5.25	5.10	4.95	4.80	4.64	4.47	4.31
16	16.12	10.97	9.00	7.94	7.27	6.81	6.46	6.19	5.98	5.81	5.55	5.27	4.99	4.85	4.70	4.54	4.39	4.23	4.06
17	15.72	10.66	8.73	7.68	7.02	6.56	6.22	5.96	5.75	5.58	5.32	5.05	4.78	4.63	4.48	4.33	4.18	4.02	3.85
18	15.38	10.39	8.49	7.46	6.81	6.35	6.02	5.76	5.56	5.39	5.13	4.87	4.59	4.45	4.30	4.15	4.00	3.84	3.67
19	15.08	10.16	8.28	7.26	6.62	6.18	5.85	5.59	5.39	5.22	4.97	4.70	4.43	4.29	4.14	3.99	3.84	3.68	3.51
20	14.82	9.95	8.10	7.10	6.46	6.02	5.69	5.44	5.24	5.08	4.82	4.56	4.29	4.15	4.00	3.86	3.70	3.54	3.38
21	14.59	9.77	7.94	6.95	6.32	5.88	5.56	5.31	5.11	4.95	4.70	4.44	4.17	4.03	3.88	3.74	3.58	3.42	3.26
22	14.38	9.61	7.80	6.81	6.19	5.76	5.44	5.19	4.99	4.83	4.58	4.33	4.06	3.92	3.78	3.63	3.48	3.32	3.15
23	14.19	9.47	7.67	6.69	6.08	5.65	5.33	5.09	4.89	4.73	4.48	4.23	3.96	3.82	3.68	3.53	3.38	3.22	3.05
24	14.03	9.34	7.55	6.59	5.98	5.55	5.23	4.99	4.80	4.64	4.39	4.14	3.87	3.74	3.59	3.45	3.29	3.14	2.97
25	13.88	9.22	7.45	6.49	5.88	5.46	5.15	4.91	4.71	4.56	4.31	4.06	3.79	3.66	3.52	3.37	3.22	3.06	2.89
26	13.74	9.12	7.36	6.41	5.80	5.38	5.07	4.83	4.64	4.48	4.24	3.99	3.72	3.59	3.44	3.30	3.15	2.99	2.82
27	13.61	9.02	7.27	6.33	5.73	5.31	5.00	4.76	4.57	4.41	4.17	3.92	3.66	3.52	3.38	3.32	3.08	2.92	2.75
28	13.50	8.93	7.19	6.25	5.66	5.24	4.93	4.69	4.50	4.35	4.11	3.86	3.60	3.46	3.32	3.18	3.02	2.86	2.69
29	13.39	8.85	7.12	6.19	5.59	5.18	4.87	4.64	4.45	4.29	4.05	3.80	3.54	3.41	3.27	3.12	2.97	2.81	2.64
30	13.29	8.77	7.05	6.12	5.53	5.12	4.82	4.58	4.39	4.24	4.00	3.75	3.49	3.36	3.22	3.07	2.92	2.76	2.59
40	12.61	8.25	6.60	5.70	5.13	4.73	4.44	4.21	4.02	3.87	3.64	3.40	3.15	3.01	2.87	2.73	2.57	2.41	2.23
60	11.97	7.76	6.17	5.31	4.76	4.37	4.09	3.87	3.69	3.54	3.31	3.08	2.83	2.69	2.55	2.41	2.25	2.08	1.89
120	11.38	7.32	5.79	4.95	4.42	4.04	3.77	3.55	3.38	3.24	3.02	2.78	2.53	2.40	2.26	2.11	1.95	1.76	1.54
∞	10.83	6.91	5.42	4.62	4.10	3.74	3.47	3.27	3.10	2.96	2.74	2.51	2.27	2.13	1.99	1.84	1.66	1.45	1.00

参 考 文 献

[1] 茆诗松,程依明,濮晓龙.概率论与数理统计教程[M].3版.北京:高等教育出版社,2019.
[2] 韩明,林孔容,张积林.概率论与数理统计[M].5版.上海:同济大学出版社,2019.
[3] 郭文英,刘强,孙阳,陈江荣.概率论与数理统计习题全解与试题选编[M].北京:中国人民大学出版社,2019.
[4] 华中科技大学数学与统计学院.概率论与数理统计[M].4版.北京:高等教育出版社,2019.
[5] 雷平,凌学岭,王安娇,周统,赵辉.概率论与数理统计[M].修订版.北京:清华大学出版社,2018.
[6] 贾俊平.统计学[M].7版.北京:中国人民大学出版社,2018.
[7] 陈希孺.概率论与数理统计[M].合肥:中国科学技术大学出版社,2017.
[8] 马毅,王竞波,岳晓宁.概率论与数理统计(理科类)[M].2版.北京:清华大学出版社,2017.
[9] 王勇.概率论与数理统计[M].2版.北京:高等教育出版社,2014.
[10] 盛骤,谢式迁,潘承毅.概率论与数理统计[M].4版.北京:高等教育出版社,2008.
[11] 魏宗舒.概率论与数理统计[M].2版.北京:高等教育出版社,2008.
[12] 王晓慧,张宏志.概率论与数理统计[M].北京:中国电力出版社,2008.
[13] 宋代清,王文杰.概率论与数理统计[M].成都:西南交通大学出版社,2007.
[14] 刘晓石,陈鸿建,何腊梅.概率论与数理统计[M].2版.北京:科学出版社,2005.